普通高等教育智能飞行器系列教材
航天科学与工程教材丛书

飞行器智能集群技术

张 栋 党朝辉 泮斌峰 编著

科学出版社

北京

内 容 简 介

本书主要介绍飞行器智能集群的基本概念、内涵、关键技术，群体动力学基础模型，飞行器集群动力学模型智能规划与决策的相关算法，群体智能算法的原理、改进措施，以及协同控制的方法。全书共7章，第1章介绍群体行为及智能涌现的基本原理；第2章介绍两类飞行器智能集群的控制与规划关键技术；第3章介绍群体动力学基础模型；第4章介绍飞行器集群飞行动力学与控制模型；第5章介绍飞行器集群任务自主决策与智能规划方法；第6章介绍群体智能算法的原理及改进措施；第7章介绍飞行器智能集群的控制技术。

本书可作为高等院校航空航天类本科生和研究生的专业课教材，也可作为无人系统集群规划与控制相关领域科研人员和工程技术人员的参考书。

图书在版编目（CIP）数据

飞行器智能集群技术 / 张栋，党朝辉，泮斌峰编著. --北京：科学出版社，2024.11. --（普通高等教育智能飞行器系列教材）（航天科学与工程教材丛书）. -- ISBN 978-7-03-080233-0

Ⅰ. V249

中国国家版本馆 CIP 数据核字第 20240J0V30 号

责任编辑：宋无汗　郑小羽 / 责任校对：崔向琳
责任印制：徐晓晨 / 封面设计：谜底书装

科学出版社 出版
北京东黄城根北街 16 号
邮政编码：100717
http://www.sciencep.com
北京中石油彩色印刷有限责任公司印刷
科学出版社发行　各地新华书店经销
*
2024 年 11 月第 一 版　开本：787×1092　1/16
2024 年 11 月第一次印刷　印张：13
字数：304 000
定价：80.00 元
（如有印装质量问题，我社负责调换）

"普通高等教育智能飞行器系列教材"编委会

主　　任：岳晓奎

副 主 任：张艳宁　陈　勇

委　　员（按姓氏笔画排序）：

　　　　　万方义　王明明　王　鹏　王靖宇　石小江

　　　　　师　鹏　吕　翔　朱学平　刘存良　孙瑾秋

　　　　　李永波　李亚超　李军智　杨智春　肖　洪

　　　　　沈　飞　沈　勇　宋笔锋　张　弘　张　迪

　　　　　张　栋　孟中杰　卿新林　郭建国　曹建峰

　　　　　龚春林

序

星河瑰丽，宇宙浩瀚。从辽阔的天空到广袤的宇宙，人类对飞行、对未知的探索从未停歇。一路走来，探索的路上充满了好奇、勇气和创新。航空航天技术广泛融入了人类生活，成为了推动社会发展、提升国家竞争力的关键力量。面向"航空强国""航天强国"的战略需求，如何培养优秀的拔尖人才十分关键。

"普通高等教育智能飞行器系列教材"的编写是一项非常具有前瞻性和战略意义的工作，旨在适应新时代航空航天领域与智能技术融合发展的趋势，发挥教材在人才培养中的关键作用，牵引带动航空航天领域的核心课程、实践项目、高水平教学团队建设，与新兴智能领域接轨，革新传统航空航天专业学科，加快培养航空航天领域新时代卓越工程科技人才。

该系列教材坚持目标导向、问题导向和效果导向，按照"国防军工精神铸魂、智能飞行器领域优势高校共融、校企协同共建、高层次人才最新科研成果进教材"的思路，构建"工程单位提需求创背景、学校筑基础拔创新、协同提升质量"的教材建设新机制，联合国内航空航天领域著名高校和科研院所成体系规划和建设。系列教材建设团队成功入选了教育部"战略性新兴领域'十四五'高等教育教材体系建设团队"。

在教材建设过程中，持续深化国防军工特色文化内涵，建立了智能航空航天专业知识和课程思政育人同向同行的教材体系；以系列教材的校企共建模式为牵引，全面带动校企课程、实践实训基地建设，加大实验实践设计内容，将实际工程案例纳入教材，指导学生解决实际工程问题、增强动手能力，打通"从专业理论知识到工程实际应用问题解决方案、再到产品落地"的卓越工程师人才培养全流程，有力推动了航空航天教育体系的革新与升级。

希望该系列教材的出版，能够全面引领和促进我国智能飞行器领域的人才培养工作，为该领域的发展注入新的动力和活力，为我国国防科技和航空航天事业发展作出重要贡献！

中国工程院院士　侯晓

前 言

智能集群作为一种颠覆性技术，近年来备受关注，也是未来人工智能发展的核心技术。智能集群技术是无人系统技术、网络信息技术和人工智能技术相结合的高新技术，已被美军作为"改变未来战局"的核心技术纳入其第三次"抵消战略"。2017年7月8日国务院印发的《新一代人工智能发展规划》列出的8项基础理论中有3项与智能集群直接相关，即自主协同控制与优化决策理论、群体智能理论和混合增强智能理论。

飞行器智能集群是未来协同作战的重要形式，依托不同运载平台进行投放/发射，通过协同态势感知、目标自主识别、多源态势融合、智能自主决策、协同任务规划和自主效能评估，高效完成协同突防、区域侦察、区域封控、协同探测、协同干扰、协同攻击、战场评估等作战任务，满足未来网络化作战的使命要求。飞行器智能集群系统具有自组织性、群体稳定性、高弹性和高效能等特性，在未来网络化作战中具有重要的军事应用价值。

在跨行业、跨领域应用方面，飞行器智能集群技术可应用于无人机的协同任务、水下航行器的协同任务，可提升多无人系统协同任务的执行效率和可靠性，加快无人系统集群产业化应用的步伐。无人机集群技术在飞行表演、快递物流、精准农业、城市交通等领域大显身手。通过合理的布局和协同控制，低成本无人机集群可代替成本高昂的单个复杂系统，发挥更大经济效益。随着人工智能、传感和通信等技术的快速发展，无人机集群必将展现出更广阔的应用前景，为人类的生产和生活创造更多的价值。

飞行器智能集群技术是一种多学科交叉的新技术，涵盖集群弹性体系架构设计、协同感知、自主识别、智能规划与自主决策、自适应控制、协同飞行动力学、分布式自组网、群体动力学和演化动力学等理论与方法。本书重点介绍两类飞行器智能集群所涉及的控制与规划关键技术、群体动力学基础模型、飞行器集群飞行动力学与控制模型，以及协同控制方法。

本书是集体智慧的体现，完稿离不开众多硕博士研究生的支持，特此向王孟阳、任智、秦伯羽、傅晋博、马罗珂、徐思涵、周昊、刘昭阳等表示感谢。同时，特别感谢本书撰写过程中引用文献的作者。

限于作者水平和认识，书中难免有不足之处，恳请读者批评指正！

作　者
2024年6月28日　西安

目 录

序
前言
第1章 群体行为及智能涌现的基本原理 1
  1.1 生物群体智能行为 1
    1.1.1 觅食行为 1
    1.1.2 群体智能行为的产生 2
    1.1.3 生物群体的交流机制 3
    1.1.4 生物群体的分工与协作 5
    1.1.5 基于生物群体行为的统一优化框架 6
  1.2 群体智能的概念和内涵 7
    1.2.1 群体智能的概念 7
    1.2.2 群体行为与一致性 8
  1.3 群体行为及智能涌现的一致性数学模型描述 9
    1.3.1 多智能体一致性数学模型 9
    1.3.2 一致性理论的典型应用 11
  1.4 本章小结 13
  习题 13
  参考文献 14

第2章 两类飞行器智能集群的控制与规划关键技术 16
  2.1 航空器智能集群的控制与规划关键技术 16
    2.1.1 航空器智能集群安全控制主要问题与相关概念 16
    2.1.2 航空器智能集群安全状态模型 18
    2.1.3 航空器智能集群安全效能评估 29
    2.1.4 航空器智能集群安全控制策略 32
  2.2 航天器智能集群的控制与规划关键技术 35
    2.2.1 航天器智能集群控制技术 35
    2.2.2 航天器智能集群规划技术 43
  2.3 本章小结 46
  习题 46
  参考文献 46

第3章 群体动力学基础模型 52
  3.1 基础知识 52
    3.1.1 图和网络的基本概念 53

	3.1.2 基于图论的集群描述	54
3.2	自驱动粒子模型	55
	3.2.1 Boid 模型	56
	3.2.2 Vicsek 模型	58
	3.2.3 Cucker-Smale 模型	60
3.3	引力/斥力势场模型	62
	3.3.1 离散作用模型	62
	3.3.2 连续介质模型	64
	3.3.3 作用势场模型	65
3.4	平均场模型	67
	3.4.1 平均场估计方法	67
	3.4.2 稳态解分析方法	69
3.5	最优控制模型	70
	3.5.1 响应式控制策略	71
	3.5.2 规划式控制策略	73
3.6	本章小结	74
习题		74
参考文献		74

第 4 章 飞行器集群飞行动力学与控制模型 ... 76

- 4.1 导弹集群飞行动力学与控制模型 ... 76
  - 4.1.1 典型坐标系及其转换关系 ... 76
  - 4.1.2 典型导弹动力学模型 ... 79
  - 4.1.3 基于状态空间的导弹动力学与控制模型 ... 82
  - 4.1.4 导弹集群动力学与控制模型 ... 83
- 4.2 无人机集群飞行动力学与控制模型 ... 83
  - 4.2.1 固定翼无人机动力学模型与控制 ... 84
  - 4.2.2 多旋翼无人机动力学模型与控制 ... 91
  - 4.2.3 无人机编队相对运动模型 ... 94
- 4.3 航天器集群飞行动力学与控制模型 ... 96
  - 4.3.1 坐标系及其转换关系 ... 96
  - 4.3.2 航天器二体动力学与非线性相对运动动力学 ... 97
  - 4.3.3 基于状态空间的航天器动力学与控制模型 ... 99
  - 4.3.4 航天器集群动力学与控制模型 ... 100
- 4.4 本章小结 ... 102
- 习题 ... 103
- 参考文献 ... 103

第 5 章 飞行器集群任务自主决策与智能规划方法 ... 104

- 5.1 飞行器集群任务自主决策 ... 104

	5.1.1 飞行器集群任务自主决策相关概念	104
	5.1.2 飞行器集群任务自主决策类型	105
	5.1.3 飞行器集群任务自主决策流程	106
5.2	飞行器集群任务自主决策框架	107
	5.2.1 自主决策分层式框架	107
	5.2.2 飞行器集群任务自主决策模式	109
5.3	飞行器集群任务自主决策技术途径	111
	5.3.1 任务自主决策的基本问题	111
	5.3.2 基于模糊认知图的飞行器集群决策	111
	5.3.3 基于专家先验知识的飞行器集群决策	113
	5.3.4 基于微分博弈的飞行器集群决策	113
	5.3.5 基于优化理论的飞行器集群决策	115
	5.3.6 基于人工智能的飞行器集群决策	116
5.4	飞行器集群任务规划相关概念及典型场景	118
	5.4.1 协同侦察任务	118
	5.4.2 协同打击任务	118
	5.4.3 协同突防任务	119
5.5	飞行器集群任务规划模型框架	120
	5.5.1 飞行器集群任务分配的数学模型	120
	5.5.2 飞行器集群协同航迹规划的数学模型	128
5.6	飞行器集群任务规划技术途径	129
	5.6.1 飞行器集群任务分配求解方法	129
	5.6.2 飞行器集群协同航迹规划求解方法	130
5.7	本章小结	132
习题		132
参考文献		133
第6章 群体智能算法原理及改进		135
6.1	鸽群算法原理及改进	135
	6.1.1 鸽群算法的原理	135
	6.1.2 鸽群算法的改进	138
6.2	蚁群算法原理及改进	143
	6.2.1 蚁群算法的原理	143
	6.2.2 蚁群算法的改进	146
6.3	狼群算法原理及改进	148
	6.3.1 狼群算法的原理	148
	6.3.2 狼群算法的改进	152
6.4	人工蜂群算法原理及改进	155
	6.4.1 人工蜂群算法的原理	155

6.4.2　人工蜂群算法的改进 ··· 159
　6.5　本章小结 ··· 162
　习题 ·· 162
　参考文献 ··· 162
第7章　飞行器智能集群的控制技术 ·· 163
　7.1　导弹的编队控制与博弈控制 ·· 163
　　　7.1.1　导弹的编队控制 ·· 163
　　　7.1.2　导弹的博弈控制 ·· 168
　7.2　无人机的编队控制与博弈控制 ··· 172
　　　7.2.1　无人机的编队控制 ··· 172
　　　7.2.2　无人机的博弈控制 ··· 181
　7.3　航天器的编队控制与博弈控制 ··· 184
　　　7.3.1　航天器的编队控制 ··· 184
　　　7.3.2　航天器的博弈控制 ··· 191
　7.4　本章小结 ··· 194
　习题 ·· 194
　参考文献 ··· 195

第 1 章

群体行为及智能涌现的基本原理

群体行为是一种常见于自然界中鸟群、蚁群、狼群、雁群等生物群体的集体行为,生物群体中的个体通过局部感知、简单的通信规则和行为动作能够涌现出群体智能行为,即群体智能现象。本章主要介绍生物群体智能行为、群体智能的特点,给出群体智能的概念和内涵,将生物界群体智能现象与实际应用问题结合,简述集群技术相关的应用现状。1.1 节介绍生物种群的觅食行为、群体智能行为的产生、生物群体的交流机制及分工与协作模式,给出基于生物群体行为的统一优化框架;1.2 节介绍群体智能的概念和内涵;1.3 节介绍群体行为及智能涌现的一致性问题描述及典型应用。

【学习要点】
- 掌握:①典型的生物群体智能行为的涌现机制;②群体智能的概念和内涵;③一致性问题的基本模型。
- 熟悉:①一致性问题典型应用场景及数学模型;②生物群体的交流机制及分工与协作模式。
- 了解:①国内外典型的集群项目;②生物群体的统一优化框架。

1.1 生物群体智能行为

大自然是人类创新灵感的不竭源泉,生物智能是智能科学研究的出发点和归宿。在生物群体系统中,简单部分的结合能产生复杂的整体效应,即整体大于部分之和,这样的现象称为复杂系统的涌现现象。其本质是由简单到复杂,由部分到整体。蚁群系统、人体免疫系统等表明:少数规则和规律相互作用可以生成复杂的系统,涌现是其产生整体复杂性的基本方式。同时,涌现也是群体智能、进化计算等生物启发计算方法研究的关键问题。许多个体相互作用,在群体层面涌现出复杂智能特性,这是生物智能产生的基本方式。

本节重点介绍典型生物群体的觅食行为、交流机制、分工与协作机制[1,2],给出基于生物群体的统一优化框架。

1.1.1 觅食行为

1.1.1.1 蚂蚁觅食

蚂蚁是社会性昆虫,种类繁多。蚂蚁觅食是多个个体参与、组织有序的集体过程。蚂蚁个体的行为模式相对简单，行为规则容易建立。因此，蚂蚁觅食行为模型不仅是昆虫学家、生态学家的研究对象，而且是人工智能专家的研究课题。

蚂蚁一般采用个体和群体相结合的觅食方式。研究发现，大多数蚂蚁种类是少量个体分散寻觅食物，当发现超过自身所能搬运的、较为丰富的食物时，会立刻召唤同伴共同搬运。通过这种方式，蚂蚁不仅能够共同搬运较大的食物，而且总是趋向食物更为丰富的区域。

1.1.1.2 蜜蜂觅食

蜜蜂具有非常奇妙和有诱惑力的觅食行为，对其觅食行为的研究可以追溯到达尔文，他对这种社会性昆虫进行过大量的研究。蜜蜂为了觅食往往要飞行几千米的距离，在蜂巢外进行觅食时必须具有定向飞行的能力，关键在于从环境中获取必要的信息并加以利用。通常年幼的工蜂会留在巢内工作(称内勤蜂)，主要负责喂养照料幼虫和清理蜂巢等。发育一定时间后，蜜蜂会离开蜂巢进行觅食或寻找新蜜源地(称外勤蜂)，此时它们的活动靠的是视觉和嗅觉。蜜蜂第一次离开蜂巢时，并不是马上开始觅食活动，而是多次返回蜂巢并在蜂巢上方上下飞行几分钟，这种行为称为"定向飞行"。该行为可以使觅食的蜜蜂辨明并记住蜂巢在环境中的相对位置。蜜蜂发育到一周龄时便开始这种"定向飞行"，但发育到三周龄时才会开始真正的觅食活动。

1.1.2 群体智能行为的产生

种群(population)是指在一定时间内占据一定空间的同种生物的所有个体。表面上，种群由多个个体组成，这些个体在一定的时间及空间内进行觅食、筑巢、繁殖等行为。但实际上，种群内的各个个体并不是孤立的，而是通过种内关系组成一个有机的统一体来共同完成上述行为。

实际上，自然界中的许多生物以种群的形式存在。例如，蚂蚁和蜜蜂等昆虫是共同筑巢、共同保卫自己的巢穴，并且通过集体的配合来更加有效地寻找食物。又如，一群狼能打败一头雄性美洲野牛，使每个个体都能够得到食物，单独一只狼则可能会因为饥饿而死亡。这种单个简单主体无法实现某一个功能或完成某一项任务，众多简单主体组成群体后通过相互作用表现出的复杂智能行为即为群体智能。大多数具有群居生活习性的生物系统具有比较相似的群体智能行为。现已提炼形成的人工系统模型主要反映的是蚁群、鸟群、菌群、狼群、蜂群、鱼群等的群体行为及算法，如表 1-1 所示。

表 1-1 群体行为及算法

群体行为	算法
蚁群觅食	蚁群优化算法
蚂蚁公墓形成、幼虫分类	LS 算法(链路状态算法)、KLS 算法(克鲁斯卡尔算法)
蚂蚁分工	任务分配算法
鸟群觅食或飞行	粒子群优化算法
菌群觅食	菌群优化算法

续表

群体行为	算法
狼群觅食	狼群优化算法
蜂群觅食	蜂群优化算法
鱼群觅食或游动	鱼群优化算法

虽然上述群体智能的各种生物学原型和行为目的有所差别，但它们的内部结构和运行机理却有共同之处，即在一定的地域范围内存在多个能力简单的个体，大部分个体在结构和功能上是同构的；种群内没有中心控制，个体间的相互合作是分布式的；个体间遵循简单的规则进行交互和协作。简单地说，种群的宏观智能都是由微观存在的一些地理上分散的简单个体间协同进化所涌现出来的。

1.1.3 生物群体的交流机制

1.1.3.1 信息传递方式

信息交流是指信息随其载体在时间与空间中流动，交流双方随之产生各自后续行为的过程。在生物种群中，适应性个体要想生存，离不开彼此的信息交流。人类通过语言等来交流，生物则通过某种行为、声音或者分泌"信息素"来实现信息交流。生物传递的信息有三种：物理信息、化学信息和行为信息。物理信息是指生态系统中的光、声、温度、湿度和磁力等通过物理过程传递的信息；化学信息是指生物产生一些可以传递信息的化学物质，如植物的生物碱、有机酸、性外激素等；行为信息是指动物通过其特殊行为，向同种或异种生物传递的特定信息。

生物个体间通过信息交流，能了解和感知目前的环境状况，继而产生一系列适应性行为以求继续生存。信息交流在保证生命活动的正常进行、种群的繁衍、调节生物种间关系及维持生态系统稳定等方面都具有重要作用。例如，蚂蚁群体为了在个体间交流信息，会释放信息素。先行的蚂蚁在路上留下一种信息素，后行的蚂蚁选择信息素浓度更高的路径，由此形成一种信息正反馈机制，通过不断重复，最终绝大多数蚂蚁走的是最短路线。又如，利用化学物质传递信息是蜜蜂的交流方式之一。蜜蜂在从新发现的蜜源地飞回巢穴的途中，每飞行几米便从大颚腺中分泌出一种信息素，这种分泌物迅速挥发，弥散在空中，这样就会在新蜜源地和蜂巢之间架起一条"空中气味走廊"，其他蜜蜂便会沿着这条无形的"空中气味走廊"直飞目的地。在无风的天气，这条"空中气味走廊"可以维持很长时间。现有群体智能算法中信息传递载体及其作用如表1-2所示。

表1-2 信息传递载体及其作用

算法	信息传递载体	作用	类型
蝙蝠算法	声	回声定位	物理信息
萤火虫算法	光	在区域内寻找伙伴，实现位置进化	
蚁群优化算法	蚂蚁分泌的信息素	寻找最优觅食路线	化学信息
菌群优化算法	细菌分泌的自诱导剂	群体觅食	

续表

算法	信息传递载体	作用	类型
蜂群优化算法	蜜蜂跳舞行为	群体觅食	
布谷鸟算法	布谷鸟随机寻窝行为	寻找最佳鸟窝产卵	行为信息
粒子群优化算法	鸟的社会行为	飞行或觅食	
细菌趋化算法	趋化行为	个体觅食	

有些动物的信息传递载体不止一种,而是根据不同的交流目的使用相应的传递载体。化学信息是蚂蚁的主要交流载体,同时还包括物理信息,如视觉、听觉和触觉等。例如,蚂蚁有摩擦和敲打两种发声方式,发出的声音有报警、召集等多种信息。另外,蚂蚁也可以通过个体间触角接触、抚摸、抓紧、快速前进或后退等身体活动进行信息交流。

1.1.3.2 信息交流方式

简单地讲,信息交流是指信息的发出者和接收者彼此互通有无,以达共享信息资源目的的传递交换活动。信息从发出者传递到接收者的方式可分为不同类型,按照信息是否从发出者直接传递给接收者可分为直接交流和间接交流,如图1-1所示。

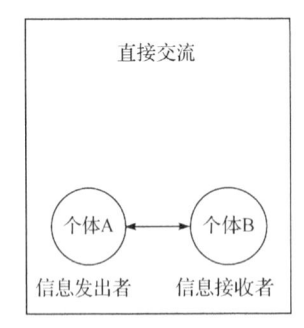

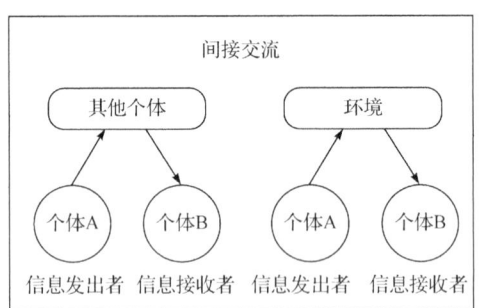

图1-1 直接交流和间接交流

1. 直接交流

直接交流是指信息交流信号的产生和发出都有明确的意图和目的指向性,无须经过中介处理,可以直接为对方所接收。简单地说,个体明确地知道自己要传递的是什么信息,想达到什么目的,想要传递给谁。例如,蚂蚁通过触角碰撞传递信息,蜜蜂通过舞蹈传递信息等。

2. 间接交流

间接交流是指个体通过中介进行交流,中介可以是其他个体,也可以是环境。例如,个体可以先改变局部环境,或者在环境中留下标记,其他个体在一定时间后通过感知环境变化来获得相应的信息。间接交流不一定有明确的意图,更多的是一种进化得来的本能行为。例如,蚂蚁和蜜蜂在觅食的路径上释放信息素,不管这条路径上还有没有食物,它们都会采取这样的行为,而且这种交流方式没有针对性,并不面向特定个体。虽然单个个体的这种行为似乎并没有太大意义,但是映射到群体层面的行为却从客观上增加了群体对环境的适应性。

3. 直接交流和间接交流的区别及联系

和直接交流相比，间接交流具有一定的优势，主要体现在调动资源少，通信范围大，避免了个体信息发送能力的不足；其缺点是不具有灵活性，且信息延迟比较大。在间接交流中，个体一般在环境中做标记，其他个体通过感知环境变化来采取相应的行为。相比之下，间接交流方式的通信范围大，具有抗扰动的能力，不仅在自然生物中如此，在人工系统中也同样。一个极小的信号导致的环境变化，能够引起整个种群的极大变化。但是，这种交流方式只能用来表示非常简单的、不带有强烈倾向性的启发式信息，不具有灵活性，也无法包含更复杂的含义，即信息的粒度非常小。

1.1.4 生物群体的分工与协作

在自然界中，一方面，社会性群居动物的个体通常分布在种群空间内不同的地理位置，且有不同的劳动能力；另一方面，种群内的任务是各种各样的，如狩猎、防御及觅食等，单个个体是无法完成的。因此，群居动物为实现群体对复杂环境的适应性，联合地理上分散及功能上异同的所有个体来共同完成复杂的、智能的任务，由此便出现了分工协作及分布式合作。通过分工，个体各司其职，只需完成其熟悉的简单任务，然后通过它们之间的相互协作，整体目标得以达成，如图 1-2 所示。

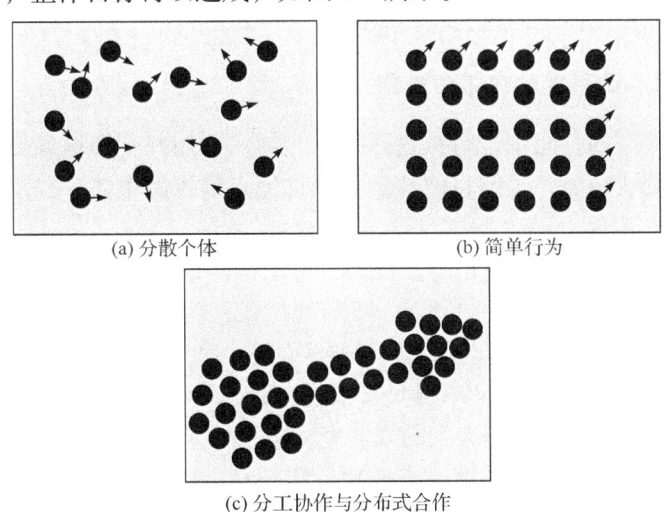

(a) 分散个体

(b) 简单行为

(c) 分工协作与分布式合作

图 1-2 生物群体的分工与协作模式

1.1.4.1 蚁群的分工与协作

在筑巢、觅食、清理巢穴等日常行为中，蚂蚁能很好地进行相互协作，共同完成任务。一个完整的蚂蚁群落一般包括四种不同类型的蚂蚁：蚁后、雄蚁、工蚁和兵蚁。其中，蚁后是群落中唯一有生殖能力的雌性，主要负责繁殖后代；雄蚁主要负责和蚁后进行交配；工蚁数量最多，是群落中的主体，负责建造巢穴、采集食物、喂养幼蚁和蚁后等；兵蚁则进行警戒和保卫工作。四种蚂蚁各司其职，密切配合，相互协作，共同构成了一个完整的群落社会系统。

蚂蚁的一些行为机制，已经被引入人工智能领域，用来设计启发式算法。但是，到目前为止，有许多的蚂蚁行为，生物学家还未能探索出其协作的机制和原理。例如，切草蚁在收获食物时，一部分工蚁负责切割食物，另一部分工蚁负责搬运食物。在这个过程中，切割者能根据路径的长短、通道的大小和搬运者的数量将草叶切割成适当的大小。

1.1.4.2 蜂群的分工与协作

蜜蜂是分布式分工协作性最强的社会性昆虫之一。蜜蜂群落通常包括一个有产卵能力的蜂王，一些有繁殖能力的雄蜂和生理机能未发展进化的工蜂。其中，蜂王和雄蜂专门负责生育后代；工蜂是群落中的主体，它们负责收集花粉和花蜜，并将其送到特定的地点。在一个蜜蜂群落中，如果一只蜜蜂受到攻击，这只蜜蜂就会召唤群体，一起对敌人展开反击；如果有异类入侵蜂巢，蜜蜂就会动员其中所有个体，同心协力地把入侵的异类赶出巢穴。

蜜蜂的协作性从其抵抗低温的行为方式中也可见一斑：当巢内温度低于13℃时，蜜蜂在巢内互相靠拢，结成球形团在一起，温度越低，结团越紧，使蜂团的表面积缩小，密度增加，防止降温过多。同时，由于蜂球外表面温度比球心低，在蜂球外表面的蜜蜂会向球心钻，在球心的蜜蜂则向外转移。它们就这样互相照顾，不断地反复交换位置，度过寒冬。据测量，在最冷的时候，蜂球内的温度仍维持在24℃左右。在此期间，它们也不解散球体各自爬出取食，而是通过互相传递的方法得到食料。

1.1.4.3 其他生物群体的分工与协作

鸟群于食物存在的空间中进行觅食，每个个体一开始并不知道最佳的觅食地点，但会凭借自己的直觉或经验，了解目前离最佳觅食地点最近的个体，并跟随该个体前往较佳的地点进行食物搜索。

群居性动物还包括狼群和狮群等。例如，对于狼群，头狼号令之前，群狼各就其位，欲动而先静，欲行而先止，且各司其职，嚎声起伏而互为呼应，配合默契，有序而不乱；头狼昂首一呼，则主攻者奋勇向前，伴攻者避实就虚，助攻者蠢蠢欲动，后备者厉声嚎叫以壮其威。例如，对于狮群，成年雌狮负责捕食，亚成年雌狮负责照顾幼狮，雄狮负责保护整个群体成员的安全，它们是天生的战斗者，防止外来者入侵，如遇到大型食草动物，雄狮会给予致命一击。在促进这些猎兽成功捕猎的众多因素中，严密有序的群体组织和高效的群体合作是促进捕猎成功的最重要因素。

基于生物个体的简单行为，已经展现出一些初级智能。进一步讲，自然界中有一些以群体为单位生存和行动的物种，如蚂蚁、蜜蜂等，它们在觅食、筑巢等方面表现出来的合作能力和精巧性令人惊奇。通过只具有简单行为个体的相互合作，这些生物在群体层次上具有极高的涌现性，展现出更为复杂的智能行为。

1.1.5 基于生物群体行为的统一优化框架

基于生物群落的优化框架是在生物群体行为优化框架的基础上加上群体之间协作与竞争等交互而形成的，图1-3给出了基于生物群体行为的优化层次模型，在群体层面上，一个群体表现出分工、协作和通信交流等智能行为，在群落层面上，种群之间存在信息交流与种间协同进化等现象，同时每个种群还独自表现出增长、壮大、衰老和消亡等现象。

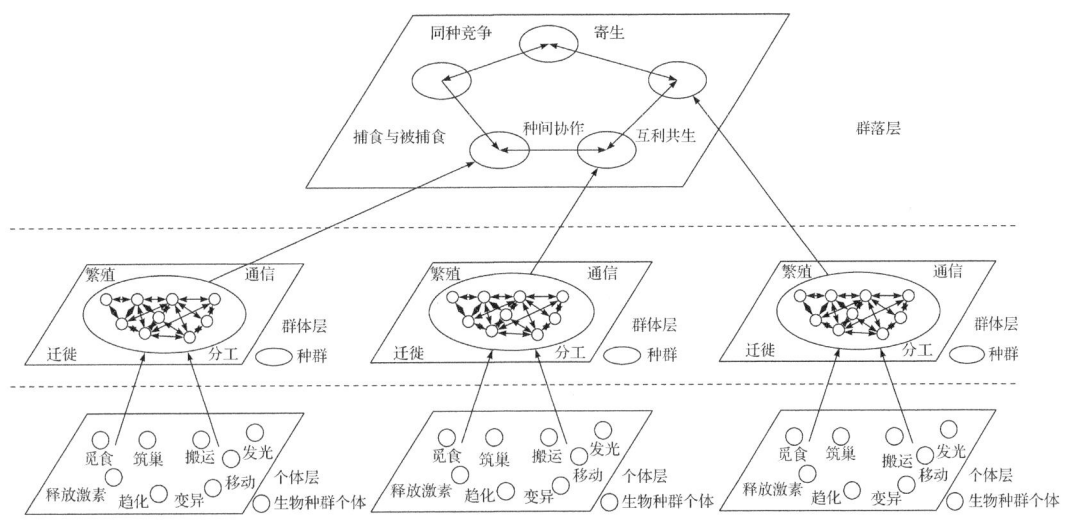

图 1-3　基于生物群体行为的优化层次模型

1.2　群体智能的概念和内涵

1.2.1　群体智能的概念

1.2.1.1　基本概念

群体智能(swarm intelligence，SI)是在无智能生物群体所表现出的智能现象的启发下提出的智能模式。群体智能的概念由 Beni 等在分子自动机系统中提出[3]。Bonabeau 等[4]在 1999 年对群体智能进行了详细的论述和分析，在 *Swarm Intelligence：From Natural to Artificial Systems* 中给群体智能做了一个不严格的定义：群体智能是在动物群体(如昆虫、脊椎动物等)社会行为机制的激发下设计的算法或分布式问题的解决策略。文献[4]中群体被描述为具有相互作用的同一种群的个体集合，如蜂群、蚁群、鱼群。单一个体的能力有限，群体则具有非常强的生存能力。

1.2.1.2　典型特点

不同生物群体有不同的行为特征。例如，蚂蚁会共同搬运食物并将食物进行集中储藏、蜜蜂一直在巢穴和食物源之间往返并酿造出甜美的蜂蜜、鱼群共同朝有食物的地方游动等。个体的群体行为在特性中也体现了一些共性，也就是群智能的特点，具体如下所述。

(1) 分布式。群体中的每个个体都是分布式的，没有中心控制。每一个个体都不是必不可少、无法取代的，因此缺少某一个或某几个个体并不会影响群体行为，即群智能具有较强的鲁棒性。

(2) 感知并利用局部信息。每个个体都能感知局部信息，并能充分利用局部信息，但无法直接感知全局信息。每个个体的行为规则都很简单，因此群智能是比较简单、方便实现的。

(3) 可扩展性强。集群中个体间的合作是通过非直接的通信方式进行的。因此，当个体的数目增加时，通信开销没有大幅度增加，这样就大大提高了集群的可扩展性。

(4) 自组织性。简单个体的交互使集群凸显出复杂的智能行为。

1.2.2 群体行为与一致性

智能群体中，独立自主又相互作用的自治智能体都有自己的行为规则，能根据自己获得的信息来决定自己的行为策略。采用类似群居生物群体的智能方式可扩展智能群体系统的功能，根据智能体之间的群体行为，可以利用相对简单微小的智能体来对大型复杂问题进行求解计算。因此，智能群体的群体行为是复杂系统研究所必须解决的问题。在智能群体的群体行为中，智能体之间进行协调，最后往往会获得共识的策略，此时智能群体便可认为达到了趋同。趋同的基本含义是，智能群体系统的群体行为具有一致性和共同性。

因此，以生物群体行为为研究对象，通过对蜂拥、迁移、涡旋等生物群体现象进行数学分析、建模仿真等抽取其中的运动模型，获取其中的运动(控制)机理作为智能群体的协同控制机制，延伸到避障、编队、目标跟踪、覆盖搜索等一致性问题中进行研究，提出群机器人等人工群体系统运动控制中的分布式协调合作等控制策略，这样可保证系统以此策略为引导执行实际的大规模复杂工程任务时能兼顾良好的系统性能和应用的有效性，使智能群体系统在协同中达到运动速度、方位等行为策略值的一致。

一致性问题是智能体之间协调合作的理论基础；智能体协作的目标是实现一致性，即能够达到状态趋同、行为趋同或者任务趋同。生物集群行为中的典型行为与实际工程中的典型问题有类似之处，解决的途径就是通过群体行为的建模转化为一致性问题，其映射和转化关系如图1-4所示。

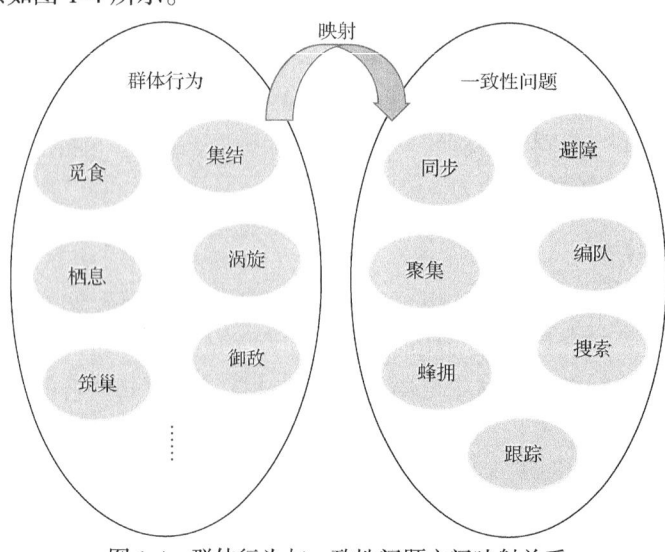

图1-4 群体行为与一致性问题之间映射关系

1.3 群体行为及智能涌现的一致性数学模型描述

1.3.1 多智能体一致性数学模型

1.3.1.1 一阶模型的一致性数学模型

假设一阶多智能体系统中有 n 个智能体。每个智能体的一阶模型如下：

$$\dot{\boldsymbol{x}}_i(t) = \boldsymbol{u}_i(t), \quad i=1,2,\cdots,n \tag{1-1}$$

式中，$\boldsymbol{x}_i(t) \in \mathbf{R}^q$、$\boldsymbol{u}_i(t) \in \mathbf{R}^q$，分别表示 t 时刻智能体 i 的状态变量、信息输入变量，$\mathbf{R}^q$ 表示 $q \times 1$ 维实向量集。

一种连续时间一致性算法为

$$\boldsymbol{u}_i(t) = -\sum_{j=1}^{n} a_{ij}(t)(\boldsymbol{x}_i(t) - \boldsymbol{x}_j(t)) \tag{1-2}$$

式中，$a_{ij}(t)$ 为 t 时刻图 G_t 对应的邻接矩阵 $\boldsymbol{A}(t) \in \mathbf{R}^{n \times n}$ 的第 (i,j) 项元素。

将式(1-2)代入式(1-1)中，可以得到如下矩阵形式：

$$\dot{\boldsymbol{x}}(t) = -(\boldsymbol{L}(t) \otimes \boldsymbol{I}_q)\boldsymbol{x}(t) \tag{1-3}$$

式中，$\boldsymbol{I}_q$ 表示 $q \times q$ 维单位矩阵；$\boldsymbol{x}(t) = \left[\boldsymbol{x}_1^{\mathrm{T}}(t), \boldsymbol{x}_2^{\mathrm{T}}(t), \cdots, \boldsymbol{x}_n^{\mathrm{T}}(t)\right]^{\mathrm{T}}$；$\boldsymbol{L}(t) \in \mathbf{R}^{n \times n}$，表示 t 时刻图 G_t 对应的拉普拉斯矩阵；$\otimes$ 表示 Kronecker 积。

1.3.1.2 二阶模型的一致性数学模型

假设二阶多智能体系统中有 n 个智能体。每个智能体的二阶模型如下：

$$\dot{\boldsymbol{x}}_i(t) = \boldsymbol{v}_i(t), \quad \dot{\boldsymbol{v}}_i(t) = \boldsymbol{u}_i(t), \quad i=1,2,\cdots,n \tag{1-4}$$

式中，$\boldsymbol{x}_i(t) \in \mathbf{R}^q$、$\boldsymbol{v}_i(t) \in \mathbf{R}^q$、$\boldsymbol{u}_i(t) \in \mathbf{R}^q$，分别表示 t 时刻智能体 i 的一阶状态变量、二阶状态变量、信息输入变量。

多智能体系统(式(1-4))的一致性算法[5]为

$$\boldsymbol{u}_i(t) = -\sum_{j=1}^{n} a_{ij} \left[\alpha(\boldsymbol{x}_i(t) - \boldsymbol{x}_j(t)) + \beta(\boldsymbol{v}_i(t) - \boldsymbol{v}_j(t))\right] \tag{1-5}$$

式中，a_{ij} 为图 G 对应的邻接矩阵 $\boldsymbol{A} \in \mathbf{R}^{n \times n}$ 的第 (i,j) 项元素；$\alpha(\cdot)$、$\beta(\cdot) > 0$。令 $\boldsymbol{x}(t) = \left[\boldsymbol{x}_1^{\mathrm{T}}(t), \boldsymbol{x}_2^{\mathrm{T}}(t), \cdots, \boldsymbol{x}_n^{\mathrm{T}}(t)\right]^{\mathrm{T}}$，$\boldsymbol{v}(t) = \left[\boldsymbol{v}_1^{\mathrm{T}}(t), \boldsymbol{v}_2^{\mathrm{T}}(t), \cdots, \boldsymbol{v}_n^{\mathrm{T}}(t)\right]^{\mathrm{T}}$，将式(1-5)代入式(1-4)中，可以得到如下矩阵形式：

$$\begin{bmatrix} \dot{\boldsymbol{x}}(t) \\ \dot{\boldsymbol{v}}(t) \end{bmatrix} = (\tilde{\boldsymbol{L}} \otimes \boldsymbol{I}_q) \begin{bmatrix} \boldsymbol{x}(t) \\ \boldsymbol{v}(t) \end{bmatrix} \tag{1-6}$$

式中，

$$\tilde{L} = \begin{bmatrix} O_n & I_n \\ -\alpha L & -\beta L \end{bmatrix}$$

式中，I_n 表示矩阵中元素都为 1 的 $n \times 1$ 维列向量；O_n 表示矩阵中元素都为 0 的 $n \times 1$ 维列向量；$L \in \mathbf{R}^{n \times n}$，表示图 G 对应的拉普拉斯矩阵。

1.3.1.3 异构一致性数学模型

假设异构多智能体系统中有 n 个智能体，包括 $m(m<n)$ 个二阶智能体和 $n-m$ 个一阶智能体。每个二阶智能体的模型如下：

$$\dot{x}_i(t) = v_i(t), \quad \dot{v}_i(t) = u_i(t), \quad i \in \{1, 2, \cdots, m\} \tag{1-7}$$

式中，$x_i(t) \in \mathbf{R}^q$、$v_i(t) \in \mathbf{R}^q$、$u_i(t) \in \mathbf{R}^q$，分别表示 t 时刻智能体 i 的一阶状态变量、二阶状态变量、信息输入变量。每个一阶智能体的模型如下：

$$\dot{x}_i(t) = u_i(t), \quad i \in \{m+1, m+2, \cdots, n\} \tag{1-8}$$

异构多智能体系统(式(1-7)、式(1-8))的一致性算法[6]为

$$u_i(t) = \begin{cases} -\sum_{j=1}^{n} a_{ij}(x_i(t) - x_j(t)) - k_1 v_i(t), & i \in \{1, 2, \cdots, m\} \\ -k_2 \sum_{j=1}^{n} a_{ij}(x_i(t) - x_j(t)), & i \in \{m+1, m+2, \cdots, n\} \end{cases} \tag{1-9}$$

式中，a_{ij} 为图 G 对应的邻接矩阵 $A \in \mathbf{R}^{n \times n}$ 的第 (i,j) 项元素；$k_1, k_2 > 0$。

1.3.1.4 通用一致性数学模型

假设多智能体系统中有 n 个基于通用模型的智能体。每个智能体的通用模型如下：

$$\dot{x}_i(t) = Ax_i(t) + Bu_i(t), \quad i = 1, 2, \cdots, n \tag{1-10}$$

式中，$x_i(t) \in \mathbf{R}^q$、$u_i(t) \in \mathbf{R}^p$，分别表示 t 时刻智能体 i 的状态变量、信息输入变量。

多智能体系统(式(1-10))的一致性算法[7]为

$$u_i(t) = -cK \sum_{j=1}^{n} \alpha_{ij}(x_i(t) - x_j(t)) \tag{1-11}$$

式中，α_{ij} 为图 G 对应的邻接矩阵 $A \in \mathbf{R}^{n \times n}$ 的第 (i,j) 项元素；$c > 0$；$K \in \mathbf{R}^{p \times q}$，为待设计的反馈增益矩阵。令 $x(t) = \left[x_1^\mathrm{T}(t), x_2^\mathrm{T}(t), \cdots, x_n^\mathrm{T}(t)\right]^\mathrm{T}$，将式(1-11)代入式(1-10)中，可以得到如下矩阵形式：

$$\dot{x}(t) = (I_n \otimes A - cL \otimes BK)x(t) \tag{1-12}$$

式中，$L \in \mathbf{R}^{n \times n}$，表示图 G 对应的拉普拉斯矩阵；$\otimes$ 表示 Kronecker 积。

1.3.1.5 事件触发一致性数学模型

假设一阶多智能体系统中有 n 个智能体。每个智能体的一阶模型如下：

$$\dot{x}_i(t) = u_i(t), \quad i = 1, 2, \cdots, n \tag{1-13}$$

式中，$x_i(t) \in \mathbf{R}^q$、$u_i(t) \in \mathbf{R}^q$，分别表示 t 时刻智能体 i 的状态变量、信息输入变量。

用 $t_k^i (i=1,2,\cdots,n)$ 表示智能体 i 事件触发的第 $k(k=1,2,\cdots,n)$ 个时间序列，因此实际上执行器 i 会得到一个分段连续的控制信号 $u_i(s_k^i)$。给定分布式事件触发一致性算法：

$$u_i(t) = -\sum_{j=1}^{n} a_{ij}(x_i(t_k^i) - x_j(t_{k'(t)}^j)) \tag{1-14}$$

式中，a_{ij} 表示图 G 对应的邻接矩阵 $A \in \mathbf{R}^{n \times n}$ 的第 (i,j) 项元素；$t_{k'(t)}^j \triangleq \arg\min_{l \in n} \{t - t_l^j | t > t_l^j\}$，表示 $t \in [t_k^i, t_{k+1}^i)$ 时智能体 j 的最新触发时刻。

将式(1-14)代入式(1-13)得

$$\dot{x}_i(t) = -(L \otimes I_q)\hat{x}_i(t) \tag{1-15}$$

式中，$\hat{x}_i(t) = \left[\hat{x}_1^{\mathrm{T}}(t), \hat{x}_2^{\mathrm{T}}(t), \cdots, \hat{x}_n^{\mathrm{T}}(t)\right]^{\mathrm{T}}$；$\hat{x}_i(t) = x_i(t_{k'(t)}^i)$，表示智能体 i 的最新触发时刻对应的状态。

在算法(1-14)中，分布式事件触发机制设计的基础目标如图 1-5 所示，其工作过程：事件检测器 i 对本地传感器和外部通信网络传输的信息进行采集，根据所定义的事件进行解算，判断是否满足事件触发的条件，在此基础上对触发信息的传输与否进行决策。在相邻的触发间隔内，多智能体系统会采用零阶保持器，使得控制器的输出保持为固定数值，因此实际上执行器 i 会得到一个分段连续的控制信号。在 1.3.2 小节，将对具体的事件触发方案进行设计。

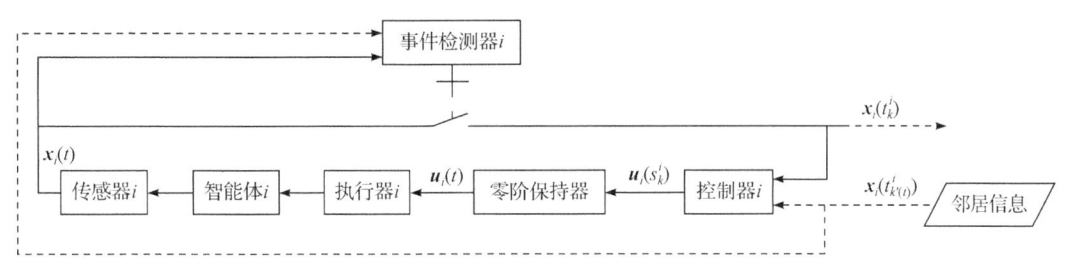

图 1-5 分布式事件触发机制设计的基础目标

1.3.2 一致性理论的典型应用

1.3.2.1 会合控制

概括而言，会合指系统中所有个体速度逐渐趋于零，且静止于某一位置，其控制目标可描述为

$$\begin{cases} \lim_{t \to \infty} \|x_j(t) - x_i(t)\| = 0, & \forall i, j \in \Gamma \\ \lim_{t \to \infty} \|\dot{x}_i(t)\| = 0, & \forall i \in \Gamma \end{cases} \tag{1-16}$$

由式(1-16)可以看出，该问题在本质上是一致性问题的一个特例，可简单理解为最终

状态为静止的一致性。会合控制由 Ando 等在文献[8]中提出。

1.3.2.2 聚结控制

聚结(flocking)问题在自然界中十分常见，如鸟群的迁徙、鱼群的捕食等。早期 Reynolds[9]的工作即是针对聚结现象展开的。此后，针对聚结现象理论研究的研究小组包括 Toner 等[10]、Shimoyama 等[11]和 Levine 等[12]，但这些研究小组都没有给出聚结行为严格的理论分析。2001 年，Leonard 等[13]将人工势场(artificial potential-field，AP)方法引入聚结行为的理论分析，之后该方法成为研究聚结现象的一种重要数学工具。Olfati-Saber[14]首先基于 AP 建立了一个完整的理论分析框架。其基本思想：建立子系统之间的局部势能函数，使全局势能函数(所有局部函数相加值)的最小值对应于期望的聚结状态。此外，引入分别代表"自由聚合""障碍"和"共同目标"的 α-智能体、β-智能体和 γ-智能体，使聚结可考虑外部障碍和给定的期望轨迹。利用类似的思路，Tanner 等[15]针对固定和切换通信拓扑下的二阶积分器线性系统，设计了聚结控制律。该控制律展示了通信拓扑连通性与系统稳定性的关系，并从理论上证明该系统的稳定性对通信网络拓扑的切换具有鲁棒性。

1.3.2.3 编队控制

编队(formation)控制是多个体协调控制中的一个研究热点，其本质是一种几何构形严格的聚结控制[16,17]。编队控制的目标在于通过调整个体的行为来使系统实现特定几何构形的整体性位移，其数学描述为

$$\begin{cases} \lim_{t \to \infty}[\boldsymbol{x}_j(t) - \boldsymbol{x}_i(t)] = \boldsymbol{x}_{dij}, & \forall i,j \in \Gamma \\ \lim_{t \to \infty}[\dot{\boldsymbol{x}}_i(t) - c(t)] = 0, & \forall i \in \Gamma \end{cases} \quad (1\text{-}17)$$

式中，$\boldsymbol{x}_{dij}$ 为第 i 个个体与第 j 个个体的期望相对位置矢量；$c(t)$ 为期望的整体位移速度。编队控制在多机器人协调[18-20]、无人机(unmanned aerial vehicle，UAV)编队[21]及航天器编队[22]中得到广泛研究。尽管诸多应用各具特点，但编队控制也有其共同点。例如，在绝大多数应用中，系统中的个体具有相同的动力学和相似的局部控制器架构；同时，每个个体的通信和计算能力受限，且通信拓扑在编队控制中都起关键性作用。

1.3.2.4 分布式滤波

传感器网络的分布式滤波(distributed filtering)是多智能体系统平均一致性的一个重要应用。分布式滤波要求设计分布式协议，使得传感器网络的每个节点跟踪测量信号的平均值。考虑 1 个由 n 个传感器组成的传感器网络。每个传感器测量的实际输出为测量信号 $r(t)$ 附加测量噪声 $v_i(t)$，即[23]

$$u_i = r(t) + v_i(t), \quad i = 1, 2, \cdots, n \quad (1\text{-}18)$$

所设计的分布式滤波器[24]

$$\dot{x}_i = \sum_{j \in N_i} a_{ij}(x_j(t) - x_i(t)) + \sum_{j \in N_i \cup \{i\}} a_{ij}(u_j(t) - x_i(t)) \quad (1\text{-}19)$$

能够使其状态 x_i 收敛到被跟踪信号 $r(t)$ 的一个小邻域内。分布式滤波器(式(1-19))称为一致性滤波器(consensus filter)，它实际上是一个低通滤波器(low-pass filter)，文献[25]进一步提出了分布式高通和带通一致性滤波器。文献[26]~[28]研究了基于一致性的分布式卡尔曼(Kalman)滤波和信息融合问题。

1.4 本章小结

本章主要介绍了生物群体的典型行为以及群体智能行为的产生原因，并介绍了生物群体之间的交流机制、分工与协作机制，在此基础上给出了群体智能的概念和内涵、群体行为及智能涌现的一致性数学模型描述，同时简要介绍了一致性理论的典型应用。

习 题

[思考题]

(1) 蚂蚁通过何种通信机制实现信息交流，此种通信机制能否应用于无人机集群系统？给出具体应用的场景。

(2) 蜂群是如何分工与协作的？这种分工与协作机制能否应用于无人机集群系统，通过哪种方式能够实现？

(3) 国内有哪些典型的蜂群项目，突破了哪些关键技术？

[程序设计题]

(1) 时不变通信拓扑下的一致性。

考虑场景：在通信拓扑不变的情况下，6 个智能体在二维平面 XOY 内运动，在某个地点集结，即 $n=6$，$q=2$。令每个智能体的状态 $\bm{x}_i=[x_i,y_i]^\mathrm{T}$。图 1-6 为智能体间的通信拓扑，该通信拓扑是有向强连通平衡图。

图 1-6 给出的通信拓扑对应的拉普拉斯矩阵为

$$\bm{L}=\gamma\begin{bmatrix} 1 & 0 & 0 & 0 & 0 & -1 \\ -1 & 2 & 0 & 0 & 0 & -1 \\ 0 & -1 & 2 & 0 & -1 & 0 \\ 0 & 0 & -1 & 1 & 0 & 0 \\ 0 & 0 & -1 & -1 & 2 & 0 \\ 0 & -1 & 0 & 0 & -1 & 2 \end{bmatrix}$$

式中，$\gamma>0$，为常数。

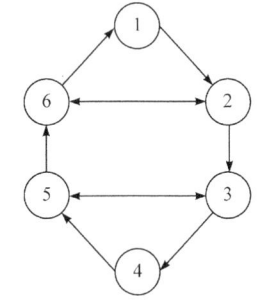

图 1-6 智能体间的通信拓扑

给定智能体的初始状态 $x_i(0)=0.2i-0.1$，$y_i(0)=0.2i$，$i=1,2,\cdots,6$，仿真实现多智能体系统(式(1-1))采用一致性算法(式(1-2))得到的状态轨迹变化。

(2) 时变通信拓扑下的一致性。

考虑场景：在通信拓扑变化的情况下，5 个智能体在二维平面 XOY 内运动，在某个地点集结，即 $n=5$，$q=2$。令每个智能体的状态 $\boldsymbol{x}_i=[x_i,y_i]^{\mathrm{T}}$。为简便起见，把 5 个智能体所有可能的通信拓扑集合用 $\boldsymbol{G}_5=\{\boldsymbol{G}_{5(1)},\boldsymbol{G}_{5(2)},\boldsymbol{G}_{5(3)},\boldsymbol{G}_{5(4)},\boldsymbol{G}_{5(5)}\}$ 表示，如图 1-7 所示。假设在每个随机时刻 $t=t_k(k=0,1,2,\cdots)$，5 个智能体的通信拓扑随机地在 $\boldsymbol{G}_5$ 中切换，$\boldsymbol{G}_5$ 中每个有向图的通信被随机赋予有界的非负权值。

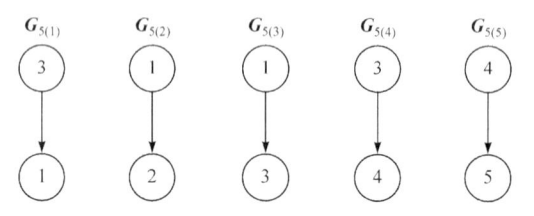

图 1-7 5 个智能体所有可能的通信拓扑

仿真实现时变通信拓扑下多智能体系统(式(1-1))采用一致性算法(式(1-2))得到状态轨迹变化。

参 考 文 献

[1] 朱云龙, 陈瀚宁, 申海. 生物启发计算：个体、群体、群落演化模型与方法[M]. 北京：清华大学出版社, 2013.

[2] 位士燕. 基于群智能和人工生命的蜂群行为的研究[D]. 上海：华东理工大学, 2013.

[3] HACKWOOD S, BENI G. Self-organization of sensors for swarm intelligence[C]. Proceedings 1992 IEEE International Conference on Robotics and Automation , Piscataway, USA, 1992: 819-829.

[4] BONABEAU E, DOILGO M, THERAULAZ G. Swarm Intelligence: From Natural to Artificial Systems[M]. New York: Oxford University Press, 1999.

[5] VICSEK T, CZIROK A, BEN-JACOB E, et al. Novel type of phase transition in a system of self-driven particles[J]. Physical Review Letters, 1995, 75(6): 1226.

[6] HIGHAM N. Accuracy and Stability of Numerical Algorithms[M]. Philadelphia: SIAM, 1996.

[7] D'ORSOGNA M R, CHUANG Y L, BERTOZZI A L, et al. Self-propelled particles with soft-core interactions: Patterns, stability, and collapse[J]. Physical Review Letters, 2006, 96(10): 1-4.

[8] ANDO H, OASA Y, SUZUKI I, et al. Distributed mem-oryless point convergence algorithm for mobile robots with limited visibility[J]. IEEE Transactions on Robotics and Automation, 1999, 15(5): 818-828.

[9] REYNOLDS C W. Flocks, herds, and schools: A distributed behavioral model[C]. Proceedings of the 14th Annual Conference on Computer Graphics and Interactive Techniques, New York, USA, 1987: 25-34.

[10] TONER J, TU Y H. Flocks, herds, and schools: A quantitative theory of flocking[J]. Physical Review E, 1998, 52(4): 4824-4858.

[11] SHIMOYAMA N, SUGAWARA K, MIZUGUCHI T, et al. Collective motion in a system of motile elements[J]. Physical Review Letters, 1996, 76(20): 3870.

[12] LEVINE H, RAPPEL W J, COHEN I. Self-organization in systems of self-propelled particles[J]. Physical Review E, 2001, 63(2): 175-181.

[13] LEONARD N E, FIORELLI E. Virtual leaders, artificial potentials and coordinated control of groups[C]. Proceedings of the 40th Conference on Decision and Control, Orlando, USA, 2001: 2968-2973.

[14] OLFATI-SABER R. Flocking for multi-agent dynamic systems: Algorithms and theory[J]. IEEE Transactions on Automatic Control, 2006, 51(3): 401-420.

[15] TANNER H G, JADBABAIE A, PAPPAS G J. Flocking in fixed and switching net works[J]. IEEE Transactions on Automatic Control, 2007, 52(5): 863-868.

[16] BEARD R W, LAWTON J, HADAEGH F Y. A coordination architecture for spacecraft formation control[J]. IEEE Transactions on Control Systems Technology, 2001, 9(6): 777-790.

[17] REN W, BEARD R W, ATKINS E M. A survey of consensus problems in multi-agent coordination[C]. Proceedings of the 2005 American Control Conference, Portland, USA, 2005: 468-482.

[18] BALCH T, ARKIN R C. Behavior-based formation control for multirobot teams[C]. IEEE Transactions on Robotics and Automation, Pittsburgh, USA, 1998: 926-939.

[19] DESAI J P, OSTROWSKI J P, KUMAR V. Modeling and control of formations of nonholonomic mobile robots[J]. IEEE Transactions on Robotics and Automation, 2001, 17(6): 905-908.

[20] FEDDEMA J T, LEWIS C, SCHOENWALD D A. Decentralized control of cooperative robotic vehicles: Theory and application[J]. IEEE Transactions on Robotics and Automation, 2002, 18(5): 852-864.

[21] WANG X H, YADAV V, BALAKRISHNAN S N. Cooperative UAV formation flying with obstacle/collision avoidance[J]. IEEE Transactions on Control Systems Technology, 2007, 15(4): 672-679.

[22] CHUNG S J, AHSUN U, SLOTINE J J E. Application of synchronization to formation flying spacecraft: Lagrangian approach[J]. Journal of Guidance, Control, and Dynamics, 2009, 32(2): 512-526.

[23] 李忠奎. 多智能体系统的一致性区域与一致性控制[D]. 北京: 北京大学, 2010.

[24] OLFATI-SABER R, SHAMMA J S. Consensus filters for sensor networks and distributed sensor fusion[C]. IEEE Conference on Decision & Control IEEE, Seville, Spain, 2005: 6698-6703.

[25] OLFATI-SABER R. Distributed Kalman filter with embedded consensus filters[C]. European Control Conference Cdc-ecc 05 IEEE Conference on Decision & Control, Seville, Spain, 2006: 8179-8184.

[26] OLFATI-SABER R. Distributed Kalman filtering for sensor networks[C]. Proceedings of the 46th IEEE Conference on Decision and Control, New Orleans, USA, 2007: 1814-1820.

[27] XIAO L, BOYD S, LALL S. A scheme for robust distributed sensor fusion based on average consensus[C]. Proceedings of the 4th International Symposium on Information Processing in Sensor Networks, Los Angeles, USA, 2005: 63-70.

[28] CARLI R, CHIUSO A, SCHENATO L, et al. Distributed Kalman filtering based on consensus strategies[J]. IEEE Journal on Selected Areas in Communications, 2008, 26(4): 622-633.

第 2 章

两类飞行器智能集群的控制与规划关键技术

飞行器智能集群的关键技术涵盖集群弹性体系架构技术、集群态势感知技术、智能集群决策技术、集群自组网技术、集群自主控制技术。本章重点介绍航空器与航天器智能集群在控制与规划方面所涉及的关键技术；在航空器智能集群的控制与规划关键问题中，本章重点介绍集群安全控制技术。2.1 节介绍航空器智能集群的控制与规划关键技术；2.2 节介绍航天器智能集群的控制与规划关键技术。

【学习要点】
- 掌握：①航空器智能集群安全控制的概念；②航天器智能集群分布式控制方法。
- 熟悉：①航空器智能集群的安全状态模型；②航空器智能集群的安全效能评估方法；③航天器智能集群的分布式控制与规划方法。
- 了解：①飞行器智能集群的人工智能控制技术；②飞行器智能集群的人工智能规划技术。

2.1 航空器智能集群的控制与规划关键技术

2.1.1 航空器智能集群安全控制主要问题与相关概念

航空飞行器集群(简称航空器集群)系统的动力学特性复杂、任务环境非结构、信息交互不稳定、态势感知碎片化特征明显。首先，飞行器是一类高度非线性的运动体。高动态、快时变运动特性容易造成各飞行器在制导控制误差、诱导紊流干扰、执行机构故障等作用下碰撞或失稳。其次，真实任务场景下飞行器集群常常处于大量复杂地形、障碍和禁飞区域约束的非结构化环境，如城市街巷或野外山地等，可飞区域的空间受限且不规则。此外，相对运动状态、链路信道性能、通信网络架构也影响飞行器信息交互的连通性；设备性能受限和量测噪声也影响环境感知信息和运动导航等态势感知信息获取的准确性，进而影响飞行安全。上述因素直接或间接影响飞行器集群系统的安全运行。综合上述分析和现有研究成果，本章将集群安全问题归纳为物理安全和信息安全两个维度。图 2-1 为飞行器集群安全的主要问题。

2.1.1.1 集群物理安全控制问题

集群物理安全是指各飞行器能够根据自身飞行状态、其他飞行器共享的飞行状态和

图 2-1 飞行器集群安全控制的主要问题

环境威胁信息,实时判别当前飞行环境和运动行为中的潜在风险并评估安全效能;同时,通过协同规划与控制等手段,保持与非结构化环境障碍的时空隔离,并消解各飞行器动态飞行过程中与其他飞行器的时空冲突。物理安全是飞行器集群进一步执行各类任务的首要条件,其本质是保持各飞行器的物理完整性,使之依照飞行动力学规律维持正常运行。集群物理安全问题可归纳为一类集群协同优化问题,各飞行器之间能够通过信息交互的方式共享和接收彼此的环境感知信息和运动导航信息,在此基础上,生成非结构化环境中的可飞区域及安全航路,并通过自主调节和协调规避等策略消解各飞行器近距碰撞与轨迹冲突等安全风险。集群物理安全控制研究的核心问题在于:

(1) 有效建立非结构化环境中的安全区域、集群运动相关的物理安全状态以及集群系统组件故障状态的数学模型,并描述集群飞行环境、运动行为和组件运行的安全性,构建物理安全约束;

(2) 针对不同的典型集群物理安全问题场景,设计风险预警机制与判定条件,并根据不同场景实施相应安全控制措施,以消解各类安全冲突。

2.1.1.2 集群信息安全控制问题

在面向任务的飞行过程中,集群各飞行器、地面指挥控制中心、空中预警机、天基卫星和水面舰艇等节点之间常常通过无线通信、光电传感等方式自组织形成信息交互网络,主动或被动地传递、共享环境感知信息和运动导航信息。在此过程中,稳定畅通的交互网络是收集和共享飞行状态、外部环境和威胁行为等碎片化态势信息的必要条件;同时,获取的态势信息的准确性与可靠性也极大影响协同的精度和效能,进而影响集群飞行的安全性。因此,集群信息安全控制问题是指保证系统正常运行的交互连通性与信息准确性问题,核心内容包括:

(1) 基于信道机理模型,结合集群飞行状态信息,对受限和动态的信息交互过程进行有效描述;同时,基于集群信息的来源与获取机理,表征不确定信息。

(2) 在集群空间分布捷变的条件下,结合动力学与控制、交互信道和网络科学等理论,综合优化、控制和估计等手段实现交互网络的稳定、鲁棒和连通,并降低感知与导航受限性的影响,提升信息获取的准确性。

2.1.1.3 集群安全控制研究的基本框架

针对所归纳的"物理-信息"集群安全控制问题,基于"感知(observation)—判断(orientation)—决策(decision)—行动(action)"的 OODA 环思想,本书提出飞行器集群安全控制研究的基本框架,如图 2-2 所示。

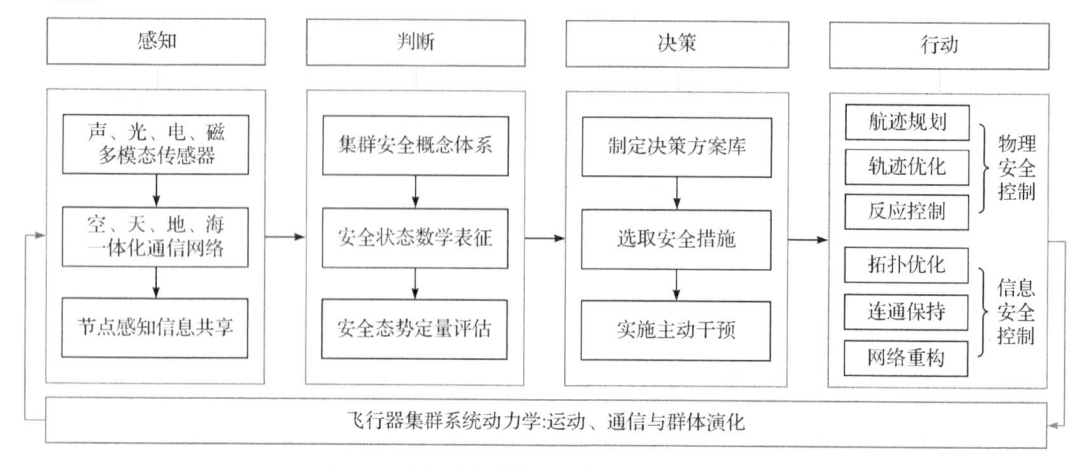

图 2-2 飞行器集群安全控制研究的基本框架

安全态势感知是指集群各飞行器通过机载的声、光、电、磁等多模态传感器，感知实时飞行状态、环境特征和威胁分布等信息，并综合运用空、天、地、海一体化通信网络，将所获取信息实时向集群飞行器以及指挥控制中心等任务网络的各节点共享，在当前时空条件下综合获取与集群安全相关的实时关键信息及其未来预测序列。安全态势感知是集群安全控制的前端环节。

安全状态判断是指在安全态势感知阶段所获取信息的基础上，确定和预测集群当前和未来的安全状态，同时对所处状态的安全性进行评估，是安全控制研究的核心问题之一。前者涉及集群安全状态的建模过程，需要根据集群与环境之间、各飞行器之间、飞行器各内部组件之间的相互作用关系，从物理和信息维度定义飞行器集群的宏观、局部和个体安全特性的概念体系，并根据物理安全与信息安全的演化机理，明确不同维度安全相关概念的严谨定义，实现对安全状态的数学描述。后者则涉及集群安全状态的评估过程，在多维度安全概念及其状态描述的基础上，通过设计一系列正交的性能指标，从不同维度对当前所处飞行环境、运动行为和组件运行等集群飞行器状态的安全性进行定量评估，从而为当前和未来实施的安全控制策略提供决策依据。

安全措施决策是指在安全状态描述与评估的基础上，依照环境碰撞、集群飞行冲突、交互网络断连和信息不确定等典型安全风险的严重程度，通过专家知识库、模糊规则库等经验方法和深度神经网络、贝叶斯网络等智能方法，决定集群整体、局部和个体所采取措施的类型，从集群所处风险状态针对性地实施主动干预，以保证不同维度的安全性。

安全控制策略中行动是指在决定采取的主动措施的基础上，通过规划、优化和控制等手段，生成满足安全需求的参考航路、跟踪轨迹、机动指令及交互网络拓扑等具体方案，并将之输入底层执行单元，从而引导群体行为的安全智能涌现，实现集群针对安全风险的快速高效响应。

2.1.2 航空器智能集群安全状态模型

2.1.2.1 飞行器集群物理安全状态模型

飞行器集群物理安全本质上是保证各飞行器平台的稳定飞行，避免单飞行器运动不稳定，以及飞行器之间、飞行器与环境之间的时空冲突，该过程涉及单飞行器自身、飞行器与环境之间、飞行器之间的动力学状态转移，主要包括非结构化环境下可飞区域模型、群体行为安全模型和系统组件安全模型三方面。

1) 非结构化环境下可飞区域模型

飞行器在复杂不确定的动态非结构化环境中进行安全自主飞行，依靠各类传感器感知的输入数据，从中提取出非结构化环境中各类障碍和自由空域的信息。但是，由于任务环境常常不规则、不完整，缺少参数量化，机载传感器获取的外部环境数据难以直接利用。为便于飞行器对环境安全风险的认知，需要进一步对地图表征进行抽象化处理，建立对非结构化环境可飞区域的参数化描述，为后续规划和控制提供可行解空间和安全约束。

通过任务场景的分析，考虑到飞行器机载感知、计算和存储资源的限制，合理的非结构化环境下可飞区域模型应当满足以下三点要求：①模型表达形式及相应参数尽可能简单，使得计算和存储资源的消耗尽量少；②能够快速响应环境的动态变化，便于实时调整和构建；③可行范围应当足够大，便于后续的航迹规划、轨迹优化和跟踪控制。

现有研究通常采用安全飞行走廊描述可飞区域。安全飞行走廊具备参数模型形式简洁、较完整覆盖真实安全区域、快速响应环境变化等特点，能够较好地满足上述三点要求，因此适合于可飞区域的构建。安全飞行走廊于 2015 年由 Chen 等[1]提出，采用矩形拼接方式构建了从当前位置到目标的可飞区域。后来，Chen 等[2]在后续工作的基础上引入了凸区域膨胀策略，进一步扩展了可飞区域范围，逐步形成了"环境栅格化预处理—最小凸集搜索—凸多面体区域平行膨胀"的安全飞行走廊经典构建范式。图 2-3 为安全飞行走廊生成示意图。

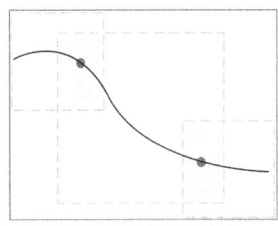

(a) 子区域膨胀扩展　　(b) 重叠区域作为过渡　　(c) 子区域拼接生成安全飞行走廊

图 2-3　安全飞行走廊生成示意图[1]

除上述安全飞行走廊生成框架外，还可基于凸分解通过膨胀扩展凸多面体区域生成安全飞行走廊，其主要步骤依次为椭球生成、多面体构建、边界框分割、走廊收缩，避免了迭代过程。该方法由于无须对环境进行栅格化预处理，并且主要计算量在于椭球生成和多面体构建过程中的边界检测，因此复杂度较低、实时性较好，更符合连续时空中飞行器航迹规划过程。图 2-4 为基于凸分解的安全飞行走廊构建示意图。

关注到走廊子区域的不同形状会对走廊生成计算和后续优化产生较大影响，相关学者研究了立方体[2]、凸多面体[3]和球体[4]等不同形状的走廊子区域及其性能。基于凸多面体子区域拼接的安全飞行走廊需要在自由空间中进行大量的线面生成、无冲突检测、边缘修剪等繁琐计算过程，实时性受障碍密集程度的明显制约。与凸多面体相比，球体走廊子区域只在轨迹优化中施加一个约束，生成过程所需环境信息更少。但是，球体膨胀

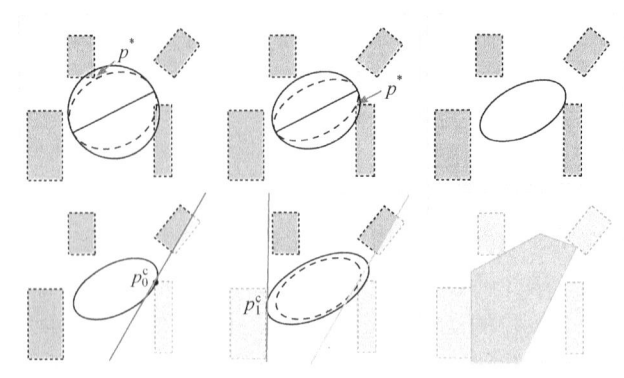

图 2-4　基于凸分解的安全飞行走廊构建示意图

p^* 为膨胀最大点

条件与凸多面体相比更加苛刻，在条状非结构化区域的构建效率不高。图 2-5 为球体安全飞行走廊示意图。

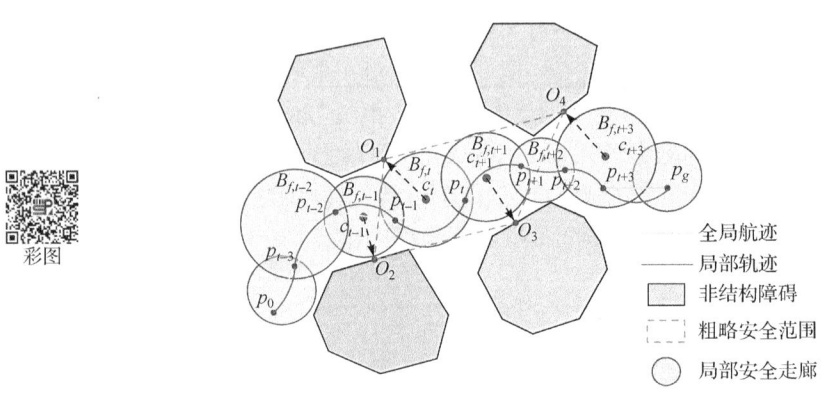

图 2-5　球体安全飞行走廊示意图[5]

O_i 为各障碍物与飞行走廊的最近距离点；p_i 为预规划各航路点；$B_{f,i}$ 为各球状飞行走廊的子区域；c_i 为各子区域的几何中心；p_0 为预规划起始点；p_g 为预规划目标点

安全飞行走廊的优势：①模型适用性广泛，在集中式或分布式集群控制中均可使用[6]；②凸约束形式便于后续快速优化求解；③模型可解释性强，能够严格将飞行器约束在可飞区域内；④可扩展性强，通过融合标准 A*算法、类 RRT*算法等航迹规划方法，高效快速地引导非结构化环境中飞行走廊的扩展延伸。但是，在峡谷和隧道等条状狭窄空间中，安全飞行走廊难以有效扩展，使得后续优化的可行解范围极小。

虚拟管道是近些年提出的一种特殊的安全飞行走廊[7]，其基本思想是在非结构化环境下通过规划算法生成由多段规则子区域拼接的、连续的参数化可飞区域，构建"空中高速公路"[8,9]。由于连续拼接和管道形状等特点，相较于一般的安全飞行走廊，虚拟管道能够适应狭窄场景下的可飞区域构建。图 2-6 为虚拟管道的参数化表达示意图。

相关学者探索了虚拟管道构建及其最优化问题[10]。同时，面向集群穿越与合围等任务场景，提出了虚拟管道参数化构建方法和边界约束，并与最优控制[11]、鲁棒控制[12]相结合，形成面向任务执行的控制方案，并进一步拓展至二维平面内的任意四边形[13]、环形[14]以及三维空间内任意形状[15]的虚拟管道。另外，针对飞行器集群系统应用，将该方法拓展至分

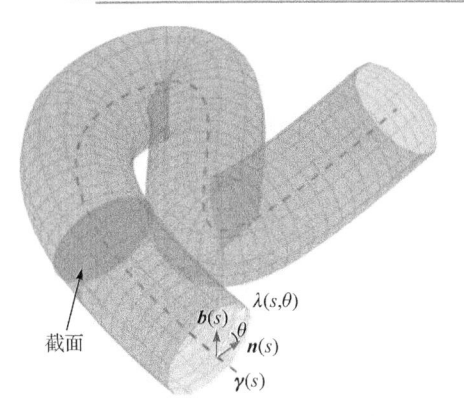

图 2-6 虚拟管道的参数化表达示意图[15]

布式控制[16]，使之适用于分布式集群的安全穿越。

为严格保证虚拟管道的通用性、连续性和安全性，文献[15]提出在构建虚拟管道时，需遵循如下原则：①管道边界连续，避免非光滑点处碰撞或振荡；②管道收缩率小，避免截面突变而使飞行器拥塞；③管道截面是单连通的，保证管道内部保持封闭；④管道自身不能交叉，保证延伸方向的唯一性。应用微分几何，对虚拟管道进行一般化数学定义：

$$\mathcal{T}(s,\theta,\rho) = \gamma(s) + \rho\lambda(s,\theta)(\boldsymbol{n}(s)\cos\theta + \boldsymbol{b}(s)\sin\theta) \tag{2-1}$$

式中，$\mathcal{T}(s,\theta,\rho) \in \mathbf{R}^n$，为虚拟管道；$s \in [s_0, s_f] \subset \mathbf{R}$，为 Frenet-Serret 坐标系的弧长坐标；$\rho \in [\rho_{\min}(s),1] \subset \mathbf{R}$，为截面半径坐标，$\rho_{\min}(s)$ 为最小截面半径坐标；$\theta \in [-\pi,\pi] \subset \mathbf{R}$，为截面角度坐标；$\gamma(s) \in \mathbf{R}^n$，为基准曲线；$\boldsymbol{n}(s) = \dfrac{\|\dot{\gamma}(s)\|^2 \ddot{\gamma}(s)}{\|\ddot{\gamma}(s) \times \dot{\gamma}(s)\|} \in \mathbf{R}^n$ 和 $\boldsymbol{b}(s) = \dfrac{\dot{\gamma}(s)}{\|\dot{\gamma}(s)\|} \times \boldsymbol{n}(s) \in \mathbf{R}^n$，为基准曲线 $\gamma(s)$ 的法向量；$\lambda(s,\theta) \in \mathbf{R}$，为截面半径。当 ρ 取 1 时，所得集合 $\mathcal{T}_s = \mathcal{T}(s,\theta,1)$，为虚拟管道边界。

虚拟管道对非结构化环境中的多元任务场景具有良好的可扩展性，能够与人工势场结合，形成集群物理安全的环境软约束，便于规划与控制过程中的优化求解；同时，其具备严格数学定义，可解释性强，是一种具备理论和应用价值的可飞区域建模方法。

2) 群体行为安全模型

在群体行为安全建模之前，需要分析和梳理飞行器集群飞行过程中由群集编队过程带来的安全风险的主要成因及相关概念。受尺寸、性能和气动等因素制约，各飞行器周围通常存在一个附体的安全空域。其参数需要根据平台尺寸、流场耦合、最小反应时间、最大机动过载等总体设计参数和飞行状态确定。根据任务不同，安全空域常可建模为球体、柱体和平面，分别对应三维自由机动、纵向飞行解耦和水平巡航场景[17]。图 2-7 为不同应用场景下的单飞行器安全空域。

飞行器碰撞与失稳往往是在一个小时间尺度下的突发紧急事件，常常是各飞行器在跟踪预定航路或轨迹时，由于制导导航与控制误差和动力学约束不匹配等问题，实际运动轨迹发生偏离而进入其他飞行器的安全空域。因此，飞行器集群的群体行为安全建模可转化为对各飞行器与安全空域关系的讨论，进而定量分析集群运动安全风险的演化机理和判定

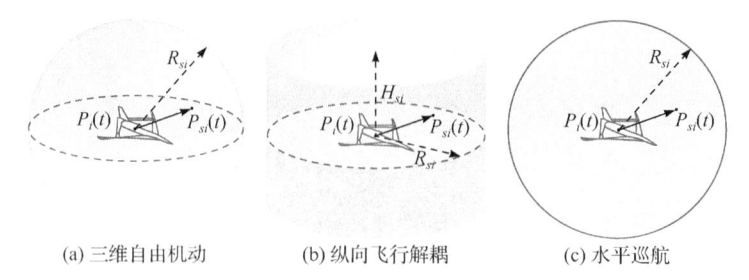

(a) 三维自由机动　　　(b) 纵向飞行解耦　　　(c) 水平巡航

图 2-7　不同应用场景下的单飞行器安全空域

$P_i(t)$为各飞行器的位置坐标；$P_{si}(t)$为各飞行器安全空域中任意一点的位置坐标；R_{si}为各飞行器安全空域的半径；H_{si}为纵向飞行解耦场景下安全空域的高度

条件，构建等式或不等式安全约束。常见模型有碰撞锥(collision cone，CC)模型、速度障碍(velocity obstacle，VO)模型和控制障碍函数(control barrier function，CBF)模型三种。

(1) 碰撞锥模型。该模型是运动体碰撞问题的最基本模型之一，最初针对两个圆形运动体提出。其主要思路是，基于相对距离和速度，由几何分析判断两运动体是否存在相撞的风险，符合任务导向下飞行器"感知-规避"控制模式。该模型采用速度信息，具备对未来时段状态变化的预测能力，因此常用于两飞行器之间短时域飞行冲突的运动学检测与判定。图 2-8 为碰撞锥模型原理示意图。

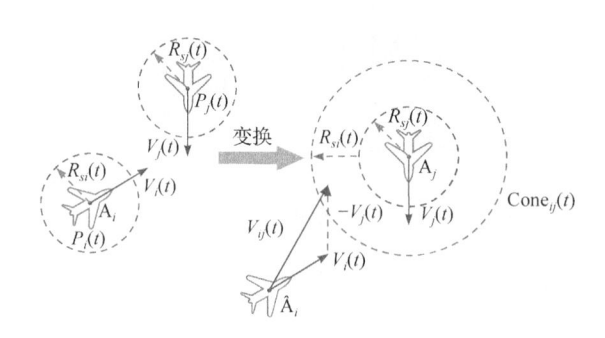

图 2-8　碰撞锥模型原理示意图

$P_i(t)$和$P_j(t)$分别为飞行器A_i和A_j的位置；$V_i(t)$和$V_j(t)$分别为飞行器A_i和A_j的速度；$R_{si}(t)$和$R_{sj}(t)$分别为飞行器A_i和A_j的安全半径

两飞行器的物理安全是否冲突由几何分析确定。若相对速度方向不在锥约束Cone_{ij}内，则飞行器A_i和A_j在维持各自速度不变的条件下将不会发生时空冲突；反之，则飞行器A_i和A_j存在时空冲突，将发生碰撞或失稳。碰撞相对速度集合为

$$\text{CC}_{ij} = \left\{ V_{ij} \middle| e_{ij} \cap \text{Cone}_{ij} \neq \varnothing,\ e_{ij} = V_{ij} / \|V_{ij}\| \right\} \tag{2-2}$$

式中，e_{ij}为速度方向向量；CC_{ij}为碰撞锥；V_{ij}为相对速度。

经典碰撞锥模型基于通用相对运动模型，对动力学行为和任务特征描述的颗粒度较低，因此，在编队集结、导航点跟踪和目标导引飞行等具体任务过程中，可与动力学特性约束和任务约束相结合，生成精细化的物理安全约束。

碰撞锥模型的定义始终与特定的两个运动体相关联。对于较小规模的飞行器集群而言，该算法的模型简单、实时性高、应用广泛。但对于大规模集群而言，在研究多飞行器之间的

飞行冲突时，需要对各飞行器进行两两判别，分别解算相对速度和碰撞速度的锥约束，从而判断飞行器之间是否存在时空冲突。这导致算法的计算复杂度和资源消耗量发生爆炸式增长，致使实时性降低，并且不能有效统筹和协调较大数量飞行器的冲突，容易出现死锁现象。

(2) 速度障碍模型。该模型由 Fiorini 等[18]于 1998 年基于碰撞锥模型提出，适用于多飞行器运动状态关系的描述。采用 Minkowski 加法在碰撞锥叠加冲突对象的运动速度，可得到经典速度障碍模型的集合表述为[19]

$$\mathrm{VO}_{ij} = \{V_i \mid V_i \in \mathrm{CC}_{ij} \oplus V_j\} \quad (2\text{-}3)$$

式中，VO_{ij} 表示速度障碍集合；V_i 和 V_j 表示速度；CC_{ij} 表示碰撞锥；$\oplus$ 表示 Minkowski 加法。

经典速度障碍模型使用时存在振荡现象，轨迹平滑性较差。为避免振荡甚至死锁，van Den Berg 等[20]提出了相互速度障碍(reciprocal velocity obstacle，RVO)模型，将速度障碍模型中速度项 V_j 替换为 $(V_i + V_j)/2$，可实现轨迹预测，表述如下：

$$\mathrm{RVO}_{ij} = \{V_i' \mid 2V_i' \in \mathrm{VO}_{ij} \oplus V_i\} \quad (2\text{-}4)$$

安全性是飞行器集群成功执行任务的前提，但过度追求安全性容易造成任务效能的保守化。如何在保证安全性的基础上，最大程度地保持任务效能也是一个关键问题。van Den Berg 等[21]和 Alonso-Mora 等[22]基于 RVO 和标称指令优化修正策略，提出了一种最优相对碰撞规避(optimal reciprocal collision avoidance，ORCA)模型，适用于多目标导航动态避障。其主要思想：对原有任务规划或控制器生成的指令进行最小程度的修正，使系统满足基本的安全性约束即可，最大程度地保持任务规划的完整性。修正后的安全速度指令可通过求解以下优化问题得到：

$$V_{i,\mathrm{new}} = \underset{V_i \in \mathrm{ORCA}}{\arg\min} \|V_i - V_{i,\mathrm{norm}}\| \quad (2\text{-}5)$$

速度障碍模型在特性简单明确的飞行器集群避碰/避障等运动安全问题中得到应用[23-25]，但缺乏严谨理论分析，不适合复杂耦合的动力学系统。图 2-9 为速度障碍模型及其变种的原理示意图。

(a) 经典速度障碍(VO)　　(b) 相互速度障碍(RVO)　　(c) 最优相对碰撞规避(ORCA)

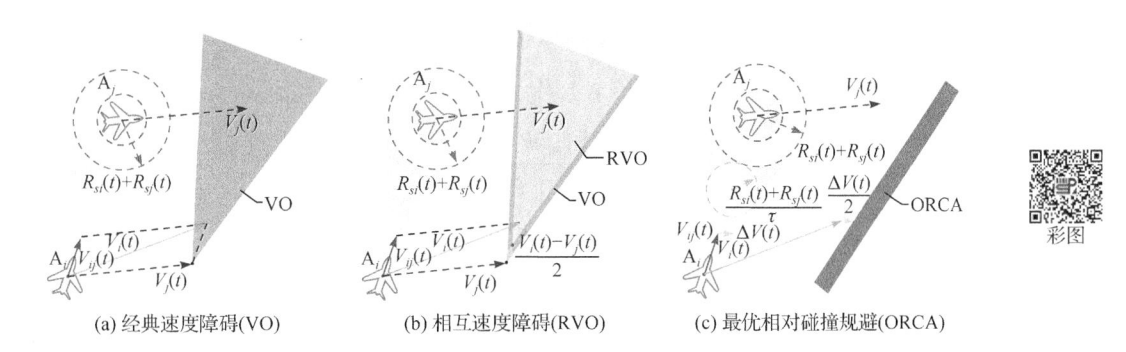

图 2-9　速度障碍模型及其变种的原理示意图

(3) 控制障碍函数模型。该模型常用于动力学安全约束构建和安全控制器设计，起源于 20 世纪 40 年代 Nagumo 基于不变集充要条件对控制系统安全性的研究，能够结合动力学约束对系统安全问题建模，已在避碰/避障等问题中应用[26-28]。面向运动体安全问题，文献[29]提出了如下 CBF：

$$h_{ij}(t) = \left\| P_i - P_j \right\|^2 - D_s^2 \tag{2-6}$$

式中，$h_{ij}(t)$ 为飞行器 i 和飞行器 j 之间的控制障碍函数；P_i 和 P_j 为飞行器 i 和飞行器 j 的位置坐标；D_s 为两飞行器的安全距离。

控制障碍函数模型在避碰/避障等问题中得到了诸多关注，但 Squires 等[30]证明在飞行器运动中该 CBF 并不总满足非负定义条件，无法严格保证飞行器安全。鉴于此，Squires 等对上述模型进行了修正，得到了严格保证飞行安全的 CBF：

$$h_{ij}(t) = \left\| P_i - P_j \right\| - D_s^2 + \delta(\sin\theta_1 - \cos\theta_1 - 2) \tag{2-7}$$

式中，θ_1 为飞行器 i 和飞行器 j 之间的相对航向角；δ 为一个常值参数。

进一步，Squires 等[31]针对动态物理安全问题提出了一般化 CBF 构建方法：

$$h(x;\rho,\gamma) = \inf_{\tau \in [0,\infty)} \rho(\hat{x}(\tau))$$

$$\text{s.t.} \begin{cases} \rho(x) = d_{ij}(x) - D_s^2 \\ \hat{x}(\tau) = x + \int_0^\tau \dot{\hat{x}}(\eta)\mathrm{d}\eta \\ \dot{\hat{x}}(\tau) = f(\hat{x}(\tau)) + g(\hat{x}(\tau))\gamma(\hat{x}(\tau)) \end{cases} \tag{2-8}$$

当飞行器数量较多、交互关系复杂时，需要多个约束共同作用，以保证安全性。基于 CBF 扩展生成的安全屏障证书(safety barrier certificate，SBC)将成对安全约束纳入同一控制容许空间，提高模型可扩展性。文献[32]~[34]面向集群飞行提出如下 CBF：

$$h_{ij}(\boldsymbol{P},\boldsymbol{V}) = \sqrt{2(\alpha_{i,m} + \alpha_{j,m})(\|\boldsymbol{P}_{ij}\| - D_s)} + \frac{\boldsymbol{P}_{ij}^{\mathrm{T}}}{\|\boldsymbol{P}_{ij}\|}\boldsymbol{V}_{ij} \tag{2-9}$$

式中，$\alpha_{i,m}$ 和 $\alpha_{j,m}$ 分别为飞行器 i 和飞行器 j 的最大加速度；$\boldsymbol{P}_{ij}$ 和 $\boldsymbol{V}_{ij}$ 分别为飞行器 i 和飞行器 j 的相对位置坐标和相对速度。

进而建立了一种集中式 SBC 模型：

$$\begin{cases} S_u = \{\boldsymbol{u} = [u_1, u_2, \cdots, u_N]^{\mathrm{T}} \in \mathbf{R}^{mN} \mid \boldsymbol{A}_{ij}\boldsymbol{u} \leqslant b_{ij}, \forall i \neq j\} \\ \boldsymbol{A}_{ij} = [0, \cdots, -\boldsymbol{P}_{ij}^{\mathrm{T}}, \cdots, \boldsymbol{P}_{ij}^{\mathrm{T}}, \cdots, 0] \\ b_{ij} = \dfrac{(\alpha_{i,m} + \alpha_{j,m})\boldsymbol{V}_{ij}^{\mathrm{T}}\boldsymbol{P}_{ij}}{\sqrt{2(\alpha_{i,m} + \alpha_{j,m})(\|\boldsymbol{P}_{ij}\| - D_s)}} + \gamma h_{ij}^3 \|\boldsymbol{P}_{ij}\| \\ \qquad + \|\boldsymbol{V}_{ij}\|^2 - \dfrac{(\boldsymbol{V}_{ij}^{\mathrm{T}}\boldsymbol{P}_{ij})^3}{\|\boldsymbol{P}_{ij}\|^2} \end{cases} \tag{2-10}$$

式中，S_u 为集群全部飞行器的容许控制空间，表示飞行器 i 和飞行器 j 在保证物理安全的条件下机动向量 $\boldsymbol{u}$ 的集合。

图 2-10 为基于 SBC 的集群空域安全模型示意图。上述 SBC 考虑了飞行器机动过程中的动态安全细节，引入了最大机动过载、安全空域范围等性能参数，符合实际场景的飞行特性。同时，各约束为线性约束，结合二次规划即可完成各飞行器机动过载指令的集中式快速求解。

但是，集中式 SBC 中不同飞行器的控制量存在耦合，不便于去中心化飞行器集群的使用。

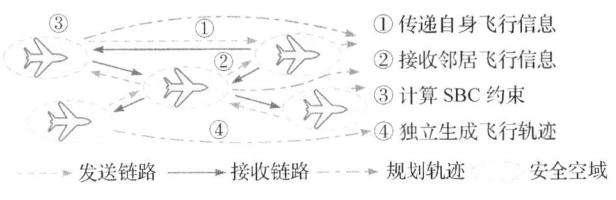

图 2-10　基于 SBC 的集群空域安全模型示意图

鉴于此，文献[35]对上述模型进行了解耦处理，提出了如下分布式 SBC 模型：

$$\begin{cases} S_{ui} = \{\boldsymbol{u}_i \in \mathbf{R}^m \mid \boldsymbol{E}_{ij}\boldsymbol{u}_i \leqslant \frac{1}{2}\boldsymbol{f}_{ij}, \forall j \in \mathcal{N}_i\} \\ \boldsymbol{E}_{ij} = \boldsymbol{P}_{ij}^{\mathrm{T}} \\ \boldsymbol{f}_{ij} = \frac{(\alpha_{i,m}+\alpha_{j,m})\boldsymbol{V}_{ij}^{\mathrm{T}}\boldsymbol{P}_{ij}}{\sqrt{2(\alpha_{i,m}+\alpha_{j,m})(\|\boldsymbol{P}_{ij}\|-\boldsymbol{D}_{\mathrm{s}})}} + \gamma h_{ij}^3 \|\boldsymbol{P}_{ij}\| \\ \qquad + \|\boldsymbol{V}_{ij}\|^2 - \frac{(\boldsymbol{V}_{ij}^{\mathrm{T}}\boldsymbol{P}_{ij})^3}{\|\boldsymbol{P}_{ij}\|^2} \end{cases} \quad (2\text{-}11)$$

式中，S_{ui} 为飞行器 i 的容许控制空间。

分布式 SBC 可与任务行为控制等结合，形成对原有任务控制指令的"安全滤波"，通过求解优化问题即可得到满足安全条件的最优控制指令。

控制障碍函数能够严格保证系统动力学满足安全约束。其构造过程严谨，需要详细定量分析动力学与安全特性，并结合控制与优化理论予以设计。

3) 系统组件安全模型

系统的高度复杂性使各飞行器极易遭受故障的影响。当各飞行器未能有效应对故障并抑制其消极作用时，将诱发"蝴蝶效应"，造成集群整体的安全风险。对于飞行器而言，影响其正常安全飞行的故障类型主要包括执行器故障和传感器故障两种。其中，执行器故障作用于系统输入端，使得执行器不能按照期望控制指令进行动作，从而直接将错误控制动作输入飞行器，造成各飞行器不能达成控制目标。传感器故障则作用于系统状态量测端，使得控制器按照错误的状态观测和估计信息进行解算，进而造成生成的期望控制指令与飞行器当前态势以及任务目标不匹配，从而造成任务失败和群体碰撞失稳。

尽管两种不同故障分别作用于飞行器系统动力学的不同环节，但是在机理分析过程和故障的数学表示上存在相似之处。因此，此处以执行器故障为例，介绍组件安全的具体数学模型。

受到安装松浮、传动卡死、环境恶劣、攻击毁伤等内部因素和外部因素影响，飞行器的执行器可能发生故障，造成的典型影响是执行器效率下降和执行机构偏差[36]。其中，执行器效率下降意味着完成某一控制目标时需要更大的等效舵偏，与执行器效率正常时存在一个比例映射关系，因此在建模过程中可视为一种乘性干扰。执行机构偏差意味着达成某一控制效果时故障执行器与正常执行器对应的等效输出之间存在一个偏置项，因此通常可将之建模为一种加性干扰。为便于对故障特性进行描述和控制器设计，基于对故障机理的分析并结合执行器饱和约束，常采用如下模型表征在遭遇故障时的执行器实际输出[37]：

$$\begin{cases} \boldsymbol{\delta}_i(t) = \text{Sat}(\boldsymbol{\rho}_{fi}(t) \circ \tilde{\boldsymbol{\delta}}_{0i}(t) + \boldsymbol{b}_{fi}(t)) \\ \tilde{\boldsymbol{\delta}}_{0i}(t) = \text{Sat}(\boldsymbol{\delta}_{0i}(t)) \end{cases} \qquad (2\text{-}12)$$

式中，$\text{Sat}(\cdot)$ 为饱和函数；$\boldsymbol{\delta}_i(t) = [\delta_{Ti}(t), \delta_{ai}(t), \delta_{ei}(t), \delta_{ri}(t)]^T$，为执行器最终实际的舵面偏转角或发动机开度；$\boldsymbol{\delta}_{0i}(t) = [\delta_{T0,i}(t), \delta_{a0,i}(t), \delta_{e0,i}(t), \delta_{r0,i}(t)]^T$，为达成某一控制目标时期望的舵面偏转角或发动机开度，由控制器计算得到；$\tilde{\boldsymbol{\delta}}_{0i}(t) = [\tilde{\delta}_{T0,i}(t), \tilde{\delta}_{a0,i}(t), \tilde{\delta}_{e0,i}(t), \tilde{\delta}_{r0,i}(t)]^T$，为考虑执行器饱和约束后的期望舵面偏转角或发动机开度；$\boldsymbol{\rho}_{fi}(t) = [\rho_{Ti}(t), \rho_{ai}(t), \rho_{ei}(t), \rho_{ri}(t)]^T$，为剩余效率系数向量，表征执行器效率降低对控制指令执行的影响；$\boldsymbol{b}_{fi}(t) = [b_{Ti}(t), b_{ai}(t), b_{ei}(t), b_{ri}(t)]^T$，为偏置向量，表征执行机构偏差对控制指令执行的影响；$\circ$ 为 Hadamard 积符号。

采用上述模型实际上可将执行器常见故障的机理特性量化表征为 $\boldsymbol{\rho}_{fi}(t)$ 和 $\boldsymbol{b}_{fi}(t)$ 两个时变参数向量，从而引入单飞行器及其组成的集群的飞行动力学过程中。因此，确定 $\boldsymbol{\rho}_{fi}(t)$ 和 $\boldsymbol{b}_{fi}(t)$ 的具体形式是基于物理机理对故障动态特性进行建模的重要目标之一。相关研究结果表明，执行器效率下降和执行机构偏差从最初发生到最终状态并非瞬时完成的，而是一个连续的动态形成过程。在执行机构自身和环境引入的阻尼因素作用下，故障形成的动态变化可采用指数收敛过程予以近似表征。此时，飞行器飞行过程中 $\boldsymbol{\rho}_{fi}(t)$ 和 $\boldsymbol{b}_{fi}(t)$ 可表示为如下分段函数形式[38]：

$$\boldsymbol{\rho}_{fi}(t) = \begin{cases} 1, & t < t_F \\ (1 - \rho_{fi,F}) e^{-\eta_{\rho i,F}(t - t_F)} + \rho_{fi,F}, & t \geq t_F \end{cases} \qquad (2\text{-}13)$$

$$\boldsymbol{b}_{fi}(t) = \begin{cases} 1, & t < t_F \\ (1 - b_{fi,F}) e^{-\eta_{bi,F}(t - t_F)} + b_{fi,F}, & t \geq t_F \end{cases} \qquad (2\text{-}14)$$

式中，t_F 为遭遇故障的最初时间；$\eta_{\rho i,F}$ 为常系数，用于描述执行器故障形成的动态历程；$\rho_{fi,F}$ 和 $b_{fi,F}$ 分别为形成故障稳态后的执行器效率和偏差。

2.1.2.2 飞行器集群信息安全状态模型

飞行器集群信息安全状态模型主要包含飞行器集群受限信息交互建模、环境与导航不确定信息估计建模两部分内容。

1) 飞行器集群受限信息交互建模

受设备性能和空间分布等因素影响，各飞行器仅能与有限范围内其他飞行器进行信息共享与传递，制约集群系统整体的信息交互连通。为了从交互连通角度分析、评估和保持集群信息安全，首先需要描述受限交互过程。根据针对的不同问题，有如下两种受限信息交互模型。

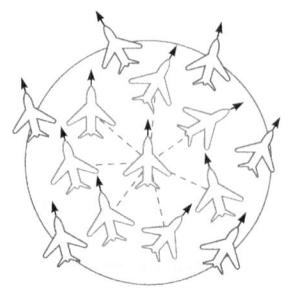

图 2-11 基于自组织规则的飞行器集群受限交互模型示意图

(1) 基于自组织规则的交互模型。该模型常用于受限交互下集群行为演化的动力学分析，图 2-11 为基于自组织规则的飞行器集群受限交互模型示意图。针对集群受限信息交互的描述，Saber 等[39, 40]提出了空间诱导图模型，采用与相对距离有关的光滑函数描述有限距离内的运动体交互，表达如下：

$$\begin{cases} w_{ij} = \rho_h \left(\| P_i - P_j \|_\sigma / r_\alpha \right) \in [0,1], \quad j \neq i \\ \rho_h(z) = \begin{cases} 1, & z \in [0,h) \\ \dfrac{1}{2}\left[1 + \cos\left(\pi \dfrac{z-h}{1-h} \right) \right], & z \in [h,1] \\ 0, & \text{其他} \end{cases} \\ \| z \|_\sigma = \dfrac{1}{\epsilon} \left[\sqrt{1 + \epsilon \| z \|^2} - 1 \right] \end{cases} \quad (2\text{-}15)$$

式中，w_{ij} 为飞行器 i 和飞行器 j 交互链路的连通度；$\|z\|_\sigma$ 和 $\rho_h(z)$ 分别为定义的距离函数和评估函数；h 和 ϵ 为可调常数。

在此基础上通过引入固定邻居范围(fixed neighborhood region，FNR)机制和固定邻居数量(fixed number of neighbors，FNN)机制，分别模拟尺度距离交互(metric distance interaction，MDI)和拓扑距离交互(topological distance interaction，TDI)等自组织规则约束下的受限信息交互，表达式如下：

$$\begin{cases} \text{FNR}: \mathcal{N}_i = \left\{ j \mid j \neq i, \| \boldsymbol{P}_{ij} \| \leqslant R_i \right\} \\ \text{FNN}: \begin{cases} \mathcal{N}_i = \left\{ j \mid j \neq i, \| \boldsymbol{P}_{ij} \| = \tilde{d}_{ik}, k \leqslant N_C \right\} \\ \tilde{d}_{ik} = \text{sortDescending}\left(\| \boldsymbol{P}_{ij} \|, k \right) \end{cases} \end{cases} \quad (2\text{-}16)$$

式中，R_i 为可交互的最大距离范围；$\boldsymbol{P}_{ij}$ 为飞行器 i 和飞行器 j 的相对位置坐标；N_C 为 FNN 机制下可交互飞行器的最大数量；$\mathcal{N}_i$ 为与飞行器 i 存在信息交互的其他飞行器的集合；$\text{sortDescending}\left(\| \boldsymbol{P}_{ij} \|, k \right)$ 为 $\| \boldsymbol{P}_{ij} \|$ 按降序排列后的第 k 个数据。

基于自组织规则的模型根据空间分布描述受限交互，适用于集群运动行为与安全状态的动力学演化分析问题，但无法反映物理性能的影响。

(2) 基于物理性能的交互模型。完整的信息交互范围是一个复杂的空间构形，需要基于机载通信与感知设备的物理性能确定，图 2-12 为基于物理性能的飞行器集群受限交互模型示意图。飞行器通过主动广播信息并构建通信链路来完成信息共享和接收。对于采用无线通信进行信息交互的飞行器集群而言，可采用基于信噪比(signal-to-noise ratio，SNR)的信道模型描述信息交互[41]。文献[42]基于 Rayleigh 衰减信道提出采用消息传送成功率 prob_{ij} 和信噪比 snr_{ij} 描述链路交互，表达为

图 2-12　基于物理性能的飞行器集群受限交互模型示意图

$$\begin{cases} w_{ij} = \begin{cases} -\lg \text{prob}_{ij}, & j \in \mathcal{N}_i \\ 0, & j \notin \mathcal{N}_i \end{cases} \\ \text{prob}_{ij} = \begin{cases} 0, & \text{snr}_{ij} < \gamma_p \\ e^{-\gamma_p/\gamma_{ij}}, & \text{snr}_{ij} \geq \gamma_p \end{cases} \\ \text{snr}_{ij} = \frac{P_{r,ij}}{\sigma^2}, \quad P_{r,ij} = P_i \frac{\kappa_{ij} |h_{ij}|^2}{d_{ij}^\alpha} \\ \mathcal{N}_i = \{j | j \neq i, \text{prob}_{ij} > 0\} \end{cases} \quad (2\text{-}17)$$

式中，w_{ij} 不仅与发送功率 P_i、接收功率 $P_{r,ij}$、天线增益 κ_{ij} 和编码最低信号阈值 γ_p 等通信性能相关，而且与相对距离 d_{ij} 密切关联，更与路径损耗 α、多径反射 h_{ij} 和环境噪声 σ^2 等环境因素相关。基于物理性能的模型主要用于模拟设备性能和运行原理等物理约束下的信息交互，可以为工程应用过程中飞行器集群信息交互范围评估、构形分布设计和拓扑抗毁优化设计、连通保持控制等提供参考。

2) 环境与导航不确定信息估计建模

集群对于环境与导航信息的获取通常采用状态估计的方式，存在不确定性，影响集群规划与控制误差。通常采用概率模型描述信息估计过程，定义状态变量为 X，感知与交互的量测信息向量为 Z，则基于 Bayesian 理论有如下条件概率分布：

$$\begin{aligned} P(X|Z) &= P(Z|X)P(X)/P(Z) \\ &\propto \prod_{x_i^{(k)} \in X} P\left(x_i^{(k)}\right) \prod_{x_i^{(k)} \in X, z_m^{(k)} \in Z} P\left(z_m^{(k)} \Big| x_1^{(k)}, x_2^{(k)}, \cdots, x_n^{(k)}\right) \end{aligned} \quad (2\text{-}18)$$

式中，$P(X)$ 表示对状态变量 X 的先验概率，可根据历史信息推测获取；$P(Z|X)$ 表示状态变量已知条件下量测信息的后验概率；$x_i^{(k)}$ 和 $z_m^{(k)}$ 分别为状态变量 X 和量测值 Z 的元素。

对于感知与导航而言，信息主要来源于自定位和相对定位。由于各飞行器之间量测、运动过程相互独立，基于初始时刻至 t 时刻的状态变量和量测信息，有如下条件联合概率分布：

$$\begin{cases} p_{i,N}^t = p\left(X_i^t \Big| \tilde{Z}_{s,i}^t, \tilde{Z}_{r,i}^t\right) \\ \quad = p\left(x_i^{(0)}\right) \prod_{k=1}^t \left\{ p\left(x_i^{(k)} \Big| x_i^{(k-1)}\right) p\left(\tilde{z}_{s,i}^{(k)} \Big| x_i^{(k-1)}, x_i^{(k)}\right) \right. \\ \qquad \left. \times \prod_{j \in C_i^{(k)}} p\left(\tilde{z}_{r,ij}^{(k)} \Big| x_i^{(k)}, x_j^{(k)}\right) \right\} \\ X_i^t = \left\{x_i^{(k)}\right\}_{k=1}^t, \quad \tilde{Z}_{s,i}^t = \left\{z_{s,i}^{(k)}\right\}_{k=1}^t, \quad \tilde{Z}_{r,i}^t = \left\{z_{r,ij}^{(k)}, j \in C_i^{(k)}\right\}_{k=1}^t \end{cases} \quad (2\text{-}19)$$

式中，$p_{i,N}^t$ 为定位信息的置信概率；X_i^t 为飞行器 i 的运动状态集合；$\tilde{Z}_{s,i}^t$ 为自量测信息集合；$\tilde{Z}_{r,i}^t$ 为相对量测信息集合；$C_i^{(k)}$ 为 k 时刻与飞行器 i 存在相对量测关系的飞行器集合。

条件联合概率模型的劣势在于难以直观反映信息传递逻辑关系和不确定性来源

等。因子图是一种采用图形化方式直观描述多元变量和函数之间复杂概率转移机制的模型[43]，主要由变量节点、功能节点和边组成，用于表示随机变量的联合概率分布。此外，概率转移和信息更新过程被称为"消息传递"，用于解算任意状态量的边缘概率分布。

应用因子图描述不确定信息时，通常将待估计状态作为变量节点，量测手段作为功能节点，状态变量及量测变量之间概率关系作为边。经过导航算法解算与多轮次消息传递，可得 t 时刻飞行器 i 外部感知的后验概率分布，其一般化形式为

$$p\left(e_i^{(t)} \big| \tilde{y}_i^{(t)}\right) \propto M_e\left(e_i^{(t)}\right) = m_{f_i^{(t-1)} \to e_i^{(t)}}\left(e_i^{(t)}\right) \tag{2-20}$$

式中，$m_{f_i^{(t-1)} \to e_i^{(t)}}\left(e_i^{(t)}\right)$ 为外部感知概率分布。t 时刻飞行器 i 内部导航的后验概率分布有如下形式：

$$\begin{cases} p\left(x_i^{(t)} \big| \tilde{z}_{s,i}^{(t)}, \tilde{z}_{r,i}^{(t)}\right) \propto M_x\left(x_i^{(t)}\right) = m_{h_i^{(t-1)} \to x_i^{(t)}}\left(x_i^{(t)}\right) \prod_{j \in C_i^{(t)}} m_{\phi_{ji}^{(t)} \to x_i^{(t)}}\left(x_i^{(t)}\right) \\ h_i^{(t-1)}\left(x_i^{(t-1)}, x_i^{(t)}\right) = p\left(x_i^{(t)} \big| x_i^{(t-1)}\right) p\left(z_{s,i}^{(t)} \big| x_i^{(t-1)}, x_i^{(t)}\right) \\ \phi_{ji}^{(t)}\left(x_i^{(t)}, x_j^{(t)}\right) = p\left(z_{r,ij}^{(t)} \big| x_i^{(t)}, x_j^{(t)}\right) \end{cases} \tag{2-21}$$

式中，$m_{h_i^{(t-1)} \to x_i^{(t)}}$ 和 $\prod_{j \in C_i^{(t)}} m_{\phi_{ji}^{(t)} \to x_i^{(t)}}\left(x_i^{(t)}\right)$ 分别为内部导航估计过程中自定位和相对定位对应的概率分布。

基于上述关系，通过最大后验概率可推断 t 时刻飞行器 i 感知与导航的状态估计，形式如下：

$$\begin{cases} \hat{e}_i^{(t)} = \arg\max_{e_i^{(t)}} m_{f_i^{(t-1)} \to e_i^{(t)}}\left(e_i^{(t)}\right) \\ \hat{x}_i^{(t)} = \arg\max_{x_i^{(t)}} m_{h_i^{(t-1)} \to x_i^{(t)}}\left(x_i^{(t)}\right) \prod_{j \in C_i^{(t)}} m_{\phi_{ji} \to x_i^{(t)}}\left(x_i^{(t)}\right) \end{cases} \tag{2-22}$$

式中，$\hat{e}_i^{(t)}$ 和 $\hat{x}_i^{(t)}$ 分别为 t 时刻飞行器 i 对外部环境和内部导航状态估计。

2.1.3 航空器智能集群安全效能评估

单飞行器是集群系统中的最小控制个体。由于不同飞行器面临的安全态势和风险以及相应的控制行为存在差异，因此安全效能评估主要基于单飞行器展开，同时结合了集群内其他飞行器的影响。根据构建的集群安全的基本概念框架和状态描述，可相应从物理和信息两个维度评估。

2.1.3.1 物理安全效能评估

物理安全效能可从飞行器集群的飞行环境和运动行为两方面分析。

1) 飞行环境安全度

图 2-13 为非结构化环境威胁风险分布示意图。飞行环境对安全的影响在于环境障

威胁，因此可从飞行器当前位置与非结构化环境下可飞区域关系的角度构建安全评价。沿可飞区域内部及其边界构建欧氏符号距离场(Euclidean signed distance field，ESDF)等势场函数作为风险分布函数，用于评价各飞行器当前所处空间位置的环境风险，具体可采用指数函数或三次函数。若采用 $c_{ik}(P_i(t))$ 表示非结构化环境中部分障碍区域 O_k 的风险分布函数，三次函数型风险分布可表达为如下形式[44]：

$$\begin{cases} c_{ik}\left(P_i(t)\right) = \begin{cases} 0, & d_{ik} \geqslant d_s \\ (d_s - d_{ik})^3, & 0 \leqslant d_{ik} < d_s \\ d_{ik}^3 + (d_s - d_{ik})^3 + d_s^3, & d_{ik} < 0 \end{cases} \\ d_{ik}(t) = \|P_i(t) - P_{o,k}(t)\| \end{cases} \quad (2\text{-}23)$$

式中，$P_{o,k}(t)$ 为当前时刻速度法向量延长线与障碍 O_k 边缘的交点；$d_{ik}(t)$ 为当前时刻飞行器与该交点的距离；d_s 为安全距离。若衡量当前及未来一段时间内的环境安全风险情况，则可对该风险分布沿待飞行航路或轨迹进行积分。对于离散航路点，有

$$J_{i,\text{env}} = \sum_{k=1}^{N_o} \frac{1}{c_{ik}(P_i(t))s_{im}} = \sum_{k=1}^{N_o} \frac{1}{c_{ik}(P_i(t))\|V_i(t)\|\Delta T_m} \quad (2\text{-}24)$$

式中，$J_{i,\text{env}}$ 表示飞行器当前在长度为 s_{im} 的第 m 个航路段保持速度 V_i 飞行 ΔT_m 时与环境障碍碰撞的风险评估。对于连续的飞行轨迹，有

$$J_{i,\text{env}} = \sum_{k=1}^{N_o} \frac{1}{\int c_{ik}(P_i(t))\mathrm{d}s_i} = \sum_{k=1}^{N_o} \frac{1}{\int c_{ik}(P_i(t))\|V_i(t)\|\mathrm{d}t} \quad (2\text{-}25)$$

2) 运动行为安全度

对于各飞行器的运动安全评估，可从位置分布和速度接近两方面分析。图 2-14 为两飞行器运动行为表征示意图。

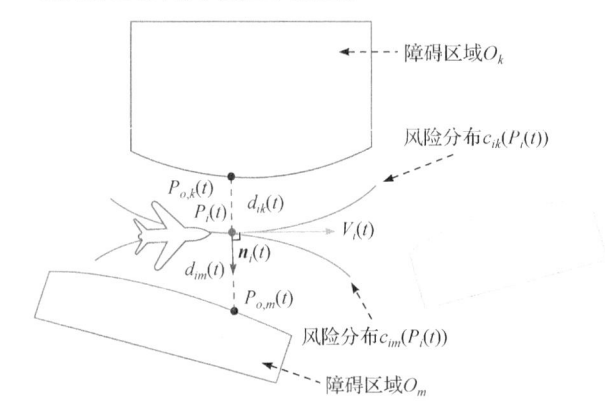

图 2-13 非结构化环境威胁风险分布示意图
$P_i(t)$ 为飞行器 i 的位置坐标；$V_i(t)$ 为飞行器 i 的速度；$n_i(t)$ 为飞行器 i 飞行过程的法向量；$P_{o,k}$ 和 $P_{o,m}$ 分别为飞行器法向量延长线与障碍 k 和 m 的交点投影；d_{ik}、d_{im} 分别为 $P_{o,k}$、$P_{o,m}$ 与 P_i 之间的距离

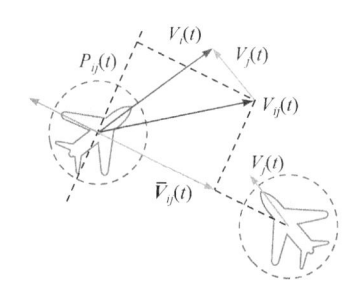

图 2-14 两飞行器运动行为表征示意图
$\bar{V}_{ij}(t)$ 为飞行器 i 和飞行器 j 之间的相对速度在相对位置矢量方向上的投影

位置分布评估 $J_{i,\text{pos}}$ 从相对分布角度反映运动行为安全程度，受文献[45]启发，有如下形式：

$$J_{i,\text{pos}} = \min_{j \in \mathcal{N}_i}\left(\min\left(0, 1 - e^{\frac{\|P_{ij}(t)\|^2 - (R_{si}+R_{sj})^2}{\sigma_p^2}}\right)\right), \quad \mathcal{N}_i = \{j \mid j \neq i, w_{ij} > 0\} \quad (2\text{-}26)$$

式中，$\mathcal{N}_i$ 为与飞行器 i 存在信息交互的其他飞行器的集合；w_{ij} 为飞行器 i 和飞行器 j 交互链路的连通度；R_{si} 和 R_{sj} 分别为飞行器 i 和飞行器 j 的安全距离；σ_p 为可调常数。

速度接近评估 $J_{i,\text{vel}}(t)$ 可基于群体熵进行求解。熵作为一种描述大量个体在统计学意义上的秩序水平，能够反映动态系统从无序到有序、从有序到优序的演化过程。在这一意义上，各飞行器的速度相差越大，则集群运动的群体熵越大，集群内部各飞行器的运动无序度越高，一致性程度越低，越容易发生危险接近，造成直接碰撞或干扰失稳。受文献[46]启发，可设计如下指标：

$$\begin{cases} J_{i,\text{vel}} = D_{\text{vel},i} \cdot \log_2 D_{\text{vel},i} \\ D_{\text{vel},i} = \dfrac{1}{|\mathcal{N}_i| - 1} \sum_{j \in \mathcal{N}_i} \left(v_j - \bar{v}_{\mathcal{N}_i}\right)^2 \\ \mathcal{N}_i = \{j \mid j \neq i, w_{ij} > 0\} \end{cases} \quad (2\text{-}27)$$

式中，$D_{\text{vel},i}$ 和 $\bar{v}_{\mathcal{N}_i}$ 分别为受限交互范围内群体速度的方差和均值。综上，运动行为安全度的加权评价为

$$J_{i,\text{kine}} = c_{i,\text{pos}} J_{i,\text{pos}} + c_{i,\text{vel}} J_{i,\text{vel}} \quad (2\text{-}28)$$

式中，$c_{i,\text{pos}}$、$c_{i,\text{vel}}$ 为安全度加权评价的权重。

2.1.3.2 信息安全效能评估

1) 信息交互连通度

根据集群受限信息交互的模型描述，受文献[47]启发，可设计交互连通性评价指标。一般可采用平均交互连通度对某一飞行器所有链路的平均交互质量进行评估，其值应高于安全阈值 ε_G，从而表征与该飞行器相关的集群局部平均交互连通度，有如下形式：

$$\begin{cases} I_{i,A} = \max\left(0,\ 1 - e^{-\left(\frac{1}{|\mathcal{N}_i|}\sum_{j \in \mathcal{N}_i} w_{ij} - \varepsilon_G\right)}\right) \\ \mathcal{N}_i = \{j \mid j \neq i, w_{ij} > 0\} \end{cases} \quad (2\text{-}29)$$

式中，$I_{i,A}$ 为平均交互连通度的评价。

此外，还可采用最坏交互连通度评估某一飞行器连通性最差的链路。其值应高于安全阈值 ε_M，从"短板效应"反映该飞行器的最差交互连通性，有如下形式：

$$\begin{cases} I_{i,M} = \max\left(0, 1 - e^{-\left(\min\limits_{j \in \mathcal{N}_i}(w_{ij}) - \varepsilon_M\right)}\right) \\ \mathcal{N}_i = \{j | j \neq i, w_{ij} > 0\} \end{cases} \quad (2\text{-}30)$$

式中，$I_{i,M}$ 为最差交互连通性的评价。

以上两种指标并不相互独立，因此应用中为保证信息交互的绝对安全性，可选择其中的最小值作为信息交互连通度 $J_{i,\text{com}}$，即

$$J_{i,\text{com}} = \min(I_{i,A}, I_{i,M}) \quad (2\text{-}31)$$

2) 信息估计置信度

信息估计置信度主要评价集群感知估计所获取信息的置信程度，重点关注对非结构化环境状态估计的可靠程度。信息熵是一种可表征随机变量值不确定性程度的物理量，由 Shannon 引入并常用于度量信息的规模与丰度等容量与质量特性。状态估计的信息熵越大，说明其数据蕴含的信息量越大，也说明其包含信息的不确定性越强；反之，信息熵越小，则说明其数据蕴含的信息量越小，所包含信息的不确定性越弱。

对于集群感知估计过程，可引入信息熵描述信息的不确定性[48]，则此时可将置信度 $J_{i,\text{conf}}$ 定义为熵的倒数，其表达式如下：

$$J_{i,\text{conf}} = \left[-P_{i,N}^t \log_2\left(P_{i,N}^t\right) - \left(1 - P_{i,N}^t\right) \log_2\left(1 - P_{i,N}^t\right)\right]^{-1} \quad (2\text{-}32)$$

式中，$P_{i,N}^t$ 为定位信息的置信概率。

2.1.4 航空器智能集群安全控制策略

2.1.4.1 物理安全控制

关于集群物理安全控制问题，现有研究方法众多。根据系统控制周期，物理安全控制大体可分为三类：航路规划、轨迹优化和反应控制。航路规划方法的信息更新周期长，不适用于飞行器集群规避高动态威胁和处理突发事件的快时变安全控制；轨迹优化方法随着规划点数增多，求解时间增长显著，因此不适用于长周期轨迹的预测优化和更新；反应控制方法由于采用瞬时态势信息且对动态变化过于敏感，存在目标短视、全局性差、飞行状态瞬时振荡、过于依赖平台间信息交互等不足，因此适用于飞行器集群在紧急状态下的短周期安全控制，通常不适用于长周期安全控制。

1) 航路规划方法

航路规划方法大体可划分为四类，第一类是基于几何策略的航路规划方法，主要包括轮廓法、最短切线法、可视图法、Voronoi 图法；第二类是基于搜索策略的航路规划 (hunting-based path planning, HBPP) 方法，主要包括 Dijkstra 算法、A*算法及其变体算法，如 ARA*、AD*、D* Lite、Theta*等；基于采样策略的航路规划方法，如概率路图 (probabilistic road map, PRM) 法、扩张空间树 (expansive spaces tree, EST)、快速扩展随机树 (rapid-exploring random tree, RRT) 及其变体算法；基于仿生智能策略的航路规划方法，如遗传算法 (genetic algorithm, GA)、鸽群优化 (pigeon-inspired optimization, PIO) 算法、狼

群优化(grey wolf optimization，GWO)算法等。

2) 轨迹优化方法

将飞行器集群安全飞行过程建模为最小化某个性能指标的优化控制问题,结合集群动力学约束、状态约束、控制约束和过程约束等,基于当前时刻的真实状态信息和对未来一定时域的估计状态信息,离线或在线对设定的加权性能函数进行计算优化,得到针对当前时刻和未来时域的性能最优策略。典型方法包括微分动态规划(diferrential dynamical programming，DDP)或迭代线性二次型调节器(iterative linear quadratic regulator，iLQR)、模型预测控制(model predictive control，MPC)、序列凸优化(sequential convex programming，SCP)等。

根据待优化问题中的信息交互情况与计算求解架构,轨迹优化方法又可分为集中式优化和分布式优化两类。轨迹优化过程中,对于飞行安全边界、静态威胁和动态威胁等各类安全问题,通常可将之建模为硬约束或软约束,可扩展性强。

3) 反应控制方法

通常在出现安全风险附近的局部时空范围内,飞行器集群通过瞬时大过载机动,能够在短时间尺度下避开各类威胁、重构编队构形并维持信息交互,无需复杂的搜索和优化过程,计算简单、响应速度快、实时性好;机动控制器设计的理论工具和工程方法成熟,通常具有详细的收敛性条件和参数设计方法,系统评价指标意义明确,因此具有较好的可解释性;面向不同飞行器平台可采用更为完整的集群动力学模型,适合具备不同飞行特点的飞行器集群;能够在几乎不侵入原有集群轨迹跟踪控制器的条件下进行设计和使用,可扩展性强。这类方法通常有明确的公式化表达,典型方法有人工势场函数(artificial potential-field function，APF)法、控制障碍函数、博弈论、鲁棒控制等。表 2-1 为飞行器集群物理安全控制的各类方法总结。

表 2-1 飞行器集群物理安全控制的各类方法总结

方法类型	适用范围	所需信息	控制周期	方法特点
航路规划	适用于较长飞行距离的航路优化问题	(1) 确定性搜索序列或随机采样点集; (2) 可行解路径代价或安全风险的确定值或尚需代价与安全风险的估计值; (3) 有效先验搜索与采样信息或由传感器获取的慢时变风险信息; (4) 规划空间备选解的编码和最优航迹信息的训练数据集; (5) 其他与环境、友方飞行器交互获取和学习的信息	长	(1) 宏观性好、规划周期长、能够提供较长时间尺度的安全航路参考; (2) 不便引入动力学约束,无法刻画飞行细节,因此不能应对高动态飞行中的安全冲突; (3) 对确定性全局信息要求高
轨迹优化	适用于考虑简化微分动力学约束(通常为质点动力学模型,如三自由度模型、二维平面运动模型)的飞行器集群优化问题	(1) 状态的可达性信息、状态扩展后的碰撞概率、离散动作集已使用过的动作信息、采样树对搜索空间的覆盖信息等; (2) 解轨迹的代价信息、近似可达集信息、启发式信息; (3) 包含大量运动规划解信息的训练数据集	中等	(1) 能够综合动力学、任务和安全等约束构建集群安全优化问题,可扩展性强; (2) 只依赖于局部时空信息,无需获取全局态势信息; (3) 可采用成熟的优化求解器产品,具备工程化基础; (4) 可能出现过约束,造成优化可行域狭小甚至无解; (5) 常常需要对问题进行处理,以便快速优化解算

续表

方法类型	适用范围	所需信息	控制周期	方法特点
反应控制	适用于考虑简化或完整动力学约束的飞行器集群优化问题、飞行器位置与姿态的动力学与安全控制问题	(1) 各飞行器的位置、速度、角度，以及信息交互连通情况等实时飞行状态信息； (2) 保证安全飞行的飞行器性能边界、过程约束等； (3) 包含大量状态信息和控制指令信息的训练数据集	短	(1) 可与多种控制方法结合，实现多目标控制，可扩展性强； (2) 仅采用当前状态信息，实时性好，可对突发事件进行快速响应； (3) 通常具备严格的理论证明，算法完备性好； (4) 过于依赖局部信息，控制过程较为短视； (5) 可能造成飞行状态的瞬时剧烈波动，影响飞行平稳性

2.1.4.2 信息安全控制

关于集群信息安全控制问题的研究，主要从自组织网络拓扑优化、连通性保持控制和网络弹性重构三部分进行。

1) 自组织网络拓扑优化

自组织网络拓扑优化的目的在于设计一种交互拓扑，即使部分飞行器失能断联，在不发生改变未失能飞行器之间原有信息交互的基础上，剩余部分仍满足集群控制条件。这就需要在进行集群交互网络拓扑设计时，考虑如何通过冗余设计，增加额外的信息交互链路，使网络能够在去掉一定数量的链路或节点后，仍能保持整体连通，即实现"抗毁性"。因此，为提升以任务为导向的飞行器集群系统局部通信链路失效和部分飞行器故障失能等意外事件下的容错性，保持飞行器集群信息安全，需要定义描述集群交互拓扑抗毁能力的量化指标，分析和推导出实现抗毁的定量化条件，进而设计相应的交互拓扑优化算法。

2) 连通性保持控制

连通性保持控制主要有势场法和优化法两种基本方法。这两种方法分别代表软约束模型和硬约束模型在集群信息交互连通性中的应用，其核心都是保证集群控制过程中信息交互拓扑图的生成树连通性条件。

势场法根据构建思路的不同，大致可划分为两大类，一类是基于物理规律的拟物理力控制，模拟万有引力、弹性力、分子力和电磁相互作用等物理过程，维持集群个体间信息交互性能最优的相对时空构形，从而实现交互连通性的安全保持；另一类是基于行为规则的社会力控制，主要模拟生物群体的聚集、分离、协商、一致等交互过程中的社会行为，维持构建的飞行器集群层级引领网络等特定交互拓扑。优化法主要针对建立的集群信息交互连通性约束模型，运用数值优化技术对各飞行器进行集中式或分布式解算。按照系统连通性安全保持的时间尺度，优化法通常可划分为实时优化控制和长期优化控制两类。

3) 网络弹性重构

集群拓扑自身具备的抗毁性能够在一定程度上抵御内外因素对系统信息交互连通性造成的破坏。但是，这种抗毁性是有限度的，当故障失能的平台节点和链路数量超出交互网络能够抵抗的阈值时，飞行器集群依然无法保持控制过程中交互拓扑的连通性条件，进而导致系统行为的失控。现实情况表明，仅依靠被动的拓扑抗毁性设计策略无法解决全部集群信息安全问题,在部分风险场景仍然存在漏洞。鉴于此,需要研究信息交互网络在遭遇故障失能或敌方干扰而被破坏时,基于集群剩余任务能力评估,重构集群信息交互网络以维持集群控制的信息安全。可通过提升飞行器集群受到扰动时的吸收能力和受到扰动后的恢复能力两方面来增强系统弹性,对结构层和通信层的网络模型进行优化,从而实现飞行器集群遭受破坏时的高稳定性和动态重构时的高恢复性,全面提升飞行器集群网络的弹性,尽可能降低外部干扰对飞行器集群系统的影响,保证飞行器集群任务执行器效率与运行安全。

2.2 航天器智能集群的控制与规划关键技术

2.2.1 航天器智能集群控制技术

航天器集群控制是指通过为集群各航天器 $i(i=1,2,\cdots,n)$ 设计合适的控制律 $\boldsymbol{u}_i(t)$,并将其作用于各航天器当前时刻 t 下的加速度/合外力(针对连续系统)或速度(针对离散系统,此时 $t=kT_s$,T_s 为采样时间间隔),使集群各航天器 $i(i=1,2,\cdots,n)$ 的位置、速度、姿态角、姿态角速度等与运动相关的状态量 $\boldsymbol{x}_i(t)$ 渐近收敛到相应的期望值 $\boldsymbol{x}_i^d(t)$,可分别用如下闭环系统表示:

$$\dot{\boldsymbol{x}}_i(t) = \boldsymbol{f}(\boldsymbol{x}_i(t),t) + \boldsymbol{B}\cdot\boldsymbol{u}_i(t), \quad t\in[0,+\infty), \; i=1,2,\cdots,n \text{(连续系统)} \quad (2\text{-}33)$$

$$\begin{aligned}\boldsymbol{x}_i((k+1)T_s) &= \boldsymbol{\Phi}((k+1)T_s,kT_s)\boldsymbol{x}_i(kT_s)\\ &+ \left(\int_{kT_s}^{(k+1)T_s}\boldsymbol{\Phi}((k+1)T_s,\tau)\boldsymbol{B}\mathrm{d}\tau\right)\cdot\boldsymbol{u}_i(kT_s), \quad k=0,1,2,\cdots,n, i=1,2,\cdots,n\end{aligned}$$ (离散系统)

(2-34)

式中,$\boldsymbol{f}(\boldsymbol{x}_i(t),t)$ 为航天器连续系统的开环动力学项;$\boldsymbol{\Phi}(a,b)$ 为航天器离散系统从 a 时刻到 b 时刻的状态转移矩阵;$\boldsymbol{B}$ 为控制矩阵。

下面分别从分布式控制、自组织控制和基于人工智能的控制三个方面,介绍现有航天器集群控制技术及相应研究。同时约定:在不加说明的情况下,所列出的控制律表达式均为针对连续系统(2-33)所设计的控制律。

2.2.1.1 分布式控制技术

分布式控制是一种相对于集中式控制的概念,是指集群中各个体无需依赖与中心个体的直接通信(否则为集中式控制),仅仅依赖自身状态量及集群通信网络上的邻近个体状态量进行计算,从而使集群整体完成编队形成、信息协同等目标控制任务。此外,还有介于分布式与集中式之间,依赖多个中心个体进行控制的去中心化控制,但许多研究仍将其视作分布式控制[49,50]。由于空间环境的复杂性,航天器集群在空间中容易遇到单个个体/通信元件/通信链路发生暂时或持久失效的现象。例如,美国"星链"卫星集群中约40颗卫星因地磁暴而被迫再入大气层[51],欧洲"伽利略"卫星集群因不明原因中断服务一周,等等[52]。因此,如果对航天器集群采用分布式控制框架,应用各种成熟的分布式控制方法,将能够充分发挥集群优势,降低各种故障对集群正常运行的影响,并且可根据任务的变化对集群个体数、个体功能等进行灵活调整,达到集群功能大于个体功能之和的效果。图 2-15 为不同控制框架对比。

(a) 集中式控制　　(b) 去中心化控制　　(c) 分布式控制

图 2-15　不同控制框架对比

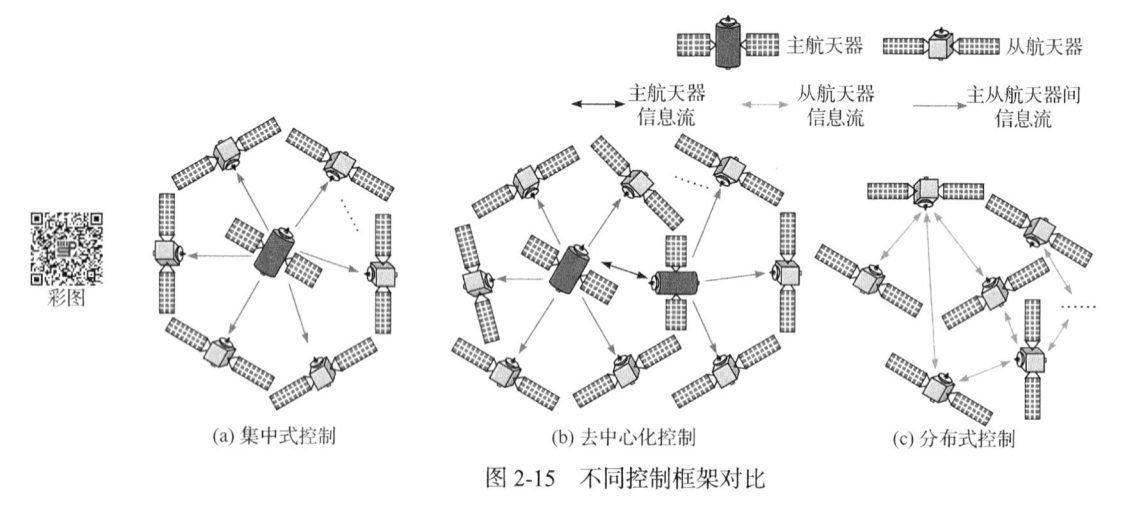

在成熟的分布式控制算法中，一类典型的算法是一致性算法。在该算法中，集群各个体利用自身状态量和与其直接通信的个体状态量之差进行负反馈控制，并且在集群通信网络拓扑存在有向生成树的情况下，能够使集群共同关心的状态量(可称为协作变量[53]、协同变量(coordination variable)[54])趋于一致。利用该算法对系统(2-33)设计的控制律基本形式可表示为如下形式(可能有待针对航天器集群来修改)：

$$\boldsymbol{u}_i(t) = -\sum_{j=1}^{n} a_{ij}(t)\left(\boldsymbol{x}_i(t) - \boldsymbol{x}_j(t)\right), \quad i = 1, 2, \cdots, n \tag{2-35}$$

式中，n 为集群个体数；$\boldsymbol{x}_i(t)$ 为个体状态量；$a_{ij}(t)$ 与集群通信网络对应，即如果个体 i 能获取到个体 j 的信息，则 $a_{ij}(t) > 0$，否则 $a_{ij}(t) = 0$。当集群通信网络拓扑存在有向生成树时，集群各个体状态量满足：

$$\lim_{t \to +\infty} \boldsymbol{x}_1(t) = \lim_{t \to +\infty} \boldsymbol{x}_2(t) = \cdots = \lim_{t \to +\infty} \boldsymbol{x}_n(t) \tag{2-36}$$

一致性算法因其所涉及智能体动力学模型的一般性，可直接应用于航天器集群控制，包括编队形成控制(对编队中心达成一致)、有界飞行控制(对集群运动范围达成一致)等多种应用场景。例如，任伟等在研究二阶积分器系统一致性算法时，便将其应用于航天器集群编队控制，用于使集群对目标编队构形的平动和转动达成一致，并指出当反馈系数大于某一与集群通信网络拓扑有关的阈值时，能够使集群协同变量渐近达成一致[54]。但该应用未考虑航天器集群的自然动力学模型(相当于对其直接抵消)，而线性系统一致性算法则克服了该不足。线性系统一致性算法与网络同步理论中的相应算法[55]并行发展，适用于动力学模型可表示为线性形式的集群协同问题。例如，李忠奎[56]在线性系统一致性算法研究中，将反馈系数改为反馈矩阵与耦合增益的乘积，其中反馈矩阵可由仅与个体动力学有关的线性矩阵不等式求解得到，耦合增益则与集群通信网络矩阵相关，从而实现这两部分的解耦设计。李忠奎以基于 Clohessy-Wiltshire(CW) 线性化动力学模型的航天器编队控制为例，进行了仿真验证[56]。但一般的线性系统一致性算法依赖于个体自身的绝对状态量信息，而牵制一致性算法进一步解决了该问题。在牵制一致性算法中，仅有集群领航者控制律在一致性算法项的基础上加上比例项(适用于一阶系统)或比例-微分项(适用于二阶系统),即集群能够在仅有领航者获知绝对状态量的情况下实现协同变量渐近一致。张宏伟等便从状态反馈和输出反馈两个角度,设计了相应的牵制一致性算法[57]。按照类似的研究思路,人们在原始一致性算法的基础上不断改进,使其适用于非线性系统[55,58]、高阶系统[59,60]、切换网络(含随机切换)[61,62]、分组一致[63-65]等多种情形,从而更好地适应于复杂的实际任务条件。

另一类较常用的分布式控制算法是循环追踪(cyclic pursuit)法,受生物个体间相互追踪的行为机制启发而来,利用前一个体的信息设计个体控制律,从而使集群整体以单向或双向环形追踪关系收敛到平衡状态。该算法对应的控制律基本形式可表示为

$$\boldsymbol{u}_i(t) = \begin{cases} -c(\boldsymbol{x}_i(t) - \boldsymbol{x}_{i+1}(t)), & i = 1, 2, \cdots, n-1 \\ -c(\boldsymbol{x}_i(t) - \boldsymbol{x}_1(t)), & i = n \end{cases} \quad (2\text{-}37)$$

式中,n 为集群个体数;$\boldsymbol{x}_i(t)$ 为个体 i 的状态量;$c > 0$,为控制律增益系数。

循环追踪法可视为一种特殊的一致性算法,但允许个体间无层级连接,仅依赖最少的通信连接数,并且控制能力分布得更加均匀。在智能体/机器人集群应用方面,Ramirez 等[66]分别为一阶和二阶集群系统设计循环追踪控制律,使其形成均匀分布的圆形、椭圆形、阿基米德螺线等旋转编队构形。Daingade 等[67]基于无人车运动学模型,为集群角速度设计了非线性循环追踪控制律,使集群以刚性多边形编队绕静止或运动目标点运动,并给出了编队成功形成的充分条件。该团队随后还研究了最终编队构形唯一存在的条件[68]。在航天器集群应用方面,Gurfil 等[69]设计了一种基于视线测量的航天器集群循环追踪控制律,并指出集群运动在能量匹配意义上是稳定的。Zhang 等[70]设计了一种基于平均轨道根数的开关循环追踪控制律,使具有恒定推力幅值的航天器集群长时间保持相对距离有界。罗建军等[71]针对以欧拉-拉格朗日模型表示的六自由度相对运动模型,为航天器集群分别设计了可跟踪动态目标的循环追踪控制算法和匹配自然周期相对运动的循环追踪算法。

根据控制对象的不同,航天器集群的分布式控制可分为位置/平动控制、姿态/转动控制、姿轨耦合控制、信息协同控制等多种类型[72]。位置/平动控制包括编队形成控制、有界飞行控制、轨迹跟踪控制等方面。例如,李忠奎[56]将所建立的线性动态一致性算法用于航天器编队控制,使航天器集群在仅依赖输出信息而非全状态量的情况下,实现各个体与其目标位置间误差的协同一致。McMahon 等[73]则以航天器轨道根数为自变量,利用一阶积分器一致性算法进行航天器编队控制。罗建军等将线性一致性算法用于航天器集群有界运动控制,消除了航天器相对运动的长期漂移项,使得航天器集群在能量匹配的初始条件下,实现有界相对运动[74]。姿态/转动控制包括姿态跟踪、姿态一致性保持等方面。例如,任伟利用所提出的二阶积分器一致性算法设计控制律,分别使航天器集群收敛到固定和时变目标姿态[75]。邹安民等基于线性降阶观测器、鲁棒控制和切比雪夫神经网络,实现了无速度输入、考虑未知质量参数和外部干扰时的航天器集群鲁棒姿态协同控制[76]。Abdessameud 等[77]研究了存在通信延迟的航天器集群姿态协同控制。对于考虑航天器轨道和姿态运动存在耦合时的集群协同控制,现有航天器集群协同控制研究可分为姿轨动力学模型相独立的姿轨耦合控制、姿轨动力学模型相耦合的姿轨耦合控制、姿

轨动力学解耦化的姿轨控制等多种类型[72]。例如，Nazari 等[78]基于在 SE(3)群上表征的姿轨耦合动力学模型，设计了考虑恒定通信时延的航天器集群姿轨协同控制律，使航天器集群在 Molniya 轨道附近形成目标编队构形并达到期望姿态。Wang 等[79]在考虑时变通信时延和时变通信网络拓扑的情况下，为航天器集群设计了姿轨协同控制律。上述研究均为针对航天器实际运动状态量的协同控制。还有些人则从协同算法本质出发，为目标编队构形参数、控制律参数等非运动状态量信息设计协同控制律。例如，任伟等[54]在基于虚拟结构法的航天器编队控制研究中，使航天器集群对目标编队构形的大小及其变化率达成渐近一致。McMahon 等[73]利用一阶积分器一致性算法设计控制律，使航天器集群对目标编队构形中心及其权重渐近达成一致。Zhou 等[80]利用一阶积分器一致性算法为目标编队构形参数设计控制律，使得航天器集群在缺乏目标编队构形全局精确认知的情况下形成目标编队构型，便于目标构形参数的实时更改。表 2-2 为分布式算法在航天器集群控制中的应用总结。

表 2-2　分布式算法在航天器集群控制中的应用总结

控制类型	协同变量	算法	用途	文献
位置/平动控制	参考航天器 LVLH 坐标系直角坐标	线性动态一致性算法（基于测量量/观测器）	编队形成	文献[56]
		线性一致性算法	有界飞行	文献[74]
	轨道根数	一阶积分器一致性算法	编队形成	文献[73]
姿态/转动控制	单位四元数	二阶积分器一致性算法		文献[75]
	修正罗德里格参数	神经网络+动态一致性算法	姿态协同	文献[76]
	单位四元数	一阶积分器一致性算法		文献[77]
姿轨耦合控制	旋转矩阵+惯性系直角坐标（属于 SE(3)群）	含时延二阶积分器一致性算法	编队形成与姿态协同	文献[78]
	欧拉角+惯性系直角坐标		位姿协同跟踪	文献[79]
信息协同控制	目标编队构形大小及其变化率	二阶积分器一致性算法	协同认知目标编队大小	文献[54]
	目标编队构形中心及其权重	一阶积分器一致性算法	协同认知目标编队中心	文献[73]
	目标编队构形参数		协同认知目标编队大小、形状和方位	文献[80]

注：LVLH 坐标系为当地垂直当地水平坐标系。

2.2.1.2　自组织控制技术

受自然界中鸟群、蜂群等生物群体运动机制或气体/信息素扩散等物理规律的启发，人们设计了多种集群自组织控制算法(如蜂拥控制算法)，并在航天器集群中得到了应用，在减小控制律设计复杂度的同时，使航天器集群表现出类似于生物群体的智能运动特性。

受物理规律启发设计的集群自组织控制算法又称拟态物理(artificial physics[81] / physicomimetics[82])法,以人工势场法最为典型。与用于避障的人工势场法不同,势场型集群自组织控制算法普遍通过设计势场形状,使航天器集群收敛到势场极小值点,从而形成与势场形状相适应的编队构形,因而又称为平衡成形法(equilibrium shaping approach),即各航天器在目标编队构形区域内自主确定目标位置[83]。该类方法对应的控制律结构表示如下:

$$\boldsymbol{u}_i(t) = -\nabla_{\boldsymbol{x}_i(t)} V(\boldsymbol{x}_i(t)) + \sum_{j=1,\, j\neq i}^{n} \boldsymbol{g}(\boldsymbol{x}_i(t), \boldsymbol{x}_j(t)), \quad i=1,2,\cdots,n \tag{2-38}$$

式中,n 表示集群个体数;$\boldsymbol{x}_i(t)$ 表示个体 i 状态量;势函数 $V(\cdot)$ 用于将集群引导至目标编队构形;$\boldsymbol{g}(\cdot,\cdot)$ 表示集群个体间相互作用[84,85]。该类方法在航天器集群松散编队形成/指定区域均匀分布控制中取得了广泛应用。例如,安梅岩等通过设计椭圆空腔虚拟势场,将航天器集群的运动约束在内外两个椭圆间的范围内(相当于形成椭圆编队构形),并且使航天器间最大距离可控,保证航天器集群通信链路有效[86],并针对谷神星探测任务进行了应用研究[87]。Rubenstein 等[88]为航天器集群在圆上的等间隔分布设计了自组织控制策略。郭玉洁等利用基于改进独占球的人工势场法,使航天器集群在球面或长方形区域内近似均匀分布,并给出了均匀度评价指标[89-90]。Chen 等[91]基于非线性分岔特性为航天器集群设计人工势场控制律,可通过调节控制律中的少量参数,使集群形成具有单层或多层嵌套结构的球面、圆、圆盘等形状的编队构形。Gao 等[92]采用类似的思路,引入了更多编队构形参数,使航天器集群形成更多种形状的目标编队构形,如圆、椭圆、线段、球面/椭球面、球/椭球等。Yang 等[93]在一个能使航天器相对运动转化为不动点的 SRD 坐标系内设计多边形目标编队构形,并通过设计合适的目标构形密度函数和基于扩散方程的目标构形趋近策略,使航天器自组织收敛并近似均匀分布在所设计的多边形目标编队构形区域内。可以发现,虽然人工势场法/平衡成形法可以使航天器集群自组织形成多样化的编队构形,但现有方法普遍缺乏目标编队构形精确收敛性的实现和证明,并普遍忽视了最终编队构形均匀度的衡量。表 2-3 为平衡成形法在航天器集群控制中的应用研究比较。

表 2-3 平衡成形法在航天器集群控制中的应用研究比较

任务目标	控制方法	收敛/有界性	均匀性及指标	文献
将航天器集群运动约束在两个椭圆间	人工势场法	有界(未证明)	—	文献[86]、[87]
使航天器集群在圆上均匀分布	比例-微分控制	—(初始位置即在目标区域内)	均匀,用相对相位角衡量	文献[88]
使航天器集群在有界空间表面均匀分布	人工势场法	—(初始位置即在目标区域内)	近似均匀,用改进的独占球半径衡量	文献[89]、[90]
使航天器集群在球面、圆等区域内均匀分布	分岔理论+人工势场法	近似收敛(未证明)	近似均匀,未衡量	文献[91]
			近似均匀,用独占球体积衡量	文献[92]
使航天器集群在多边形区域内均匀分布	密度法(类似于气体扩散)	收敛(部分证明)	近似均匀,用高斯密度函数衡量	文献[93]

仿生集群控制(或称基于行为的集群控制)技术虽然在无人机、无人车等集群中的应用已取得了广泛研究,但可能由于航天器机动能力以及该类技术控制精度的限制,其在航天器集群控制中的直接应用研究相对较少。例如,Sabatini 等基于 Couzin 等[94]提出的集群行为动力学模型,将集群航天器行为划分为碰撞规避(avoiding collision)、保持分组(maintaining grouping)、与邻近个体对齐(aligning with neighbors)、达到目标(accomplishing objectives)四种类型,分别设计线性二次型控制项,并在编队形成和保持、轨道迁移、在轨组装等任务场景中测试了其可行性[95]。Ayre 等[83]基于聚集、对齐、避碰三种行为进行了航天器集群平衡成形编队控制研究。Huang 等[96]基于类似的三种行为,为基于星间电磁力的卫星集群轨迹规划问题设计了各卫星期望速度。但大部分研究局限于使用蚁群优化(ant colony optimization,ACO)算法、粒子群优化(particle swarm optimization,PSO)算法等解决目标编队构形优化、通信网络优化等与航天器集群控制相关的问题。例如,陈严波等[97]在球形编队自组织形成控制中,采用粒子群算法确定航天器集群的最小球形边界。Yang 等[98]在航天器编队控制中,利用粒子群优化算法,对集群每颗卫星的发射功率和速率进行联合优化,以节约航天器集群总能耗。Chen 等[99]利用改进的生物地理优化(modified biogeography-based optimization,M-BBO)方法,对航天器集群轨迹跟踪控制器进行了反馈参数优化,并在开发和探索能力之间取得了平衡。随着航天器集群任务的开展和仿生群体机器人(swarm robotics)技术的发展,仿生集群控制技术在空间目标搜寻、空间目标操作等不同领域逐渐取得了广泛研究。例如,Haghighat 等[100]基于粒子群优化算法和进化算法,实现了面向航天器表面检测(简化为 2.5 维航天器表面的先验未知振动源的枚举和定位)任务的机器人集群运动控制,并在 Webots 机器人模拟环境中进行了仿真验证,但没有考虑航天器的真实动力学模型。Asri 等[101]通过定义搜寻、探查、追赶、对接四种行为,为基于二阶积分器动力学、执行二维自由翻滚目标捕获任务的航天器集群设计了自组织控制策略,使航天器集群仅依赖目标标志点局部观测信息和相邻个体信息即可实现同步捕获。表 2-4 对仿生集群控制算法在航天器集群控制中的应用研究进行了比较。由表可知,虽然这些技术取得了较好的应用效果,但现有研究普遍缺乏这些优势与其他方法的对比验证。图 2-16 为基于行为的航天器集群控制律各项示意图。

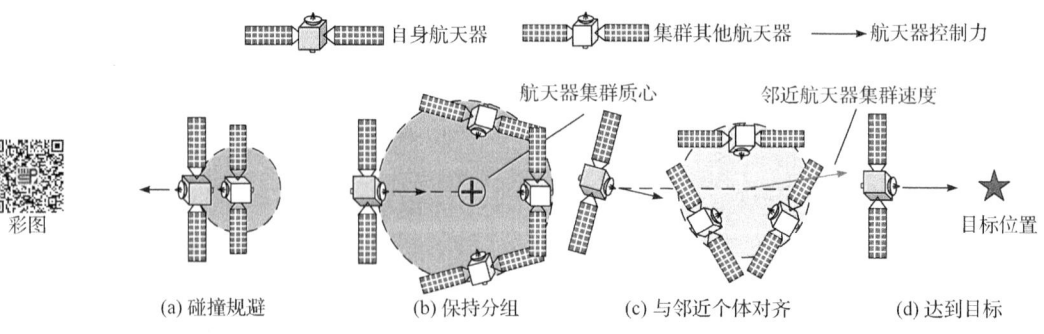

(a) 碰撞规避　　(b) 保持分组　　(c) 与邻近个体对齐　　(d) 达到目标

图 2-16　基于行为的航天器集群控制律各项示意图

表 2-4　仿生集群控制算法在航天器集群控制中的应用研究比较

仿生集群控制算法	用途	优势	文献
基于行为的 编队控制算法	编队形成和保持、 轨道迁移、 在轨组装等运动控制	规则简单、避免集中控制、 适用于大规模集群 (均未对比验证)	文献[95]
	编队形成运动控制		文献[83]
	编队形成 运动轨迹规划		文献[96]
粒子群优化算法、 进化算法	机器人集群运动控制,可用于 航天器集群的故障诊断任务	搜索速度快(未与其他方法 对比),适应于复杂障碍环境	文献[100]
基于行为的 集群控制算法	航天器集群运动控制,用于 翻滚目标捕获	提升集群系统的功能和效率, 避免复杂的全局规划 (未对比说明)	文献[101]

2.2.1.3　基于人工智能的控制技术

人工智能技术的发展、完善及其在无人车、机械臂等机器人中的应用研究不断深入,也逐渐应用到航天器或其集群的控制中,其中以人工神经网络技术(包括浅层网络和深层网络)的应用居多。人工智能在航天器集群控制中的应用研究大致分为航天器全动力学辨识、航天器扰动力辨识、航天器参数辨识和航天器智能运动决策,在基于神经网络的情况下可将系统基本模型结构分别表示为如下形式[102]:

$$\dot{\boldsymbol{x}}_i(t) = \boldsymbol{\Phi}\big(\boldsymbol{x}_i(t), \boldsymbol{u}_i(t)\big), \quad i=1,2,\cdots,n \,(\text{全动力学辨识}) \tag{2-39}$$

$$\dot{\boldsymbol{x}}_i(t) = \boldsymbol{f}\big(\boldsymbol{x}_i(t); \boldsymbol{\theta}_i(t)\big) + \boldsymbol{\Phi}\big(\boldsymbol{x}_i(t), \boldsymbol{u}_i(t)\big), \quad i=1,2,\cdots,n \,(\text{扰动力辨识}) \tag{2-40}$$

$$\dot{\boldsymbol{x}}_i(t) = \boldsymbol{f}\big(\boldsymbol{x}_i(t); \boldsymbol{\theta}_i(t)\big), \quad \boldsymbol{\theta}_i(t_k) \approx \boldsymbol{\Phi}\big(\boldsymbol{x}_i(t_k), \boldsymbol{u}_i(t_k), \cdots, \boldsymbol{x}_i(t_{k+l}), \boldsymbol{u}_i(t_{k+l})\big), \quad i=1,2,\cdots,n, \quad k,l \in \mathbf{N}^* (\text{参数辨识}) \tag{2-41}$$

$$\dot{\boldsymbol{x}}_i(t) = \boldsymbol{f}\big(\boldsymbol{x}_i(t); \boldsymbol{\theta}_i(t)\big) + \boldsymbol{u}_i(t), \quad \boldsymbol{u}_i(t) = \boldsymbol{\Phi}\big(\boldsymbol{x}_i(t)\big), \quad i=1,2,\cdots,n \,(\text{智能运动决策}) \tag{2-42}$$

式中,n 为集群个体数;$\boldsymbol{x}_i(t) = \big(\boldsymbol{p}_i^{\mathrm{T}}(t), \boldsymbol{v}_i^{\mathrm{T}}(t)\big)^{\mathrm{T}}$ 为由位置和速度组成的个体 i 状态量;$\boldsymbol{u}_i(t)$ 为个体 i 控制量;$\boldsymbol{\Phi}(\cdot,\cdot)$ 为多输入多输出神经网络;$\boldsymbol{f}\big(\boldsymbol{x}_i(t); \boldsymbol{\theta}_i(t)\big)$ 为开环系统动力学项;$\boldsymbol{\theta}_i(t)$ 为个体 i 的开环系统参数。图 2-17 为人工智能在航天器集群中的不同应用类型。

航天器全动力学辨识是指利用人工神经网络对单个航天器的自然动力学模型进行辨识,该动力学模型以该航天器自身状态量(如位置和速度)的导数或下一时刻状态量(针对离散化动力学模型而言)为输出量。例如,Biggs 等[103]使用基于循环神经网络(recurrent neural network,RNN)的模型预测控制技术,为含四个推进器的航天器消旋控制设计了布尔输入非线性控制器,采用的 RNN 便于对成本函数进行优化,以选择最优的推进器。Silvestrini 等[104]在航天器编队分布式控制中,采用 RNN 对各航天器含 J_2 摄动的相对动力学进行辨识,凭借其适应时序输入数据的能力,实现了比经典多层感知器神经网络更好的辨识精度。航天器扰动力辨识在航天器无扰动动力学足够精确(或基本满足任务需要)的基础上进

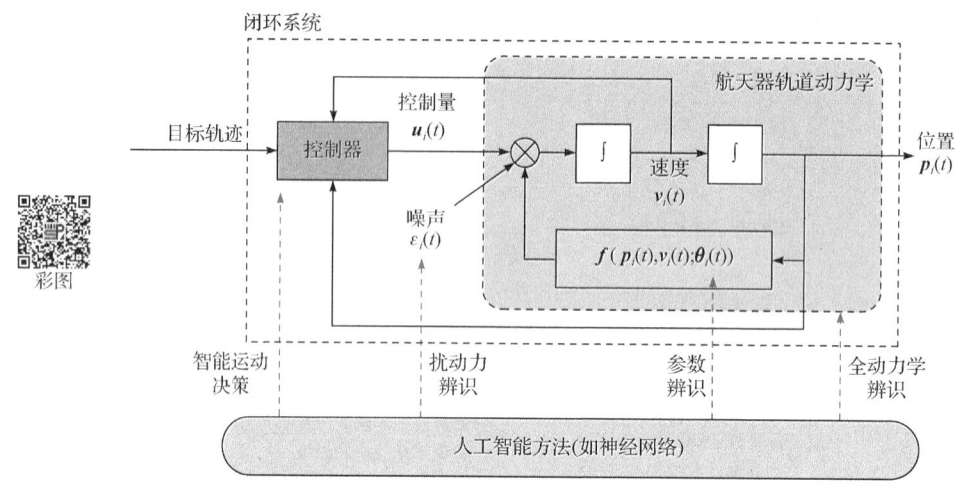

图 2-17 人工智能在航天器集群中的不同应用类型

行,通过采用神经网络辨识和补偿建模误差、外部干扰或模型非线性项来提高控制精度。例如,Zou 等[105]针对航天器编队飞行任务中的姿态控制,采用切比雪夫神经网络来逼近航天器未建模姿态动力学项,并对神经网络拟合误差用鲁棒控制予以抵消。特别地,出于闭环系统稳定性的证明需要,自适应神经网络(adaptive neural network,ANN)在航天器等系统的扰动抑制控制中取得了广泛应用。在假设神经网络可足够精确地逼近动力学系统扰动项(逼近误差小于期望值)的前提下,闭环系统 Lyapunov 稳定性证明和神经网络参数自适应更新律的设计均可实现。例如,Xu 等[106]在航天器集群分层包围控制研究中,采用基于径向基函数的自适应神经网络设计航天器避障控制律中的未知动力学项。Silvestrini 等[107]利用类似的方法,分别对导航与控制中的未知动力学项进行近似。Yang 等[108]也采用类似的方法,为日-地系统内的航天器编队飞行设计比例-微分-积分(PID)控制律,使之具有更简单的结构和更少的调节参数。航天器参数辨识则是在航天器动力学模型结构完全已知,仅部分参数(如航天器质量或转动惯量矩阵)未知的情况下进行的。例如,Chu 等[109]采用基于最小二乘法的加权集成深度学习方法,利用组合体航天器的角速度和控制扭矩作为神经网络输入量,对组合体航天器的惯性参数进行辨识。Pasquale 等[110]、Turgut[111]分别利用 Hopfield 神经网络实现了小行星和地球重力场参数的在线建模,有利于微纳卫星集群执行更精确的在轨操作任务。航天器智能运动决策是指利用神经网络等人工智能模型直接生成航天器的控制指令(在连续系统中对应于力/加速度),往往与强化学习技术相结合。例如,Smith 等[112]利用基于演员-评论家(actor-critic,A2C)策略和近端策略优化(proximal policy optimization,PPO)的无模型深度强化学习算法,在依靠差动空气阻力而非推进器的情况下,实现了航天器集群在平面内的调相运动控制。Cai 等[113]基于深度确定性策略梯度(deep deterministic policy gradient,DDPG)算法,并考虑动力学、姿态指向、传感器误差等复杂约束条件,为航天器集群设计了一种端到端的姿态协同控制算法。但总而言之,对于多智能体甚至大规模集群系统,现有技术在训练效率上受到限制,因而现阶段人工智能在航天器集群中的应用普遍局限于多航天器,尚未真正体现类似于生物群体的智能性。表 2-5 为人工智能方法在航天器集群控制中的应用研究比较。

表 2-5　人工智能方法在航天器集群控制中的应用研究比较

类别	人工智能方法	数据来源	训练阶段	文献
全动力学辨识	循环神经网络	半实物仿真	离线	文献[103]
	逆强化学习、长短时记忆循环神经网络	数值仿真	离线+在线	文献[104]
扰动力辨识	切比雪夫神经网络	数值仿真	在线	文献[105]
	自适应神经网络			文献[106]
				文献[107]
				文献[108]
参数辨识	单个深度神经网络	数值仿真	离线	文献[109]
	Hopfield 神经网络	数值仿真	在线	文献[110]、[111]
智能运动决策	演员-评论家策略+近端策略优化	数值仿真	在线	文献[112]
	深度确定性策略梯度算法	虚拟环境仿真		文献[113]

2.2.2　航天器智能集群规划技术

航天器集群运动规划任务如图 2-18 所示。为了引导航天器集群更好地满足目标任务(如实现更好的碰撞规避、更高的任务执行效率等)，需要在控制的上层为航天器集群设计合适的规划算法，以引导整个集群逐步完成目标任务。根据规划内容的不同，航天器集群规划技术可分为路径规划(为各个体/集群整体确定一条不含时间的目标轨迹曲线)、轨迹规划(为各个体/集群整体确定一条以时间为自变量的目标轨迹曲线)、动作/控制量规划(或称动作/控制量决策，指确定各个体在不同时刻的期望动作/期望控制量，前者针对离散系统，后者针对连续系统)、任务规划(确定各个体/集群整体在不

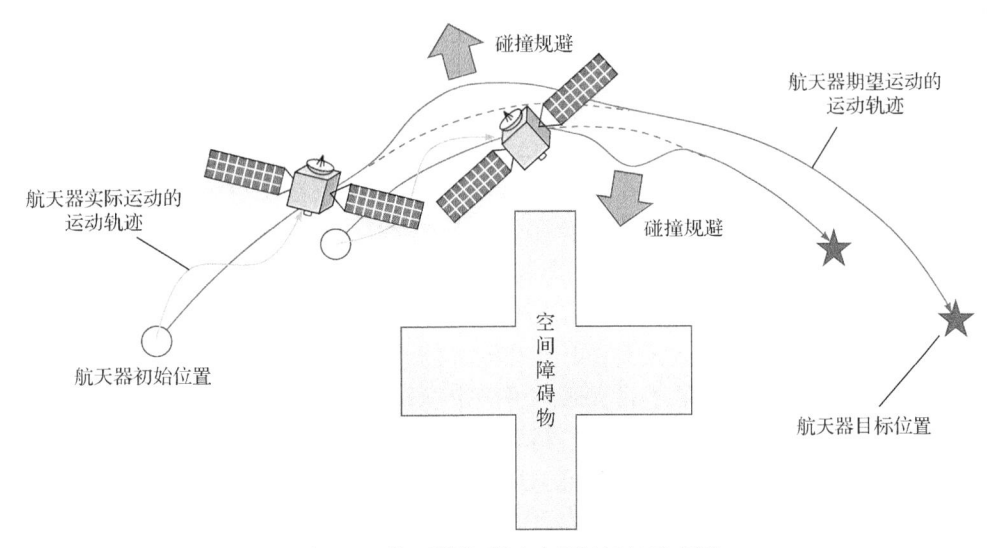

图 2-18　航天器集群运动规划任务示意图

同时刻的目标任务，如目标位置、目标编队构形等)等多种类型。其中路径规划、轨迹规划和动作/控制量规划合称为运动规划。对于运动规划而言，只要集群各航天器保持对各自期望运动的轨迹的紧密跟随，便可安全、成功到达目标位置，甚至能起到节约燃料/时间等的效果。下面从技术角度对航天器集群中不同规划内容的研究现状进行综述。

2.2.2.1 分布式控制与规划技术

由于规划问题普遍利用较为充分的环境等约束条件进行计算，以确保底层控制的安全、有效执行，并且这些约束普遍具有混合整数特征和非凸性，因而该问题普遍具有较大的计算量，从而导致传统的集中式规划和决策方案难以适用于大规模集群。因此，分布式或去中心化规划技术逐渐成为航天器集群运动规划的研究主流。例如，在运动规划方面，Pedari 等[114]提出了一种用于卫星集群编队重构任务的双层轨迹规划方案，上层为同时考虑燃料优化和松弛化碰撞规避约束的轨迹规划器，下层为系数可优化调节的人工势场避障控制器，用于更精细的碰撞规避，从而使该方案在最优性和可扩展性之间得到良好的平衡。Wang 等[115]基于序列凸优化方法，通过将 100 颗卫星的集群轨迹规划问题先表征为具有非凸路径约束的最优控制问题，再将其转化为一系列离散凸优化子问题，并在各子问题中考虑离散点和避障约束之间的防碰撞策略，实现了比传统伪谱法高94%~99%的计算效率。Bernhard 等[116]利用动态规划，并同时考虑传感器约束、姿态控制系统规格和当前目标，为面向在轨观测的小卫星集群设计了姿态协调规划算法，以使协同观测信息最大化。Basu 等[117]针对考虑未建模轨道摄动时的卫星集群无碰撞编队重构问题，分别设计了分布式和去中心化优化的轨迹规划算法，用于分别实现燃料最优的路径规划和无碰撞的目标位置分配，并用收缩时域模型预测控制(shrinking horizon model predictive control，SHMPC)技术减小上述规划过程及执行器、传感器引起的误差，从而相比已有算法减少了通信需求并提高了计算效率。在任务规划方面，高黎等[118]针对分布式卫星系统任务规划，通过引入任务组概念，并将任务规划转化为集覆盖问题，提出了一种基于合同网的严格启发式优化算法，适用于中小规模分布式快速任务分配。Chu 等[119]为航天器集群构形重构设计了一种同时实现路径规划和任务分配的异步分布式算法，其中任务分配基于任务列表和竞价算法执行，并基于一致性算法消除各航天器任务矢量的差异，在半实物仿真平台上实现了验证。Bonnet 等[120]采用基于自适应多智能体算法的ATLAS 系统，为地球观测卫星集群设计了动态任务规划算法，可频繁考虑高优先级请求并平衡计算负载。Gong 等[121]针对航天器编队对多个地球静止轨道目标的跟踪(准确估计目标轨道状态量)任务，提出了一种两层迭代共识拍卖算法，并利用事件触发的分布式协同跟踪滤波算法解决了不同航天器在时元和频率的异步问题，从而比原始共识拍卖算法更充分利用观测信息，并降低了目标跟踪不确定度。但总而言之，现阶段大多数分布式规划研究并未充分使用成熟的分布式控制算法，并且还存在以下缺点：①难以考虑全局因素，因而难以获得全局最优解；②由于规划流程的复杂性，仍需要依赖于航天器之间以及航天器与地面指挥控制中心之间大量的通信与计算支持；③规划效果受分布式算法影响显著；④故障诊断与排除难度大等[122]。

2.2.2.2 仿生智能控制与规划技术

随着一系列受生物或物理机制启发的行为算法的发展成熟，这些算法以其设计简单、易跳出局部最优解约束等优良特性，为航天器集群规划提供了更好的解决方案，因而比经典分布式规划算法更受人们关注。例如，Izzo 等[123]针对通信受限时的航天器集群编队形成和避障运动，设计了一种基于多种行为策略和平衡成形(equilibrium shaping)技术的分布式智能轨道规划策略，实现了正多面体、正多边形、棱柱、棱锥等多种编队构形的自组织形成。Zheng 等[124]为航天器集群任务规划设计了一种分布式算法，包含局部约束满足模块和全局分布式优化模块，前者使用局部搜索启发式算法在各卫星上执行，后者在每次迭代期间使用分布式遗传算法在星间运行以考虑全局约束，从而相比分布式蚁群算法和协同进化粒子群算法在效率、精度和稳定性上得到提升。Hua 等[125]针对航天器编队重构任务中的燃料消耗和威胁规避问题，设计了一种基于突变扰动的自适应鸽群优化(ALPIO)算法，实现了比粒子群算法、鸽群算法等传统优化算法更高的精度和更少的燃耗，且轨迹更平滑。Long 等[126]针对建模为混合整数优化问题的航天器集群的多目标在轨协同观测任务，提出了一种模拟退火的混合遗传算法来进行任务规划，并开发了一种启发式任务调度方案以应对任务冲突，实现了比遗传算法、粒子群算法等传统优化算法更高的收益和完成率。可以发现，大多数研究是抽取出航天器集群规划中的优化问题，利用遗传算法、蚁群算法、粒子群算法、鸽群算法等成熟的仿生智能优化算法及其改进算法予以解决，在实现算法分布式或分布化的同时，取得了各种优良效果。

2.2.2.3 基于人工智能的控制与规划技术

随着模糊理论、神经网络、强化学习等人工智能技术的发展，一系列人工智能算法也不断用于航天器集群规划研究中，以其对航天器集群历史状态量数据的学习代替复杂的规划流程设计，从而为航天器集群执行不同任务赋予了强大的实时自主决策能力。例如，Yun 等[127]将航天器集群相对绕飞轨道转移的运动规划问题转化为基于深度神经网络的学习问题，实现了传统凸优化算法更高的计算效率。Sabol 等[128]针对类似的任务，利用长短时记忆(long short-term memory，LSTM)神经网络模拟凸优化轨迹规划算法，设计了一种几乎可以实时计算、考虑碰撞规避能物理约束的轨迹规划方法，并展示了其对不同集群个体数的泛化能力。Zhu 等[129]为大规模航天器集群设计了一种人工智能辅助的快速编队重构轨迹规划方法，在采用凸优化算法进行规划的同时，利用预训练神经网络估计各航天器间最小距离，并识别可能发生碰撞的时间间隔，从而在减少碰撞约束数量和缩短规划时间的同时，保证了集群运动安全性。Li 等[130]基于多智能体深度确定性策略梯度(multi-agent deep deterministic policy gradient，MADDPG)算法设计了用于航天器编队重构的轨迹规划算法，能够在噪声环境下实现实时计算，并在基于 Unity 3D 引擎的仿真环境中进行了验证。Liu 等[131]采用竞争学习策略研究了对地观测卫星集群任务调度问题，其中基于 Q 网络实现单颗卫星调度，并利用基于利润的竞争策略实现任务调度冲突消解，在提高算法可扩展性的同时减轻了通信负担，特别是在大规模任务规划场景下效果更显著。可以发现，虽然人工智能在航天器集群规划中的应用研究尚处于起步阶段，但已有研究均取得了良好的规划效果。

2.3 本章小结

本章主要介绍了两类飞行器智能集群的控制与规划关键技术。针对航空器集群的控制与规划技术，总结了航空器集群安全控制的关键问题，给出了涵盖安全概念数学表征、安全态势定量评价和安全动作实时决策的飞行器集群安全控制研究的基本框架。针对航天器集群的控制与规划技术，探讨了航天器智能集群的分布式控制与规划技术、仿生智能控制与规划技术以及基于人工智能的控制与规划技术。

习　　题

[思考题]

（1）请结合相关文献资料，推导速度障碍理论的基本公式，并仿真验证其在无人系统避障应用中的可行性。

（2）优化方法对于问题一定可行吗？请思考优化理论与方法的优势与劣势。

（3）请结合相关文献资料与受限信息交互的相关内容，仿真验证集群通信网络的演化过程。

参 考 文 献

[1] CHEN J, SU K, SHEN S. Real-time safe trajectory generation for quadrotor flight in cluttered environments[C]. 2015 IEEE International Conference on Robotics and Biomimetics, Zhuhai, China, 2015: 1678-1685.

[2] CHEN J, LIU T, SHEN S. Online generation of collision-free trajectories for quadrotor flight in unknown cluttered environments[C]. 2016 IEEE International Conference on Robotics and Automation, Zhuhai, China, 2016: 1476-1483.

[3] WANG Z, ZOU F, MA Z, et al. Flight corridor construction method for fixed-wing UAV obstacle avoidance[C]. Proceedings of 2022 International Conference on Autonomous Unmanned Systems, Xi'an, China, 2022: 1808-1818.

[4] GAO F, WU W, GAO W, et al. Flying on point clouds: Online trajectory generation and autonomous navigation for quadrotors in cluttered environments[J]. Journal of Field Robotics, 2019, 36(4): 710-733.

[5] REN Y, ZHU F, LIU W, et al. Bubble planner: Planning high-speed smooth quadrotor trajectories using receding corridors[C]. 2022 IEEE/RSJ International Conference on Intelligent Robots and Systems, Kyoto, Japan, 2022: 6332-6339.

[6] ZHOU X, WEN X, WANG Z, et al. Swarm of micro flying robots in the wild[J]. Science Robotics, 2022, 7(66): 5954.

[7] QUAN Q, FU R, LI M, et al. Practical distributed control for VTOL UAVs to pass a virtual tube[J]. IEEE Transactions on Intelligent Vehicles, 2022, 7(2): 342-353.

[8] HE X, QUAN Q. Air Traffic network generation for UAVs at a low altitude based on digital maps[C]. Proceedings of the 39th Chinese Control Conference, Shenyang, China, 2020: 6827-6832.

[9] QUAN Q, LI M, FU R. Sky highway design for dense traffic[J]. IFAC-PapersOnLine, 2021, 54(2): 140-145.

[10] MAO P, FU R, QUAN Q. Optimal virtual tube planning and control for swarm robotics[J]. The International Journal of Robotics Research, 2024, 43(5): 602-627.

[11] LV S, GAO Y, CHE J, et al. Autonomous drone racing: Time-optimal spatial iterative learning control within a virtual tube[C]. 2023 IEEE International Conference on Robotics and Automation, London, UK, 2023: 3197-3203.

[12] GAO Y, BAI C, QUAN Q. Robust distributed control within a curve virtual tube for a robotic swarm under self-localization drift and precise relative navigation[J]. International Journal of Robust and Nonlinear Control, 2023, 33(16): 9489-9513.

[13] GAO Y, BAI C, QUAN Q. Distributed control for a multiagent system to pass through a connected quadrangle virtual tube[J]. IEEE Transactions on Control of Network Systems, 2023, 10(2): 693-705.

[14] GAO Y, BAI C, ZHENG L, et al. Multi-UAV cooperative target encirclement within an annular virtual tube[J]. Aerospace Science and Technology, 2022, 128: 107800.

[15] MAO P, QUAN Q. Making robotics swarm flow more smoothly: A regular virtual tube model[C]. 2022 IEEE/RSJ International Conference on Intelligent Robots and Systems, Kyoto, Japan, 2022: 4498-4504.

[16] QUAN Q, GAO Y, BAI C. Distributed control for a robotic swarm to pass through a curve virtual tube[J]. Robotics and Autonomous Systems, 2023, 162: 104368.

[17] 杨健. 无人机集群系统空域冲突消解方法研究[D]. 长沙: 国防科学技术大学, 2019.

[18] FIORINI P, SHILLER Z. Motion planning in dynamic environments using velocity obstacles[J]. International Journal of Robotics Research, 1998, 17(7): 760-772.

[19] 何信, 石宗英, 钟宜生. 基于速度障碍的多无人船协同避碰[J]. 航空学报, 2023, 44(S2): 387-397.

[20] VAN DEN BERG J, LIN M, MANOCHA D. Reciprocal velocity obstacles for real-time multi-agent navigation[C]. 2008 IEEE International Conference on Robotics and Automation, Pasadena, Canada, 2008: 1928-1935.

[21] VAN DEN BERG J, GUY S, LIN M, et al. Reciprocal n-body collision avoidance: Robotics research[C]. Proceedings of 14th International Symposium on Robotics Research, Lucerne, Switzerland, 2011: 3-19.

[22] ALONSO-MORA J, BREITENMOSER A, BEARDSLEY P, et al. Reciprocal collision avoidance for multiple car-like robots[C]. 2012 IEEE International Conference on Robotics and Automation, St Paul, USA, 2012: 360-366.

[23] 郭华, 郭小和. 改进速度障碍法的无人机局部路径规划算法[J]. 航空学报. 2023, 44(11): 271-281.

[24] 秦明星, 王忠, 李海龙, 等. 基于分布式模型预测的无人机编队避障控制[J]. 北京航空航天大学学报, 2022, 50(6): 1969-1981.

[25] 张宏宏, 甘旭升, 李昂, 等. 基于速度障碍法的无人机避障与航迹恢复策略[J]. 系统工程与电子技术. 2020, 42(8): 1759-1767.

[26] ZHENG Z, LI J, GUAN Z, et al. Constrained moving path following control for UAV with robust control barrier function[J]. IEEE/CAA Journal of Automatica Sinica, 2023, 10(7): 1557-1570.

[27] HEGDE A, GHOSE D. Multi-UAV collaborative transportation of payloads with obstacle avoidance[J]. IEEE Control Systems Letters, 2022, 6: 926-931.

[28] HEGDE A, GHOSE D. Collaborative guidance of UAV-transported semi-flexible payloads in environments with obstacles[C]. 2021 60th IEEE Conference on Decision and Control, Austin, USA, 2021: 490-495.

[29] BORRMANN U, WANG L, AMES A D, et al. Control barrier certificates for safe swarm behavior[J]. IFAC-PapersOnLine, 2015, 48(27): 68-73.

[30] SQUIRES E, PIERPAOLI P, KONDA R, et al. Composition of safety constraints for fixed-wing collision avoidance amidst limited communications[J]. Journal of Guidance Control and Dynamics, 2022, 45(4): 714-725.

[31] SQUIRES E, PIERPAOLI P, EGERSTEDT M. Constructive barrier certificates with applications to fixed-wing aircraft collision avoidance[C]. 2018 IEEE Control on Control Technology and Applications, Copenhagen, Denmark, 2018: 1656-1661.

[32] WANG L, AMES A D, EGERSTEDT M. Safety barrier certificates for collisions-free multirobot systems[J]. IEEE Transactions on Robotics, 2017, 33(3): 661-674.

[33] HIRSHBERG T, VEMPRALA S, KAPOOR A. Safety considerations in deep control policies with safety barrier certificates under uncertainty[C]. 2020 IEEE/RSJ International Conference on Intelligent Robots and Systems, Las Vegas, USA, 2020: 6245-6251.

[34] LI X, YIN X, LI S. Cooperative event triggered control for multi-robot systems with collision avoidance[C]. Proceeding of the 40th Chinese Control Conference, Shanghai, China, 2021: 5460-5465.

[35] FU J, WEN G, YU X, et al. Distributed formation navigation of constrained second-order multiagent systems with collision avoidance and connectivity maintenance[J]. IEEE Transactions on Cybernetics, 2022, 52(4): 2149-2162.

[36] QIN B, ZHANG D, TAND S, et al. Two-layer formation-containment fault-tolerant control of fixed-wing UAV swarm for dynamic

[37] YU Z, ZHANG Y, JIANG B, et al. Composite adaptive disturbance observer-based decentralized fractional-order fault-tolerant control of networked UAVs[J]. IEEE Transactions on Systems, Man, and Cybernetics: Systems, 2020, 52(2), 799-813.

[38] YU Z, ZHANG Y, JIANG B, et al. Distributed adaptive fault-tolerant close formation flight control of multiple trailing fixed-wing UAVs[J]. ISA transactions, 2020, 106: 181-199.

[39] SABER R O. Flocking for multi-agent dynamic systems: Algorithms and theory[J]. IEEE Transactions on Automatic Control, 2006, 51(3): 401-420.

[40] SABER R O, MURRAY R M. Flocking with obstacle avoidance: Cooperation with limited communication in mobile networks[C]. Proceedings of 42nd IEEE Conference on Decision and Control, Maui, USA: 2003, 2022-2028.

[41] AZARI M M, ROSAS F, POLLIN S. Cellular connectivity for UAVs: Network modeling, performance analysis, and design guidelines[J]. IEEE Transactions on Wireless Communications, 2019, 18(7): 3366-3381.

[42] 段碧琦. 无人机集群通信中继规划方法研究[D]. 长沙: 国防科技大学, 2022.

[43] 朱建良, 王立雅, 薄煜明. 行人GNSS/PDR组合导航优化估计方法[J]. 兵工学报, 2023, 44(10): 3137-3145.

[44] ZHOU X, WANG Z, YE H, et al. Ego-planner: An esdf-free gradient-based local planner for quadrotors[J]. IEEE Robotics and Automation Letters, 2020, 6(2): 478-485.

[45] 王亚静. 复杂环境下固定翼无人机集群分布式规避控制研究[D]. 长沙: 国防科技大学, 2021.

[46] 陈琳, 郭炳晖, 段海滨, 等. 基于群体熵度量的无人机集群目标合围控制[J]. 中国科学: 技术科学, 2023, 53(2): 177-186.

[47] 王祥科, 沈林成, 李杰. 无人机集群控制理论与方法[M]. 上海: 上海交通大学出版社, 2021.

[48] 文超, 董文瀚, 解武杰, 等. 基于回访机制的无人机集群分布式协同区域搜索方法[J]. 航空学报, 2023, 44(11): 253-270.

[49] HOODA I. Centralized vs. decentralized vs. distributed systems[EB/OL]. (2019-04-30) [2021-07-24]. https://www.geeksforgeeks.org/comparison-centralized-decentralized-and-distributed-systems/.

[50] Icommunity. Distributed VS centralized networks [EB/OL]. (2019-01-07)[2021-07-24]. https://icommunity.io/en/centralized-vs-distributed-networks/.

[51] National Public Radio. SpaceX says up to 40 of its new Starlink satellites are falling out of orbit[EB/OL]. (2022-02-09) [2024-01-14]. https://www.npr.org/2022/02/09/1079575679/spacex-40-starlink-satellites-destroyed.

[52] Wired. Europe's weeklong satellite outage is over: But still serves as a warning[EB/OL]. (2019-07-18) [2024-01-14]. https://www.wired.com/story/galileo-satellite-outage-gps/.

[53] 任伟. 多航行体协同控制中的分布式一致性: 理论与应用[M]. 北京: 电子工业出版社, 2014.

[54] REN W, BEARD R W. Distributed consensus in multi-vehicle cooperative control[M]. London: Springer London, 2008.

[55] CHEN T, LIU X, LU W. Pinning complex networks by a single controller[J]. IEEE Transactions on Circuits and Systems I: Regular Papers, 2007, 54(6): 1317-1326.

[56] 李忠奎. 多智能体系统的一致性区域与一致性控制[D]. 北京: 北京大学, 2010.

[57] ZHANG H W, LEWIS F L, DAS A. Optimal design for synchronization of cooperative systems: State feedback, observer and output feedback[J]. IEEE Transactions on Automatic Control, 2011, 56(8): 1948-1952.

[58] WU C W. Synchronization in networks of nonlinear dynamical systems coupled via a directed graph[J]. Nonlinearity, 2005, 18(3): 1057.

[59] CAI N, XI J X, ZHONG Y S. Asymptotic swarm stability of high-order multi-agent systems: Condition and application[J]. Control and Intelligent Systems, 2012, 40(1): 33-39.

[60] TIAN Y P, ZHANG Y. High-order consensus of heterogeneous multi-agent systems with unknown communication delays[J]. Automatica, 2012, 48(6): 1205-1212.

[61] HONG Y, HU J, GAO L. Tracking control for multi-agent consensus with an active leader and variable topology[J]. Automatica, 2006(7): 1177-1182.

[62] LI W, XIE L, ZHANG J F. Containment control of leader-following multi-agent systems with Markovian switching network topologies and measurement noises[J]. Automatica, 2015, 51: 263-267.

[63] YU J, WANG L. Group consensus in multi-agent systems with switching topologies and communication delays[J]. Systems &

Control Letters, 2010, 59(6): 340-348.

[64] LU X Q, AUSTIN F, CHEN S H. Cluster consensus of nonlinearly coupled multi-agent systems in directed graphs[J]. Chinese Physics Letters, 2010, 27(5): 050503.

[65] CHEN Y, LV J, HAN F, et al. On the cluster consensus of discrete-time multi-agent systems[J]. Systems & Control Letters, 2011, 60(7): 517-523.

[66] RAMIREZ J L, PAVONE M, FRAZZOLI E, et al. Distributed control of spacecraft formations via cyclic pursuit: Theory and experiments[J]. Journal of Guidance, Control, and Dynamics, 2010, 33(5): 1655-1669.

[67] DAINGADE S, SINHA A. Nonlinear cyclic pursuit based cooperative target monitoring[C]. Distributed Autonomous Robotic Systems: The 11th International Symposium, Berlin, Germany, 2014: 17-30.

[68] MALLIK G R, SINHA A. A study of balanced circular formation under deviated cyclic pursuit strategy[J]. IFAC-PapersOnLine, 2015, 48(5): 41-46.

[69] GURFIL P, MISHNE D. Cyclic spacecraft formations: Relative motion control using line-of-sight measurements only[J]. Journal of Guidance, Control, and Dynamics, 2007, 30(1): 214-226.

[70] ZHANG H, GURFIL P. Satellite cluster flight using on-off cyclic control[J]. Acta Astronautica, 2015, 106: 1-12.

[71] 罗建军, 周亮, 蒋祺祺, 等. 航天器编队的六自由度循环追踪协同控制[J]. 宇航学报, 2017, 38(2): 166.

[72] LIU G P, ZHANG S. A survey on formation control of small satellites[J]. Proceedings of the IEEE, 2018, 106(3): 440-457.

[73] MCMAHON J, HOLZINGE M. Decentralized mean orbit-element formation guidance, navigation, and control: Part 2[C]. AIAA/AAS Astrodynamics Specialist Conference, Charlotte, USA, 2012: 4516.

[74] LUO J J, ZHOU L, ZHANG B. Consensus of satellite cluster flight using an energy-matching optimal control method[J]. Advances in Space Research, 2017: 60(9), 2047-2059.

[75] REN W. Distributed attitude consensus among multiple networked spacecraft[C]. 2006 American Control Conference, Minneapolis, USA, 2006: 1760-1765.

[76] ZOU A M, KUMAR K D, HOU Z G. Attitude coordination control for a group of spacecraft without velocity measurements[J]. IEEE Transactions on Control Systems Technology, 2011, 20(5): 1160-1174.

[77] ABDESSAMEUD A, TAYEBI A, POLUSHIN I G. Attitude synchronization of multiple rigid bodies with communication delays[J]. IEEE Transactions on Automatic Control, 2012, 57(9): 2405-2411.

[78] NAZARI M, BUTCHER E A, YUCELEN T, et al. Decentralized consensus control of a rigid-body spacecraft formation with communication delay[J]. Journal of Guidance, Control, and Dynamics, 2016, 39(4): 838-851.

[79] WANG N, ZHANG T W, XU J Q. Formation control for networked spacecraft in deep space: With or without communication delays and with switching topology[J]. Science China Information Sciences, 2011, 54: 469-481.

[80] ZHOU H, JIAO B, DANG Z, et al. Parametric formation control of multiple nanosatellites for cooperative observation of China space station[J]. Astrodynamics, 2024, 8: 77-95.

[81] 沈林成, 王祥科, 朱华勇, 等. 基于拟态物理法的无人机集群与重构控制[J]. 中国科学: 技术科学, 2017, 47(3): 266-285.

[82] SPEARS W M, HEIL R, SPEARS D F, et al. Physicomimetics for mobile robot formations[C]. AAMAS, New York, USA, 2004: 1528-1529.

[83] AYRE M, IZZO D, PETTAZZI L. Self assembly in space using behaviour based intelligent components[C]. Towards Autonomous Robotic Systems, London, Germany, 2005: 1-8.

[84] GAZI V, PASSINO K M. Stability of a one-dimensional discrete-time asynchronous swarm[J]. IEEE Transactions on Systems, Man, and Cybernetics, Part B (Cybernetics), 2005, 35(4): 834-841.

[85] 谢丽萍. 拟态物理学启发的群智能方法[M]. 北京: 电子工业出版社, 2015.

[86] 安梅岩, 王兆魁, 张育林. 基于椭圆空腔虚拟势场的航天器集群控制方法[J]. 海军航空工程学院学报, 2016, 31(1): 7-11.

[87] AN M Y, WANG Z, ZHANG Y. Self-organizing control strategy for asteroid intelligent detection swarm based on attraction and repulsion[J]. Acta Astronautica, 2017, 130: 84-96.

[88] RUBENSTEIN M, MANCHESTER Z. Bio-inspired position control of satellite constellations[C]. Distributed Autonomous

Robotic Systems: The 14th International Symposium. Springer International Publishing, Boulder, USA, 2019: 441-450.

[89] 郭玉洁. 基于仿生的微纳卫星集群协同控制研究[D]. 南京: 南京航空航天大学, 2019.

[90] 康国华, 郭玉洁, 金晨迪, 等. 微小卫星集群在有界空间表面的均匀分布策略[J]. 控制与决策, 2020, 35(12): 2931-2938.

[91] CHEN H B, SUN J, LI K, et al. Autonomous spacecraft swarm formation planning using artificial field based on nonlinear bifurcation dynamics[C]. AIAA Guidance, Navigation, and Control Conference, Grapevine, USA, 2017: 1269.

[92] GAO W, LI K, WEI C. Satellite cluster formation reconfiguration based on the bifurcating potential field[J]. Aerospace, 2022, 9(3): 137.

[93] YANG C H, ZHANG H, FU W. Pattern control for large-scale spacecraft swarms in elliptic orbits via density fields[J]. Chinese Journal of Aeronautics, 2022, 35(3): 367-379.

[94] COUZIN I D, KRAUSE J, JAMES R, et al. Collective memory and spatial sorting in animal groups[J]. Journal of Theoretical Biology, 2002, 218(1): 1-11.

[95] SABATINI M, PALMERINI G B. Collective control of spacecraft swarms for space exploration[J]. Celestial Mechanics and Dynamical Astronomy, 2009, 105: 229-244.

[96] HUANG H, YANG L, ZHU Y, et al. Collective trajectory planning for satellite swarm using inter-satellite electromagnetic force[J]. Acta Astronautica, 2014, 104(1): 220-230.

[97] 陈严波, 韩笑冬, 姜斌, 等. 集群航天器球形边界控制[J]. 空间控制技术与应用, 2020, 45(2): 28.

[98] YANG E, ERDOGAN A T, ARSLAN T, et al. Adaptive formation control and bio-inspired optimization of a cluster-based satellite wireless sensor network[C]. 2008 NASA/ESA Conference on Adaptive Hardware and Systems, Noordwijk, Netherlands, 2008: 432-439.

[99] CHEN T, ZHANG D, SHAO X. Control parameters design of spacecraft formation flying via modified biogeography-based optimization[J]. Aerospace Systems, 2020, 3: 1-8.

[100] HAGHIGHAT B, BOGHAERT J, MINSKY P Z, et al. An approach based on particle swarm optimization for inspection of spacecraft hulls by a swarm of miniaturized robots[C]. International Conference on Swarm Intelligence, Málaga, Spain, 2022: 14-27.

[101] ASRI E G, ZHU Z H. Capturing an unknown uncooperative target with a swarm of spacecraft[C]. AIAA Scitech 2024 Forum, Orlando, USA, 2024: 0625.

[102] SILVESTRINI S, LAVAGNA M. Deep learning and artificial neural networks for spacecraft dynamics, navigation and control[J]. Drones, 2022, 6(10): 270.

[103] BIGGS J D, FOURNIER H, CECCHERINI S, et al. Optimal de-tumbling of spacecraft with four thrusters[C]. 5th CEAS Specialist Conference on Guidance, Navigation and Control-EuroGNC, Milano, Italy, 2019: 1-13.

[104] SILVESTRINI S, LAVAGNA M. Neural-based predictive control for safe autonomous spacecraft relative maneuvers[J]. Journal of Guidance, Control, and Dynamics, 2021, 44(12): 2303-2310.

[105] ZOU A M, KUMAR K. Neural network-based distributed attitude coordination control for spacecraft formation flying with input saturation[J]. IEEE Transactions on Neural Networks and Learning Systems, 2012, 23(7): 1155-1162.

[106] XU Y, LUO D, LI D, et al. Target-enclosing affine formation control of two-layer networked spacecraft with collision avoidance[J]. Chinese Journal of Aeronautics, 2019, 32(12): 2679-2693.

[107] SILVESTRINI S, LAVAGNA M. Neural-aided GNC reconfiguration algorithm for distributed space system: Development and PIL test[J]. Advances in Space Research, 2021, 67(5): 1490-1505.

[108] YANG C H, ZHANG H, GAO Y. Analysis of a neural-network-based adaptive controller for deep-space formation flying[J]. Advances in Space Research, 2021, 68(1): 54-70.

[109] CHU W, WU S, WU Z, et al. Least square based ensemble deep learning for inertia tensor identification of combined spacecraft[J]. Aerospace Science and Technology, 2020, 106: 106189.

[110] PASQUALE A, SILVESTRINI S, CAPANNOLO A, et al. Non-uniform gravity field model on board learning during small bodies proximity operations[C]. 70th International Astronautical Congress, Washington D. C., USA, 2019: 1-11.

[111] TURGUT B. Application of back propagation artificial neural networks for gravity field modelling[J]. Acta Montanistica

Slovaca, 2016, 21(3): 200-207.

[112] SMITH B, ABAY R, ABBEY J, et al. Propulsionless planar phasing of multiple satellites using deep reinforcement learning[J]. Advances in Space Research, 2021, 67(11): 3667-3682.

[113] CAI Y K, WANG Z. Reinforcement learning-based attitude control of satellite formation flying under complex constraints[C]. 11th International Workshop on Satellite and Constellations Formation Flying, Milano, Italy, 2022: 1-10.

[114] PEDARI Y, BASU H, OSSAREH H R. A novel framework for trajectory planning and safe navigation of satellite swarms[J]. IFAC-PapersOnLine, 2023, 56(3): 547-552.

[115] WANG L, YE D, XIAO Y, et al. Trajectory planning for satellite cluster reconfigurations with sequential convex programming method[J]. Aerospace Science and Technology, 2023, 136: 108216.

[116] BERNHARD B, CHOI C, RAHMANI A, et al. Coordinated motion planning for on-orbit satellite inspection using a swarm of small-spacecraft[C]. 2020 IEEE Aerospace Conference, Big Sky, USA, 2020: 1-13.

[117] BASU H, PEDARI Y, ALMASSALKHI M, et al. Computationally efficient collision-free trajectory planning of satellite swarms under unmodeled orbital perturbations[J]. Journal of Guidance, Control, and Dynamics, 2023, 46(8): 1548-1563.

[118] 高黎, 周利安, 沙基昌. 分布式卫星系统协作任务分配模型及优化算法[J]. 系统工程学报, 2009, 24(4): 445-450.

[119] CHU J, GUO J, GILL E. Distributed asynchronous planning and task allocation algorithm for autonomous cluster flight of fractionated spacecraft[J]. International Journal of Space Science and Engineering, 2014, 2(2): 205-223.

[120] BONNET J, GLEIZES M P, KADDOUM E, et al. Multi-satellite mission planning using a self-adaptive multi-agent system[C]. 2015 IEEE 9th International Conference on Self-adaptive and Self-organizing Systems, Cambridge, USA, 2015: 11-20.

[121] GONG B C, JIANG L, NING X, et al. Study on mission planning algorithm for multi-target passive tracking based on satellite formation[J]. Aerospace Science and Technology, 2023, 142: 108660.

[122] 杜永浩, 王凌, 邢立宁. 空天无人系统智能规划技术综述[J]. 系统工程学报, 2020, 35(3): 416-432.

[123] IZZO D, PETTAZZI L. Autonomous and distributed motion planning for satellite swarm[J]. Journal of Guidance, Control, and Dynamics, 2007, 30(2): 449-459.

[124] ZHENG Z X, GUO J, GILL E. Distributed onboard mission planning for multi-satellite systems[J]. Aerospace Science and Technology, 2019, 89: 111-122.

[125] HUA B, YANG G, WU Y, et al. Path planning of spacecraft cluster orbit reconstruction based on ALPIO[J]. Remote Sensing, 2022, 14(19): 4768.

[126] LONG J, WU S, HAN X, et al. Autonomous task planning method for multi-satellite system based on a hybrid genetic algorithm[J]. Aerospace, 2023, 10(1): 70.

[127] YUN K, CHOI C, ALIMO R, et al. Multi-agent motion planning using deep learning for space applications[C]. Accelerating Space Commerce, Exploration, and New Discovery (ASCEND 2020), Las Vegas, USA, 2020: 1-13.

[128] SABOL A, YUN K, ADIL M, et al. Machine learning based relative orbit transfer for swarm spacecraft motion planning[C]. 2022 IEEE Aerospace Conference, Big Sky, USA, 2022: 1-11.

[129] ZHU T H, QIAO D, HAN H. Artificial intelligence-assisted spacecraft swarm reconfiguration planning[C]. Proceedings of 2021 5th Chinese Conference on Swarm Intelligence and Cooperative Control, Shenzhen, China, 2022: 583-592.

[130] LI H B, ZONG Q, ZHANG X. Anti-collision trajectory planning for satellite formation reconstruction based on deep reinforcement learning[C]. 2022 41st Chinese Control Conference, Hefei, China, 2022: 4672-4677.

[131] LIU Y, CHEN Q, LI C, et al. Mission planning for earth observation satellite with competitive learning strategy[J]. Aerospace Science and Technology, 2021, 118: 107047.

第 3 章

群体动力学基础模型

群体行为与现象在自然界与社会中普遍存在，对研究群体系统的协同机制与工程应用具有重要意义。群体动力学是反映个体节点动态交互与群体行为自组织涌现的理论。群体系统的动力学由个体行为规则与局部信息交互产生，通过简单的个体行为规则与拓扑网络结构即可产生多种多样的自组织行为，涌现复杂的群体行为与智能集群。群体动力学的研究内容涉及统计物理、图论、复杂网络、多智能体系统与控制等多个领域与学科，是描述群体系统协同机制和实现群体系统复杂行为自主控制的理论基础。

本章首先介绍与群体动力学相关的基础知识，其次分别对自驱动粒子模型、引力/斥力势场模型、平均场模型进行介绍，最后结合群体系统协同控制问题介绍基于群体动力学的最优控制模型。其中，3.1 节介绍群体动力学基础知识；3.2 节对自驱动粒子模型进行介绍；3.3 节介绍引力/斥力势场模型；3.4 节针对大规模集群对平均场模型进行介绍；3.5 节介绍基于群体动力学的最优控制模型。

【学习要点】

- 掌握：①图论的基本概念与矩阵描述；②群体动力学模型的基本概念与构成要素；③自驱动粒子模型的一般形式与建模原理；④引力/斥力势场模型的基本概念与构成要素。
- 熟悉：①Boid 模型与 Vicsek 模型的建模原理与方法；②离散作用模型、连续介质模型的建模原理与方法；③平均场模型估计的基本概念与构成要素；④最优控制模型的基本概念与构成要素。
- 了解：①能够运用图论定义集群概念并描述集群行为；②集群行为涌现与演化的基本条件与基本概念；③作用势场模型的基本性质与结论；④平均场模型稳态解分析的基本思路与结论；⑤响应式控制模型与规划式控制模型的基本概念。

3.1 基 础 知 识

从系统与控制的角度出发，基于个体的局部信息感知与自主运动能力，群体系统动力学通过个体间的信息交互实现个体行为的自组织运动。当群体系统中的个体进入或离开传感与通信范围时，个体节点间的相互作用关系与通信拓扑动态变化，群体系统的拓扑结构随之改变。在群体动力学模型中，整体动态结构与个体交互规则的定量描述是研究复杂行为自组织涌现机制的分析框架与模型基础。图论与复杂网络能够描述群体系统中个体间作用机制与拓扑结构，是研究复杂群体系统中个体自组织运动与群体行为涌现的数学工具。本节介绍群体动力学在一般模型建立过程中相关的定义、引理与定理，并在展示结论时忽略所有证明过程，详细的矩阵论、代数图论与复杂网络知识可参考文献[1]~[3]。

3.1.1 图和网络的基本概念

一个系统的内在联系可以视为由个体节点基于某种连接机制构成的拓扑网络，能够运用图论方法实现系统中个体间作用关系、图上节点与节点间连边的一一映射。图与网络起源于18世纪欧拉对"哥尼斯堡七桥问题"的研究，本小节主要介绍图与网络的基本概念与定义。

定义 3-1 图由节点集合与联结节点的边集合构成，用三元组 $G=(V,E,\Psi)$ 表示。其中，记 $V=\{v_1,v_2,\cdots,v_n\}$ 为节点集合，记 $E=\{e_1,e_2,\cdots,e_m\}$ 为边集合，边的数目 m 表示图的阶数，$e_i=(v_j,v_k)$ 表示以节点 v_j、v_k 为端点的无向边，$e_i=\langle v_j,v_k\rangle$ 表示从始点 v_j 指向终点 v_k 的有向边，关联函数 $\Psi:E\to V\times V$ 表示边与节点之间的映射关系。

定义 3-2 记图 G 中节点与边的交替序列 $\Gamma=v_{i_0}e_{j_1}v_{i_1}e_{j_2}\cdots e_{j_l}v_{i_l}$，称 Γ 为从节点 v_{i_0} 到节点 v_{i_l} 的一条通路(有向路径)，其中节点 v_{i_0} 与节点 v_{i_l} 分别为对应通路的始点与终点。始点与终点重合的通路称为环，若环 $\Gamma=v_{i_0}e_{j_1}v_{i_1}$，则称 Γ 为自环。关联于同一条边的两个节点 v_{i_p}、$v_{i_{p+1}}$ 称为邻接节点，不与任何节点相连接的节点称为孤立节点，关联于同一节点的两条边 e_{i_q}、$e_{i_{q+1}}$ 称为邻接边。两个邻接节点间方向相同的若干条边称为重边，方向相反的两条有向边称为对称边。本章默认所有图均不含有自环与重边。

定义 3-3 若图中每条边都是无向边，则称图为无向图；若图中每条边都是有向边，则称图为有向图；若图中既存在有向边，又存在无向边，则称图为混合图。无环且无平行边的图称为简单图。若简单图 G 中任意两个节点 v_j、$v_k(j\neq k)$ 之间都有边相连，则称图 G 为完全图。若图 G 中任意两个节点 v_j、$v_k(j\neq k)$，从 v_j 到 v_k 和从 v_k 到 v_j 都存在一条通路，则称图 G 是强连通的。

定义 3-4 图 G 的邻接矩阵 $A(G)=[a_{ij}]$(简记为 A)的定义：当 $(v_j,v_i)\notin E$ 时，$a_{ij}=0$；当 $(v_j,v_i)\in E$ 时，$a_{ij}\neq 0$，其中 a_{ij} 表示边 $(v_j,v_i)\in E$ 的权值。若邻接矩阵没有给出对应实际意义的权值，当 $(v_j,v_i)\in E$ 时可设 $a_{ij}=1$，表示邻居节点之间存在相互作用关系；若邻接矩阵给出实际意义的权值，则称 A 为加权矩阵。对于无向图，$A=A^{\mathrm{T}}$，邻接矩阵为对称矩阵。

定义 3-5 图 G 中任一节点 v_i 与其相关联的边数称为节点 v_i 的度数，记作 $d_i=\deg(v_i)$。射入节点 v_i 的边数称为节点 v_i 的入度，记作 $\deg^-(v_i)$。射出节点 v_i 的边数称为节点 v_i 的出度，记作 $\deg^+(v_i)$。网络中节点度数服从的分布规律称为节点度分布，可以使用节点度分布函数 $P(k)$ 表示度数为 k 的节点出现的概率。

定义 3-6 对于一个 n 阶图 G, 邻接矩阵 $A=[a_{ij}]$, (入)度矩阵为对角矩阵 $D=\Delta(A)$, 其中 $d_{ij}=\sum_{i=1}^{n}a_{ij}$。图 G 的拉普拉斯矩阵 $L=D-A$, 具有特征向量 $\mathbf{1}_n=(1,1,\cdots,1)^T$。

引理 3-1[4] 若 G 是一个 n 阶无向图且具有非负邻接矩阵 $A=A^T$, 则有以下结论成立:

(1) L 是半正定矩阵, 满足平方和特性: $z^T L z = \frac{1}{2}\sum_{(i,j)\in\varepsilon}a_{ij}(z_j-z_i)^2, z\in \mathbf{R}^n$;

(2) G 有 $c\geqslant 1$ 个连通元素的充分必要条件是 $\mathrm{rank}(L)=n-c$, 特别地, G 是连通的充分必要条件是 $\mathrm{rank}(L)=n-1$;

(3) 若 G 是一个连通图, 则有 $\lambda_2(L)=\min_{z\perp \mathbf{1}_n}\frac{z^T L z}{\|z\|^2}>0$, 表示图的代数连通性。

3.1.2 基于图论的集群描述

群体系统中的个体分布与拓扑存在明显的空间结构次序, 能够根据个体间的空间距离与交互关系确定群体系统的邻近网络与群体构形。本小节结合图与网络的基本概念, 定义对应群体系统的网络拓扑与几何结构, 描述群体系统的典型状态与群体构形。

考虑群体系统为自洽系统:

$$\begin{cases} \dot{q}=p \\ \dot{p}=f(q,p) \end{cases} \tag{3-1}$$

在群体系统中, 考虑以群体系统质心 $q_c=\frac{1}{n}\sum_{i=1}^{n}q_i$ 为中心的移动坐标系, 集群个体在该移动坐标系中的位置与速度记为

$$\begin{cases} x_i=q_i-q_c \\ v_i=p_i-p_c \end{cases} \tag{3-2}$$

定义 3-7 设群体系统中个体节点间的交互范围为 $r>0$, 对应群体系统的集群拓扑邻近网络用 $G=(V,E,\Psi)$ 表示。其中, $V=\{v_1,v_2,\cdots,v_n\}$, 表示个体节点集合; $E=\{e_1,e_2,\cdots,e_m\}$, 表示联结节点的边集合, $e_i=(v_j,v_k)$ 表示以节点 v_j、v_k 为端点的无向边; 关联函数 $\Psi(q):E\to V\times V:\|q_j-q_i\|<r$, 表示边与节点间的对应关系。若无特殊说明, 本章默认群体系统的集群拓扑网络为无向图。

定义 3-8[4] 为构造群的光滑集体势和邻近网络的空间邻接矩阵, 定义非负映射 σ-范数为 $\|z\|_\sigma=\frac{1}{\varepsilon}\left(\sqrt{1+\varepsilon\|z\|^2}-1\right)$。

定义 3-9[4] 图 G 中任一节点 v_i 的邻居集合定义为 $\mathcal{N}=\{v_j\in V|a_{ij}\neq 0\}$。记群体系统中个体节点间的交互范围为 $r>0$, 则个体的空间邻居集合定义为 $\mathcal{N}=\{v_j\in V:\|q_j-q_i\|_\sigma<r\}$。其中, q 为对应邻近网络 G 上个体节点配置的群体构形。若构形 q 满足 $\|q_j-q_i\|_\sigma=d, \forall j\in\mathcal{N}_i$,

则称群体系统的几何构形为α-晶格。

定义 3-10 设$[\boldsymbol{q}(\cdot),\boldsymbol{p}(\cdot)]:t\mapsto R^{mn}\times R^{mn}$为群体系统在时间区间$[t_0,t_f]$的状态轨迹，若对于任意$t\in[t_0,t_f]$存在一个半径$R>0$的球体以$\boldsymbol{q}_c(t)=\frac{1}{n}\sum_{i=1}^{n}\boldsymbol{q}_i$为中心包含所有集群个体，即存在$R>0:\|\boldsymbol{q}(t)\|\leqslant R,\forall t\in[t_0,t_f]$，则称群体系统为集聚群体。

定义 3-11[5] 设$[\boldsymbol{q}(\cdot),\boldsymbol{p}(\cdot)]:t\mapsto R^{mn}\times R^{mn}$为群体系统在时间区间$[t_0,t_f]$内的状态轨迹，群体系统为渐进集聚群体，当且仅当满足以下两个条件：

(1) 当$t\to\infty$时群体系统个体相对速度一致收敛：$\lim\limits_{t\to\infty}\max\limits_{1\leqslant i,j\leqslant N}\|\boldsymbol{v}_j(t)-\boldsymbol{v}_i(t)\|=0$。

(2) 群体系统个体相对距离一致有界：$\sup\limits_{0\leqslant t<\infty}\max\limits_{1\leqslant i,j\leqslant N}\|\boldsymbol{x}_j(t)-\boldsymbol{x}_i(t)\|<\infty$。

定义 3-12 集合M称为自治系统(3-1)的不变集，若$\boldsymbol{x}(0)\in M$，则对任意$t\in\mathbf{R}$都有$\boldsymbol{x}(t)\in M$。若$\boldsymbol{x}(0)\in M$对任意$t\geqslant 0$都有$\boldsymbol{x}(t)\in M$，则称集合M为正不变集。

定理 3-1 考虑自治系统(3-1)，令$W:\mathbf{R}^n\to\mathbf{R}$为连续可微函数，假设：

(1) 对于某一常量$c>0$，由$W(\boldsymbol{x})<c$定义的区域$\varOmega_c$是有界的；

(2) 对于任意$\boldsymbol{x}\in\varOmega_c$，$\dot{W}(\boldsymbol{x})\leqslant 0$。

令$S=\{\boldsymbol{x}\in\varOmega_c:\dot{W}(\boldsymbol{x})=0\}$，且$M$是$S$中的最大不变集，则当$t\to\infty$时，由$\varOmega_c$中的点出发的每个解$\boldsymbol{x}(t)$趋近于$M$。

定理 3-2 若系统(3-1)中$W:\mathbf{R}^n\to\mathbf{R}$是连续可微的，假设：

(1) 对于任意$\boldsymbol{x}\in\mathbf{R}^n$，$\dot{W}(\boldsymbol{x})\leqslant 0$；

(2) $\|\boldsymbol{x}\|\to\infty$，$W(\boldsymbol{x})\to\infty$。

令$S=\{\boldsymbol{x}\in\varOmega_c:\dot{W}(\boldsymbol{x})=0\}$，且$M$是$S$中的最大不变集，则当$t\to\infty$时，所有解$\boldsymbol{x}(t)$全局渐近收敛于$M$。特别地，如果$M$不包含除$\boldsymbol{x}=\boldsymbol{0}$外的不变集，那么$\boldsymbol{0}$是渐进稳定的。

定理 3-3[4] 设$\varOmega_c=\{(x,v):H(x,v)\leqslant c\}$为群体系统的一个哈密顿集，若对于任意始于$\varOmega_c$的解，$\forall t\geqslant 0$群体系统中的个体能够形成集聚群体，则有以下结论成立：

(1) 几乎所有群体系统的结构动力学解都能够收敛到一个平衡点$(x^*,0)$，其中x^*对应的群体构形满足α-晶格构形；

(2) 所有智能体能够以相同的速度渐进移动。

3.2 自驱动粒子模型

群体动力学模型描述了群体系统中连通拓扑的个体在相互作用影响下涌现复杂集群行为的过程与机理。集群行为的建模问题早期在生物学领域展开研究，通过收集大量真实生物群体的行为状态演化数据，分析群体系统整体内部结构机理与集群个体间的动力学响应关系。针对不同生物群体，生物学家提出了不同集群内部拓扑关系与相互作用规则。实验物理学家在生物群体行为的研究基础上抽象出自驱动粒子的动力学模型，结合统计理论进一步研究生物群体运动现象，使空间中随机散布的集群系统个体在一定时间内实现运动状态的同步与一致，实现群体系统在宏观层面上复杂集群行为的涌现。

3.2.1 Boid 模型

Boid 模型于 1987 年由 Reynolds[6]提出，用来模拟生物群体的群体行为。Reynolds 认为生物群体的群体行为是每个集群个体行为直接相互作用的结果，通过构建个体间交互作用的群体模型能够实现对集群整体行为的再现。对此，Reynolds 在粒子系统的基础上假设粒子个体间存在相互作用，总结了实现生物群体个体自驱动行为的三条基本规则，如图 3-1 所示。

(a) 避撞　　(b) 速度匹配　　(c) 集聚

图 3-1　Boid 模型基本规则示意图

(1) 避撞(collision avoidance)：粒子个体在运动过程中避免与邻近粒子个体碰撞。

(2) 速度匹配(velocity matching)：粒子个体与所有邻近个体的平均运动速度匹配。

(3) 集聚(flocking)：粒子个体向所有邻近个体的平均位置(质心)运动，与邻近个体保持相对较近的距离。

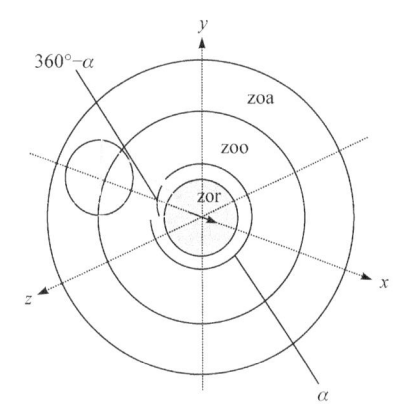

图 3-2　Boid 模型个体作用区域示意图
α 为个体感知视野的角度

基于上述规则，Boid 模型将生物群体抽象成相互作用的粒子群体系统，很好地解释了鸟群与鱼群的群聚、同步与涡旋等群体行为现象，揭示了群体系统复杂集群行为的内在机理与作用机制。对此，Couzin 等[7]依据 Boid 模型的三条基本规则提出了个体间相互作用所存在的三个区域，包括排斥区域(zone of repulsion，zor)、定向区域(zone of orientation，zoo)、吸引区域(zone of attraction，zoa)，如图 3-2 所示。

当某个体的排斥区域存在邻近个体时，该个体需要满足 Boid 模型中的避撞规则，远离邻近个体以避免发生碰撞。设 t 时刻个体 i 的排斥区域有 $n_r > 0$ 个邻近个体，$\boldsymbol{q}$ 为对应个体的空间位置向量，则个体 i 在邻近个体排斥作用影响下在 $t+\tau$ 时刻的位移 $\boldsymbol{d}_i$ 为

$$\boldsymbol{d}_i(t+\tau) = -\sum_{j=1, j\neq i}^{n_r} \frac{\boldsymbol{q}_j(t)-\boldsymbol{q}_i(t)}{\|\boldsymbol{q}_j(t)-\boldsymbol{q}_i(t)\|} \tag{3-3}$$

当个体的排斥区域不存在邻近个体时，个体受到定向区域与吸引区域的其他邻近个体的影响，分别满足 Boid 模型中的速度匹配规则与集聚规则，向其他邻近个体的平均位

置(质心)运动并保持一致的速度方向。设 t 时刻个体 i 的定向区域和吸引区域内的其他邻近个体数目分别为 n_o 和 n_a，则个体 i 在邻近个体速度匹配与集聚作用影响下的位移分量 $\boldsymbol{d}_o$、$\boldsymbol{d}_a$ 分别为

$$\boldsymbol{d}_o(t+\tau) = \sum_{j=1, j\neq i}^{n_o} \frac{\boldsymbol{q}_j(t) - \boldsymbol{q}_i(t)}{\|\boldsymbol{q}_j(t) - \boldsymbol{q}_i(t)\|} \tag{3-4}$$

$$\boldsymbol{d}_a(t+\tau) = \sum_{j=1, j\neq i}^{n_a} \frac{\boldsymbol{q}_j(t) - \boldsymbol{q}_i(t)}{\|\boldsymbol{q}_j(t) - \boldsymbol{q}_i(t)\|} \tag{3-5}$$

若 $n_o > 0, n_a > 0$，个体的定向区域和吸引区域内存在邻近个体，对应个体 i 在 $t+\tau$ 时刻的位移 $\boldsymbol{d}_i(t+\tau) = \frac{1}{2}\left[\boldsymbol{d}_o(t+\tau) + \boldsymbol{d}_a(t+\tau)\right]$；若 $n_o = 0$，则个体的定向区域内不存在邻近个体，对应个体 i 在 $t+\tau$ 时刻的位移 $\boldsymbol{d}_i(t+\tau) = \boldsymbol{d}_a(t+\tau)$；若 $n_a = 0$，则个体的吸引区域内不存在邻近个体，则个体 i 在 $t+\tau$ 时刻的位移 $\boldsymbol{d}_i(t+\tau) = \boldsymbol{d}_o(t+\tau)$。特别地，若个体的排斥区域、定向区域与吸引区域都不存在邻近个体，则个体保持上一时刻的速度大小与方向继续运动。

通过调整 Boid 模型中个体间相互作用所存在的区域，群体系统涌现出不同的复杂集群行为，如图 3-3 所示。当群体系统中个体的定向区域较小时，群体系统更容易形成蜂拥集聚的集群行为，集群个体在速度方向上的一致性程度较低；当集群系统中个体的定向区域相对较小且吸引区域相对较大时，群体系统更容易形成涡旋盘绕的群体行为，集群个体与邻近个体在速度方向上的一致性程度较高；当集群系统中个体的吸引区域保持不变且定向区域相对较大时，群体系统更容易形成速度匹配、运动状态高度一致的群体行为。

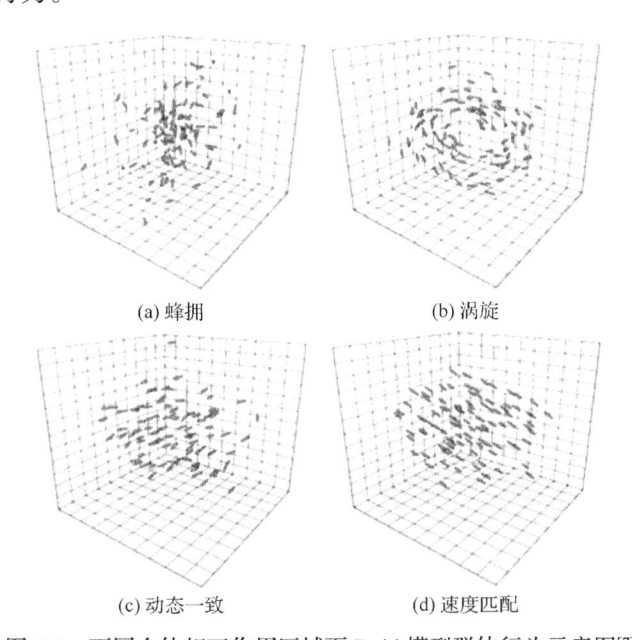

(a) 蜂拥　　(b) 涡旋

(c) 动态一致　　(d) 速度匹配

图 3-3　不同个体相互作用区域下 Boid 模型群体行为示意图[7]

3.2.2 Vicsek 模型

Vicsek 模型于 1995 年由 Vicsek 等[8]提出,从统计力学的角度出发研究群体系统中个体运动状态达到一致的集群行为涌现条件与机理。Vicsek 模型在 Boid 模型的基础上将群体系统个体的自组织规则进一步简化为最近邻规则(nearest neighbor rule)。假设群体系统中个体的运动速度大小相同且具有全局视野,以当前时刻半径 $r>0$ 的圆形邻域内全部邻近个体的平均速度方向作为下一时刻的运动方向 θ,对应群体动力学方程如式(3-6)所示。

$$\begin{cases} \boldsymbol{q}(t+1) = \boldsymbol{q}(t+1) + \boldsymbol{v}(t+1) \cdot \tau \\ \theta(t+1) = \arctan \frac{\sin\theta(t)}{\cos\theta(t)} + \Delta\theta \end{cases} \tag{3-6}$$

式中,$\Delta\theta$ 为个体确定运动方向时服从 $[-\eta/2, \eta/2]$ 平均分布的随机噪声。

通过调整 Vicsek 模型中群体系统的集群密度与噪声参数,群体系统涌现出不同的复杂集群行为,如图 3-4 所示。群体系统初始时刻在二维平面内随机运动;当群体系统的集群密度与噪声参数较小时,群体系统分成若干个小型团簇,群体系统局部分簇运动状态的极化程度较高,但群体系统全局运动状态的一致性程度较低;当群体系统的集群密度与噪声参数较大时,群体系统整体呈现出关联运动行为,群体系统的一致性与极化程度较低;当群体系统的集群密度较大且噪声参数较小时,群体系统整体呈现出速度方向一致的运动状态,群体系统全局运动状态的一致性与极化程度较高。

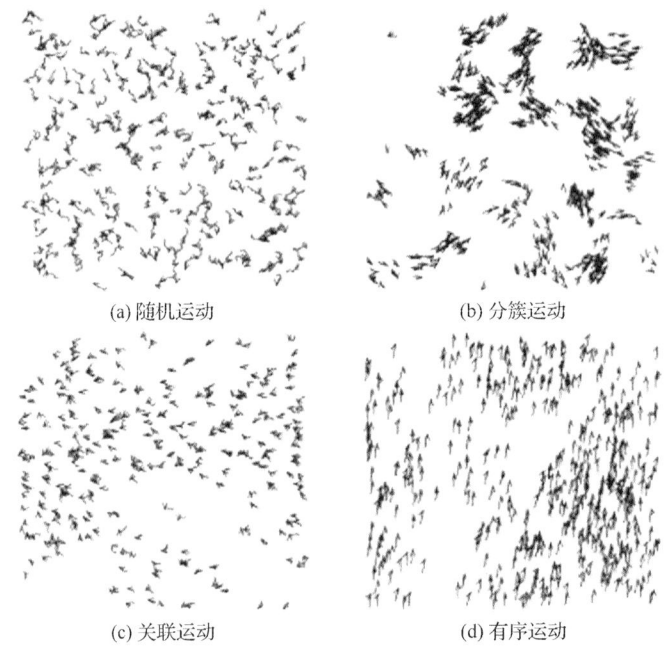

(a) 随机运动　　　　　　　　(b) 分簇运动

(c) 关联运动　　　　　　　　(d) 有序运动

图 3-4　不同集群密度与噪声参数下 Vicsek 模型群体行为示意图[8]

为进一步揭示群体系统复杂集群行为涌现与演化机理,Vicsek 等进一步设计了群体系统整体极化程度的一致性序参数 v_a,如式(3-7)所示,描述了群体系统在动态演化过程中的整体运动状态与复杂集群行为的一致性程度。当 v_a 越大时,群体系统中个体间的速度差异越小，且 v_a 越接近 1，群体系统中的个体运动越接近同步状态。

$$v_a = \frac{1}{N}\sqrt{\left(\sum_{i=1}^{n}\cos\theta_i(t)\right)^2 + \left(\sum_{i=1}^{n}\sin\theta_i(t)\right)^2} \tag{3-7}$$

结合一致性序参数，Vicsek 模型能够进一步揭示群体系统演化过程中个体间局部信息交互与作用机制，明确群体规模与噪声参数对复杂集群行为涌现的影响，找出对应复杂集群行为涌现的充分条件与参数边界。当集群密度 ρ 一定时，随着噪声参数 η 的增大，一致性序参数 v_a 减小，即存在一个临界噪声参数 η_c 使得一致性序参数为 0；同理，当噪声参数 η 一定时，随着集群密度 ρ 的增大，一致性序参数 v_a 增大，即存在一个临界集群密度 ρ_c 使得一致性序参数为 0，由此可以明确群体系统形成一致性集群行为的模型临界参数边界条件，如图 3-5 所示。

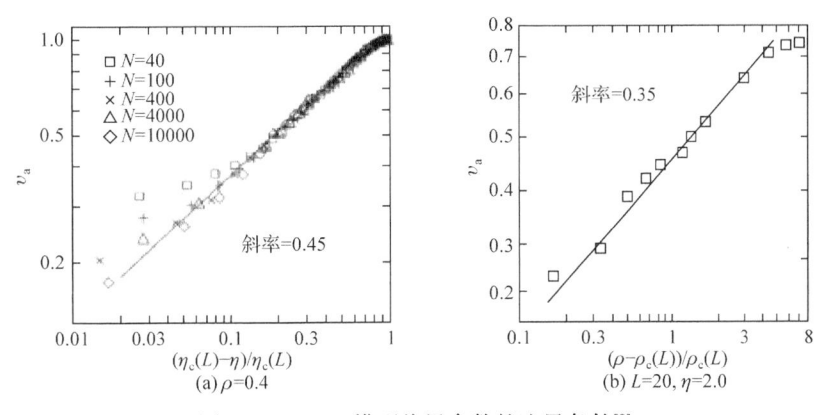

图 3-5 Vicsek 模型临界参数的边界条件[8]

η_c 为定义的临界噪声参数；L 为群体系统中个体所在正方形区域的边长

Vicsek 模型通过忽略生物个体的自身运动性差异与集群运动整体的结构性差异，将复杂群体系统抽象为简单自驱动粒子系统，为群体系统集聚、同步与极化等现象的研究提供了基础模型与研究范式。在此基础上，通过结合个体的运动与交互特点设计群体系统的相互作用形式与网络拓扑结构改进 Vicsek 模型，包括有限视场模型、随机视线方向模型、拓扑距离交互模型等，如图 3-6 所示。改进后的 Vicsek 模型更接近实际生物或人工群体系统的动力学过程，从而实现群体系统从复杂集群行为的结果涌现到群体系统同步收敛的性能提升。

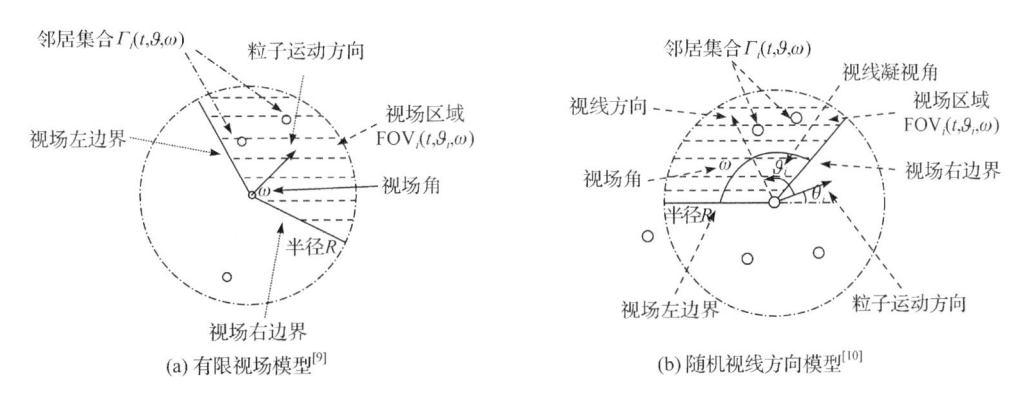

(a) 有限视场模型[9]

(b) 随机视线方向模型[10]

(c) 固定邻居范围拓扑距离交互模型[11]　　　　(d) 固定邻居数量拓扑距离交互模型[11]

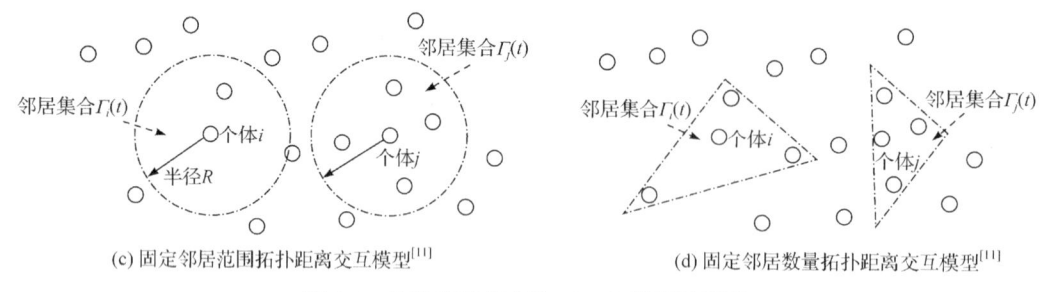

图 3-6　几类典型的改进 Vicsek 模型示意图

3.2.3　Cucker-Smale 模型

Cucker-Smale 模型于 2007 年由 Cucker 等[12]提出，在 Vicsek 模型的基础上进一步明确了群体系统的个体信息交互形式与相互作用机制。假设群体系统中个体的初始运动方向相同且运动速度大小不同，对应群体动力学方程如式(3-8)所示。

$$\begin{cases} \dot{\boldsymbol{x}}_i = \boldsymbol{v}_i(t), \quad i=1,2,\cdots,N, \quad t>0 \\ \dot{\boldsymbol{v}}_i(t) = \dfrac{\kappa}{N}\sum_{j=1}^{N}\psi\bigl(\|\boldsymbol{x}_i(t)-\boldsymbol{x}_j(t)\|\bigr)\bigl(\boldsymbol{v}_i(t)-\boldsymbol{v}_j(t)\bigr) \end{cases} \quad (3\text{-}8)$$

式中，κ 表示个体间相互作用的耦合强度；ψ 表示个体间信息交互时的通信权重函数。在此基础上，许多基于 Cucker-Smale 模型的变形模型相继被提出，为研究分析群体系统中复杂集群行为涌现、演化的边界条件与内在机理提供了理论框架与研究范式。本小节主要介绍 Cucker-Smale 模型的基本性质与结论。

引理 3-2　假设 $\{x_i(t), v_i(t)\}$ 是 Cucker-Smale 系统(3-8)的解，则有以下结论：

(1) Cucker-Smale 系统(3-8)是伽利略不变的，对于 $\forall c \in \mathbb{R}$ 都有 $(x_i, v_i) \to (x_i + tc, v_i + c)$。

(2) Cucker-Smale 系统(3-8)的总动量守恒，且系统质心匀速运动，即

$$\sum_{j=1}^{N} v_i(t) = \sum_{j=1}^{N} v_i^0, \quad \sum_{j=1}^{N} x_i(t) = \sum_{j=1}^{N} x_i^0 + t\sum_{j=1}^{N} v_i^0, \quad t \geq 0$$

定义 3-13[13]　给定初始值 $Z^0 = (X^0, V^0)$，非负常数 $K_c = K_c(Z^0)$ 是系统(3-8)渐进集聚群体行为涌现的临界耦合强度，当且仅当满足以下两个条件：

(1) 如果 $K > K_c$，则系统渐进趋向于集聚群体状态；

(2) 如果 $K \leq K_c$，则系统不会渐进趋向于集聚群体状态；

定理 3-4[13]　假设 $\{x_i(t), v_i(t)\}$ 是 Cucker-Smale 系统(3-8)的解，通信权重函数 $\psi = \psi_i (i = 1, 2)$，其中

$$\psi_1(s) = \frac{\alpha}{s^\beta}, \quad \psi_2(s) = \frac{\alpha}{(1+s^2)^{\frac{\beta}{2}}}, \quad \alpha > 0, \quad \beta \in [0,1]$$

则存在不依赖于时间 t 的常数 $x_m \geq 0$ 和 $x_M \geq 0$ 使得

$$x_m \leq \|X(t)\| \leq x_M, \quad \|V(t)\| \leq \|V^0\| e^{-\frac{\kappa}{N}\psi(2x_M)t}, \quad t \geq 0$$

定理 3-5[13]　假设 $\{x_i(t), v_i(t)\}$ 是 Cucker-Smale 系统(3-8)初始值 $\|X^0\| \neq 0$ 时的解，通信权重函数 $\psi = \psi_i (i = 1, 2)$，其中

$$\psi_1(s) = \frac{\alpha}{s^\beta}, \quad \psi_2(s) = \frac{\alpha}{(1+s^2)^{\frac{\beta}{2}}}, \quad \alpha > 0, \quad \beta \in [0, 1]$$

若初始值 $Z^0 = (X^0, V^0)$ 满足：

$$\begin{cases} \|V^0\| \leqslant \dfrac{\alpha \kappa}{2N(\beta-1)}\left(2\|X^0\|\right)^{1-\beta}, & \psi = \psi_1 \\ \|V^0\| \leqslant \dfrac{\alpha \kappa}{2N(\beta-1)}\left(1 + 2\|X^0\|^2\right)^{\frac{1-\beta}{2}}, & \psi = \psi_2 \end{cases}$$

则存在不依赖于时间 t 的常数 $x_m \geqslant 0$ 和 $x_M \geqslant 0$ 使得

$$x_m \leqslant \|X(t)\| \leqslant x_M, \quad \|V(t)\| \leqslant \|V^0\| e^{-\frac{\kappa}{N}\psi(2x_M)t}, \quad t \geqslant 0$$

定理 3-6[14]　当 $0 < \beta < 1$ 时，一阶 Cucker-Smale 模型存在唯一的 C^1 解。假设群体系统的初始状态满足 $\sum_{i=1}^{N} x_i^0 = 0$，$\sum_{i=1}^{N} v_i^0 = 0$，则对于任意两个满足 $x_i^0 < x_j^0$ 的个体有以下结论成立：

(1) 存在正常数 C'_{m_1} 与 C'_{M_1} 使得个体间相对距离有上下界：

$$\begin{cases} \lim_{t \to \infty} |x_i(t) - x_j(t)| \geqslant C'_{m_1} \\ |x_i(t) - x_j(t)| \leqslant C'_{M_1}, \quad 1 \leqslant i \neq j \leqslant N, \quad t \geqslant 0 \end{cases}$$

(2) 群体系统一定能收敛于集聚状态，即存在平衡态 $X^\infty = (x_1^\infty, x_2^\infty, \cdots, x_N^\infty)$ 使得

$$|X(t) - X^\infty| \leqslant C e^{-\kappa \psi(C'_{M_1}) t}$$

推论 3-1　当 $0 < \beta < 1$ 时，对于一般的初始值 (X^0, V^0)，二阶模型(3-8)存在时间 T 内唯一的解，即 $(X(t), V(t)) \in \left(\left(C^1[0,T]\right)^N, \left(C^1[0,T]\right)^N \right)$。若群体系统的初始状态满足 $\sum_{i=1}^{N} x_i^0 = 0$，$\sum_{i=1}^{N} v_i^0 = 0$，则定理 3-6 中的所有结论仍然成立。

定理 3-7[14]　当 $\beta > 1$ 时，设一阶模型(3-8)存在解 X，且群体系统初始状态满足以下性质：

$$\sum_{i=1}^{N} x_i^0 = 0, \quad \sum_{i=1}^{N} v_i^0 = 0, \quad x_i^0 \neq x_j^0, \quad 1 \leqslant i \neq j \leqslant N$$

则存在一个正常数 C_m 使得任意两个个体间的最小相对距离是从下一致有界的，即

$$D_1(t) = \min_{i,j}|x_i(t) - x_j(t)| \geq C_m, \quad t \geq 0$$

定理 3-8[14] 当 $\beta > 1$ 时，若二阶模型(3-8)存在解 X 且系统初始状态满足：

$$\sum_{i=1}^{N} x_i^0 = 0, \quad \sum_{i=1}^{N} v_i^0 = 0, \quad x_i^0 \neq x_j^0, \quad 1 \leq i \neq j \leq N$$

则有以下结论成立：

(1) 二阶模型(3-8)中 p 个集群形成渐进集聚群体的充分必要条件为当且仅当对应一阶模型中 p 个集群形成渐进集聚群体；

(2) 存在一个正常数 κ_c 使得

$$\begin{cases} \text{单集群形成,} & \kappa \in (\kappa_c, \infty) \\ \text{多集群形成,} & \kappa \in (0, \kappa_c] \end{cases}$$

3.3 引力/斥力势场模型

在生物群体系统与自驱动粒子模型的研究基础上，复杂集群行为涌现的内在机理与作用机制普遍被认为是个体间长距离吸引与短距离排斥的相互作用结果。引力/斥力势场模型从工程学的角度描述了基于有界相互作用力函数的各向同性相互作用机制，通过遵循"远则吸引，近则排斥"的相互作用规则实现有限时间内群体系统的集聚群体行为。引力/斥力势场模型在明确群体系统个体运动与控制关系的基础上，将生物群体行为与自驱动粒子模型等理论研究成果应用于人工集群，为智能个体行为与群体协同控制的实际应用提供理论支撑。

3.3.1 离散作用模型

引力/斥力势场模型在 Cucker-Smale 模型个体信息交互形式与相互作用机制的基础上进一步引入了描述个体间引力与斥力的作用势场函数 K。假设群体系统中个体 i 的位置与速度记为 (x_i, v_i)，则对应群体系统的群体动力学离散作用模型如式(3-9)所示。

$$\begin{cases} \dot{x}_i = v_i(t), \quad i = 1, 2, \cdots, N, \quad t > 0 \\ \dot{v}_i(t) = \frac{\kappa}{N} \sum_{j=1}^{N} \psi\left(\|x_i(t) - x_j(t)\|\right)\left(v_i(t) - v_j(t)\right) - \frac{\kappa}{N} \sum_{j=1, j \neq i}^{N} \nabla K\left(x_i(t) - x_j(t)\right) \end{cases} \quad (3-9)$$

引力/斥力势场模型中假设作用势场函数 K 径向对称，当个体间相对距离较小时产生斥力，当相对距离较大时产生引力，且引力大小随着距离增大先增大后衰减，易知存在个体间相对距离使得对应个体间相互作用为零，此时群体系统进行匀速直线运动并处于平衡状态。

定义 3-14 若 $\{\hat{x}_i(t), \hat{v}_i(t)\}$ 满足 $\sum_{j=1, j \neq i}^{N} \nabla K\left(\hat{x}_i(t) - \hat{x}_j(t)\right) = 0$，则称 $\{\hat{x}_i(t), \hat{v}_i(t)\}$ 是引力/斥力势场模型(3-9)的一个平衡解 $(x_i(t), v_i(t)) = (\hat{x}_i(t) - tm_0, m_0)$，即群体系统中全部个体

以速度 $m_0 \in \mathbf{R}$ 进行匀速直线运动。

定理 3-9[15]　假设 $(\boldsymbol{x}_i, \boldsymbol{v}_i)$ 为离散作用模型(3-9)全局域上的光滑解，集群个体间的最大相对距离和最大相对速度分别为 $R^x(t) = \max\limits_{1 \leq i,j \leq N} |\boldsymbol{x}_i(t) - \boldsymbol{x}_j(t)|$ 和 $R^v(t) = \max\limits_{1 \leq i,j \leq N} |\boldsymbol{v}_i(t) - \boldsymbol{v}_j(t)|$，记 $R^v(0) = \int_{R^x(0)}^{\tilde{R}} \psi(s) \mathrm{d}s$，则有以下结论：

(1) 若 $0 \leq \beta \leq 1$，则群体系统无条件收敛于速度一致有界的群体集聚状态，即

$$R^v(0) \cdot \mathrm{e}^{-t} \leq R^v(t) \leq R^v(0) \cdot \mathrm{e}^{-\psi(\tilde{R})t}$$

(2) 若 $\beta > 1$，则当且仅当系统初始条件满足 $R^v(0) < \int_{R^x(0)}^{\tilde{R}} \psi(s) \mathrm{d}s$ 时，群体系统收敛于速度一致有界的群体集聚状态。

针对上述结论，图 3-7 给出了对应离散作用模型(3-9)不同参数值 β 的集群行为涌现与演化结果。群体系统在初始时刻处于随机状态(图 3-7(a))，当 $\beta = 0.8$ 时，群体系统收敛于速度一致有界的群体集聚状态(图 3-7(b))；当 $\beta = 1.05$ 时，$R^v(0) = 12.25 < \int_{R^x(0)}^{\tilde{R}} \psi(s) \mathrm{d}s =$

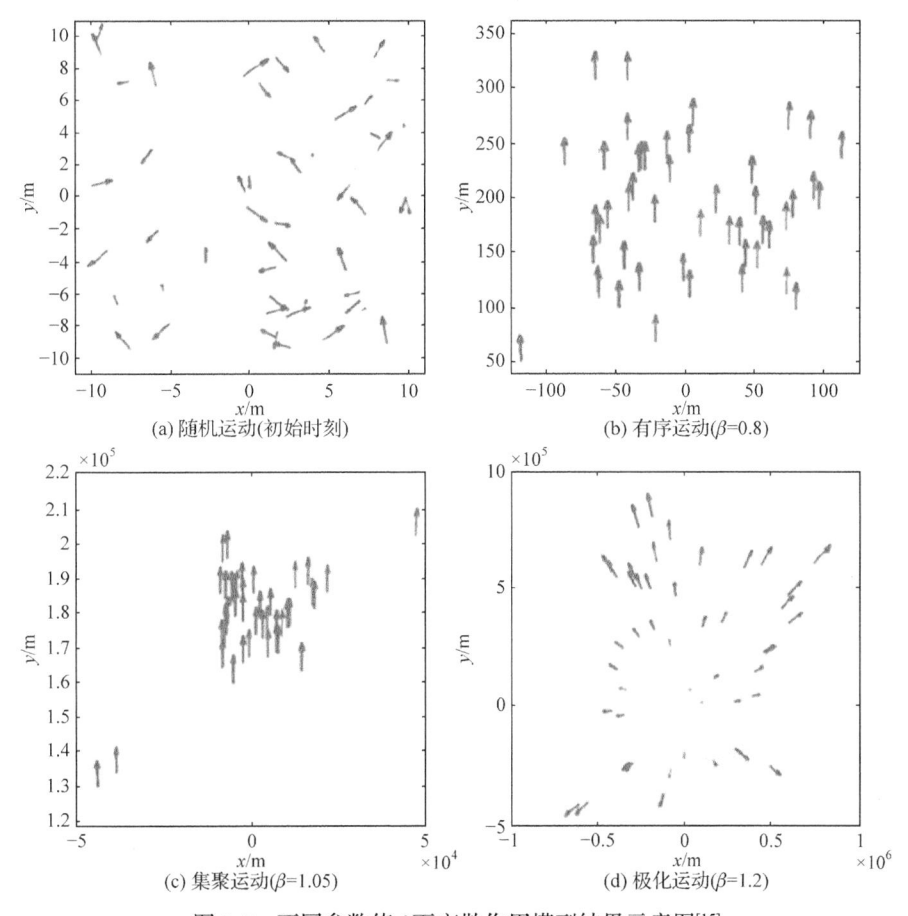

图 3-7　不同参数值 β 下离散作用模型结果示意图[15]

16.43，群体系统收敛于速度一致有界的群体集聚状态(图 3-7(c))；当 $\beta=1.2$ 时，$R^v(0) =$ 12.25 $< \int_{R^x(0)}^{\bar{R}} \psi(s)\mathrm{d}s = 2.6$，群体系统涌现出极化运动的发散状态(图 3-7(d))。

3.3.2 连续介质模型

随着群体系统规模的增大，对应群体动力学微分方程组求解困难，通常采用连续介质模型描述群体系统在宏观密度与运动速度的流体特征。对于二阶系统的离散作用模型(3-9)，将 Cucker-Smale 模型通信权重函数替换成相互作用中的摩擦项，且并入作用势场函数 K，则对应群体系统的群体动力学模型改写成如下微分方程组：

$$\frac{\mathrm{d}}{\mathrm{d}t}\boldsymbol{x}_i = -\frac{\kappa}{N}\sum_{j=1,j\neq i}^{N}\nabla K\big(\boldsymbol{x}_i(t)-\boldsymbol{x}_j(t)\big), \quad i=1,2,\cdots,N \tag{3-10}$$

假设群体系统中个体空间位置的连续概率密度为 ρ，对应定义 3-13 中群体系统的平衡状态即满足 $\nabla K * \rho = 0$。对于简化后的二阶系统离散模型(3-10)，当群体系统规模 $N \to \infty$ 时，对应群体系统个体质量密度演化的聚合方程[15]如式(3-11)所示。

$$\rho_t = \nabla \cdot (\rho \nabla K * \rho) \tag{3-11}$$

式中，∇ 表示求梯度。

同理，假设群体系统的密度分布函数 $f = f(x,v,t)$，二阶系统离散作用模型(3-9)可改写成对应群体系统群体动力学的介观描述[16]，如式(3-12)所示。

$$\begin{cases} \partial_t f + v \cdot \nabla_x f + \nabla_v \cdot \big[F(f)f - (\nabla_x K * \rho)f\big] = 0, \quad t > 0 \\ F(f) = \int \psi(x-y)(w-y)f(y,w,t)\mathrm{d}y\mathrm{d}w \\ \rho(x,t) = \int f(x,y,t)\mathrm{d}v \end{cases} \tag{3-12}$$

在群体系统介观描述的基础上结合流体力学的封闭性假设与连续介质假设，记对应群体系统连续介质的平均速度为 $\rho(x,t)u(x,t) = \int v \cdot f(x,y,t)\mathrm{d}v$，假设群体系统的密度分布函数与单质点的动力学函数相差不大，即 $f(x,y,t) \approx \rho(x,t)\delta[v-u(x,t)]$，记群体系统的初始状态为 $(\rho(\cdot,t),u(\cdot,t))|_{t=0} = (\rho_0,u_0)$，则群体系统的群体动力学连续介质模型[15]如式(3-13)所示。

$$\begin{cases} \partial_t \rho + \partial_x (\rho u) = 0, \quad t > 0 \\ \partial_t (\rho u) + \partial_x (\rho u \otimes u) = \rho \Big(\int \psi(x-y)(u(y)-u(x))\rho(y)\mathrm{d}y - \nabla(K*\rho)\Big) \end{cases} \tag{3-13}$$

定义 3-15[17]　临界阈值是划分连续介质模型中群体行为的边界条件，用于判断区域内系统是否存在收敛于速度一致有界的群体集聚状态的全局解。解在有限时间内爆破的区域称为超临界区域，解在时间上全局存在的区域称为亚临界区域。

定理 3-10[17]　假设 (ρ,u) 为连续介质模型(3-13)在 $K=0$ 时的一个古典解，记初始状态为 $(\rho(\cdot,t),u(\cdot,t))|_{t=0} = (\rho_0,u_0)$。若 $\forall x$ 都有 $\partial_x u_0(x) \geqslant -\psi * \rho_0(x)$，则系统存在全局古典解且

该区域即为亚临界区域；若$\exists x$使得$\partial_x u_0(x) < -\psi * \rho_0(x)$，则系统存在解在有限时间内爆破，且爆破发生在同一位置的密度的梯度和散度值的无限负斜率上，该区域即为超临界区域。

针对上述结论，假设系统初始状态为$(\rho_i(0), u_i(0)) = \left(\dfrac{1}{\gamma}\cos\left(\pi\dfrac{x_i(0)}{1.5}\right), -c\sin\left(\pi\dfrac{x_i(0)}{1.5}\right)\right)$，其中，常数$\gamma$为对应群体系统个体质量分布的固定参数，常数$c$为不同初始条件下的变化参数。图 3-8 为典型参数下亚临界区域与超临界区域示意图。

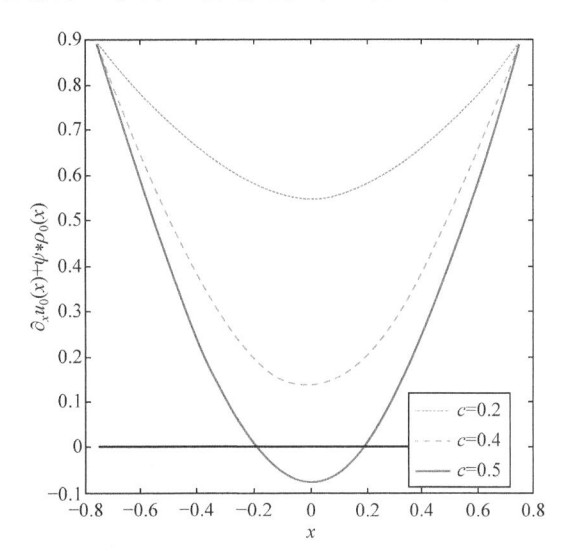

图 3-8 典型参数下亚临界区域与超临界区域示意图[15]

3.3.3 作用势场模型

引力/斥力势场模型的离散作用形式与连续介质形式分别从微观与宏观的角度描述了群体系统中群体行为涌现与演化过程。通过设计作用势场函数对应群体系统中个体"远则吸引，近则排斥"的相互作用规则，结合流体力学的基本假设，将 Cucker-Smale 模型从微观的质点动力学模型向宏观的大规模群体系统进行推广，为研究分析大规模群体系统中复杂集群行为的宏观密度与运动速度等流体特征提供了理论框架。本小节针对典型势场函数介绍作用势场模型的基本性质与结论。

针对一维势场函数$K(x) = k|x|$，当$k > 0$时，作用势场函数表示为引力势场；当$k < 0$时，作用势场函数表示为斥力势场。特别地，当$k = \pm 0.5$时，作用势场函数表示牛顿引力场的势场函数。一维势场函数下的群体动力学作用势场函数模型[15]如式(3-14)所示。

$$\begin{cases} \partial_t \rho + \partial_x(\rho u) = 0, \quad t > 0 \\ \partial_t(\rho u) + \partial_x(\rho u^2) = \rho \int \psi(x-y)(u(y) - u(x))\rho(y)\mathrm{d}y - \rho(\nabla K * \rho) \end{cases} \quad (3\text{-}14)$$

定理 3-11[17] 假设(ρ, u)为群体系统动力学作用势场模型(3-14)的解，记初始状态为$(\rho(\cdot, t), u(\cdot, t))|_{t=0} = (\rho_0, u_0)$，则有以下结论：

(1) 当 $k>0$ 时，作用势场函数表示为引力势场，无论初始条件如何，群体系统动力学方程(3-13)的解在有限时间内爆破；

(2) 当 $k<0$ 时，作用势场函数表示为斥力势场，群体系统动力学方程(3-13)的解存在临界阈值来划分超临界区域与亚临界区域。若 $\forall x$ 都有 $\partial_x u_0(x) \geq -\psi * \rho_0(x) + \sigma_+(x)$，则系统存在全局古典解且该区域即为亚临界区域。其中，当 $\rho_0(x)=0$ 时，$\sigma_+(x)=0$；当 $\rho_0(x) \neq 0$ 时，$\sigma_+(x)$ 为方程(3-15)的唯一负根。若 $\exists x$ 使得 $\partial_x u_0(x) < -\psi * \rho_0(x) + \sigma_-(x)$，$\sigma_- = -\sqrt{-4k\rho_0(x)}$，则系统存在解在有限时间内爆破且该区域即为超临界区域。

$$\rho_0^{-1}(x) - \frac{1}{\psi^2}\left(2k + \frac{\psi\sigma_+(x)}{\rho_0(x)} - 2k e^{\frac{\psi\sigma_+(x)}{2k\rho_0(x)}}\right) = 0, \quad \rho_0(x) > 0 \quad (3\text{-}15)$$

推论 3-2 假设 (ρ,u) 为群体系统动力学方程(3-15)在 $\psi \equiv 1$ 且 $k<0$ 时的解，若 $\forall x$ 都有 $\partial_x u_0(x) \geq -\|\rho_0\|_{L^1} + \sigma(x)$，则系统存在全局古典解且该区域即为亚临界区域。若 $\exists x$ 使得 $\partial_x u_0(x) < -\|\rho_0\|_{L^1} + \sigma(x)$，则系统存在解在有限时间内爆破。其中，当 $\rho_0(x)=0$ 时，$\sigma(x)=0$；当 $\rho_0(x) \neq 0$ 时，$\sigma(x)$ 为方程(3-16)的唯一负根。

$$\rho_0^{-1}(x) - 2k - \frac{\sigma(x)}{\rho_0(x)} + 2k e^{\frac{\psi\sigma(x)}{2k\rho_0(x)}} = 0, \quad \rho_0(x) > 0 \quad (3\text{-}16)$$

针对二维势场函数 $K(x) = -\frac{1}{2}|x| + \frac{1}{2}x^2$，在模型(3-14)中通信权重函数引入线性阻力项，则二维势场函数下群体系统的动力学作用势场模型[15]如式(3-17)所示：

$$\begin{cases} \partial_t \rho + \partial_x(\rho u) = 0, & t>0 \\ \partial_t(\rho u) + \partial_x(\rho u^2) = -\rho u - \rho(\nabla K * \rho) \end{cases} \quad (3\text{-}17)$$

定理 3-12[18] 假设 (ρ,u) 为群体系统动力学方程(3-17)的一个古典解，记群体系统中个体的初始状态为 $(\rho(\cdot,t),u(\cdot,t))|_{t=0} = (\rho_0,u_0)$，若群体系统初始质量满足 $M_0 < 1/4$，则系统存在解在有限时间内爆破，当且仅当存在 $x^* \in \Omega_0 := \mathrm{supp}(\rho_0)$ 使得

$$\partial_x u_0(x^*) < 0, \quad M_0 - \rho_0(x^*) < \lambda_1 \partial_x u_0(x^*)$$

$$\rho_0(x^*) \leq \left(\lambda_1 \partial_x u_0(x^*) + \rho_0(x^*) - M_0\right)^{-\lambda_2/\sqrt{\Theta}} \cdot \left(\lambda_2 \partial_x u_0(x^*) + \rho_0(x^*) - M_0\right)^{-\lambda_1/\sqrt{\Theta}}$$

式中，常数 $\lambda_1, \lambda_2 < 0$ 且 $\Theta > 0$，具体表述为

$$\lambda_1 = \frac{-1+\sqrt{1-4M_0}}{2}, \quad \lambda_2 = \frac{-1-\sqrt{1-4M_0}}{2}, \quad \Theta = 1-4M_0$$

推论 3-3 假设 (ρ,u) 为群体系统动力学方程(3-17)的一个古典解，对应群体系统初始状态为 $(\rho(\cdot,t),u(\cdot,t))|_{t=0} = (\rho_0,u_0)$，若系统不存在解在有限时间内爆破，当 $t \to \infty$ 时，$\rho(x,t) \to M_0 1_{[a,b]}$ 且 $u(x,t) \to 0$，其中常数 a、b 如下式所示：

$$a = \frac{1}{M_0}\left(\int x\rho_0(x)\mathrm{d}x + \int \rho_0(x)u_0(x)\mathrm{d}x\right) - \frac{1}{2}$$

$$b = \frac{1}{M_0}\left(\int x\rho_0(x)\mathrm{d}x + \int \rho_0(x)u_0(x)\mathrm{d}x\right) + \frac{1}{2}$$

定理 3-13[18]　假设 (ρ,u) 为群体系统动力学方程(3-17)在 $t \in [0,T]$ 的一个古典解，若存在 x^* 使得

$$\partial_x u_0(x^*) < 0, \quad \frac{1+\partial_x u_0(x^*)}{\rho_0(x^*)} + 2\lg\left(1-\frac{\partial_x u_0(x^*)}{2\rho_0(x^*)}\right) \leqslant 0$$

则对应 $t \in [0,T]$ 为有限时间区间，满足：

$$T \leqslant 2\inf_{x \in \mathcal{T}} \lg\left(\frac{\partial_x u_0(x^*)}{2\rho_0(x^*)}\right), \quad \mathcal{T} = \left\{x \in \mathrm{R}: \partial_x u_0(x^*) < 0, \; \frac{1+\partial_x u_0(x^*)}{\rho_0(x^*)} + 2\lg\left(1-\frac{\partial_x u_0(x^*)}{2\rho_0(x^*)}\right) \leqslant 0\right\}$$

3.4　平均场模型

随着群体系统集群规模的增大，对应群体系统的动力学微分方程组的计算复杂度大，群体动力学模型的边界条件与平衡状态封闭解的解析形式求解困难，难以直接应用于群体系统中的复杂集群行为控制。对此，平均场方法用平均相互作用的估计来代替原始群体动力学模型中群体系统个体间的相互作用，将高维度的复杂多体问题简化为有效的低维度单体问题。因此，在大规模群体系统的群体动力学中往往结合平均场方法，通过对有效相互作用的估计来实现对原始群体动力学模型的逼近，将原始模型改写成平均场模型的形式，以较低的计算成本实现群体动力学模型在大规模群体系统中的复杂集群行为演化与控制。

3.4.1　平均场估计方法

对于一个由 N 个个体组成的群体系统，从控制系统的角度出发，考虑将 Cucker-Smale 模型(3-8)改写成随机微分方程组的形式。记对应个体 i 的位置与速度为状态向量 $\boldsymbol{z}_i = [x_i, v_i]^{\mathrm{T}}$，对应个体 i 的控制输入为 $\boldsymbol{u}_i$，对应个体 i 在布朗运动下的维纳过程为 $\boldsymbol{\omega}_i$，则有

$$\begin{cases} \mathrm{d}\boldsymbol{z}_i(t) = (\boldsymbol{F}\boldsymbol{z}_i(t) + \boldsymbol{G}\boldsymbol{u}_i(t))\mathrm{d}t + \boldsymbol{D}\mathrm{d}\boldsymbol{\omega}_i(t), \quad 1 \leqslant i \leqslant N \\ \boldsymbol{F} = \begin{pmatrix} 0 & I \\ 0 & 0 \end{pmatrix}, \quad \boldsymbol{G} = \begin{pmatrix} 0 \\ I \end{pmatrix}, \quad \boldsymbol{D} = \begin{pmatrix} 0 \\ I \end{pmatrix} \end{cases} \tag{3-18}$$

从遍历论的角度考虑随机过程中群体系统个体的目标是最小化长期平均成本函数，则有

$$\begin{cases} J_i^{(N)} = \limsup_{T \to \infty} \frac{1}{T}\int_0^T \left(\phi^N(z_i) + \|u_i\|_{\boldsymbol{R}}^2\right)\mathrm{d}t \\ \phi^N(z_i) = \left\|\frac{1}{N}\sum_{j=1}^N w(\|x_i - x_j\|)(v_j - v_i)\right\|_{\boldsymbol{Q}}^2 \end{cases} \tag{3-19}$$

式中，$\boldsymbol{R}$、$\boldsymbol{Q}$ 为对应向量维度的对称正定矩阵。在上述模型变形的基础上，假设存在一个"通用个体"，记对应个体的位置与速度为状态向量 $z=[x,v]^{\mathrm{T}}$，对应控制输入为 $\boldsymbol{u} \in U$（U 为对应控制输入向量 $\boldsymbol{u}$ 的集合），且个体在布朗运动下的维纳过程为 ω，则对应个体运动的优化控制模型[19]为

$$\begin{cases} \mathrm{d}z(t) = \left(\boldsymbol{F}z(t) + \boldsymbol{G}u(t)\right)\mathrm{d}t + \boldsymbol{D}\mathrm{d}\omega(t) \\ \inf_{\boldsymbol{u} \in U} J^{(N)} = \inf_{\boldsymbol{u} \in U} \limsup_{T \to \infty} \frac{1}{T} \int_0^T \left(\phi^N(z) + \|\boldsymbol{u}\|_{\boldsymbol{R}}^2\right)\mathrm{d}t \end{cases} \quad (3\text{-}20)$$

若存在一个常数 ρ^0 使得 $\boldsymbol{u}^0 \in U$ 满足：

$$J(\boldsymbol{u}^0) = \limsup_{T \to \infty} \frac{1}{T} \int_0^T \left(\phi(z^0,t) + \|\boldsymbol{u}^0(t)\|_{\boldsymbol{R}}^2\right)\mathrm{d}t = \rho^0 \quad (3\text{-}21)$$

则称 $\boldsymbol{u}^0 \in U$ 为优化控制模型(3-20)依概率 1 收敛于最优的控制输入；z^0 为对应控制输入 $\boldsymbol{u}^0 \in U$ 下优化控制模型(3-20)的解，并且对于任意其他的控制输入 $\boldsymbol{u} \in U$，都有 $J(\boldsymbol{u}) \geqslant \rho^0$。由此，确定对应优化控制模型(3-20)的哈密顿-雅可比-贝尔曼方程[19]：

$$\partial_t h + (\boldsymbol{F}z + \boldsymbol{G}u) \cdot \nabla_z h + \boldsymbol{u}^{\mathrm{T}} \boldsymbol{R} \boldsymbol{u} + \phi + \frac{1}{2}\mathrm{tr}\left(\boldsymbol{D}\boldsymbol{D}^{\mathrm{T}} \Delta h\right) = \rho^0 \quad (3\text{-}22)$$

由此，确定对应优化控制模型(3-20)的最优控制输入为

$$u^0(t) = \arg\min_{\boldsymbol{u} \in U} H(z,u,t) = -\frac{1}{2}\boldsymbol{R}^{-1}\boldsymbol{G}^{\mathrm{T}}\nabla_z h(z,t) \quad (3\text{-}23)$$

假设优化控制模型(3-20)的初始状态条件 $z_i(0) = \{(x_i(0), v_i(0) : 1 \leqslant i \leqslant N)\}$ 存在一个紧支撑性概率密度函数 $f_0(x,v)$ 使得 $\int_{\mathcal{A}} f_0(x,v)\mathrm{d}x\mathrm{d}v = 1$。其中，$\mathcal{A}$ 为包含所有初始条件 $\{x_i(0), v_i(0) : 1 \leqslant i \leqslant N\}$ 的紧集。记对应群体系统 N 个个体的经验分布函数为

$$f_N(x,v,t) = \frac{1}{N}\sum_{i=1}^{N}\delta(x - x_i(t))\delta(v - v_i(t)) \quad (3\text{-}24)$$

假设对于任意函数 $\psi(x,y)$，经验分布函数都弱收敛于 $f_0(x,v)$，则有

$$\lim_{N \to \infty} \int \psi(x,y) f_N(x,v,0)\mathrm{d}x\mathrm{d}y = \int \psi(x,y) f_0(x,v)\mathrm{d}x\mathrm{d}y \quad (3\text{-}25)$$

由于群体系统在演化过程中对应各时刻的个体状态 $\{x_i(t), v_i(t) : 1 \leqslant i \leqslant N\}$ 相互独立同分布，由此从遍历论的角度考虑随机过程中群体系统的通用个体，则对于控制输入 $\boldsymbol{u} \in U$ 有

$$\lim_{N \to \infty} \int \psi(x,y) f^u(z,t)\mathrm{d}x\mathrm{d}y = \int \psi(x,y) f^u(z)\mathrm{d}x\mathrm{d}y \quad (3\text{-}26)$$

对此，定义 $f^u(z)$ 在随机演化过程中的柯尔莫哥洛夫正向方程为

$$\partial_t f^u(z,t) + \nabla_z \left((\boldsymbol{F}z + \boldsymbol{G}u) f^u(z,t)\right) = \frac{1}{2}\mathrm{tr}\left(\boldsymbol{D}\boldsymbol{D}^{\mathrm{T}} \Delta f^u(z,t)\right) \quad (3\text{-}27)$$

由此，在式(3-25)的基础上结合遍历论对通用个体的长期平均成本函数 $\phi^{(N)}\left(z_i; z_{-i}^o\right)$ 进

行估计。其中，$z^o_{-i}=[x',v']^T$，为群体系统优化控制模型(3-20)在对应最优控制 $u^0 \in U$ 下区别于通用个体的所有个体 $\{j:1 \leqslant j \leqslant N\}$ 状态。设 $f(x',v',t)$ 为式(3-26)在 u^0 控制下的概率密度函数，则有

$$\bar{\phi}(z,t)=\left\|\int \frac{1}{N}w(\|x-x'\|)(v-v')f(x',v',t)\mathrm{d}x'\mathrm{d}v'\right\|^2_Q \tag{3-28}$$

考虑连续群体系统的规模极限 $N \to \infty$，在式(3-22)所示哈密顿-雅可比-贝尔曼方程与式(3-27)所示科尔莫哥洛夫正向方程的基础上代入式(3-23)所示最优控制输入，与式(3-28)所示群体系统通用个体的长期平均成本函数共同组成非线性群体系统演化控制的平均场模型：

$$\begin{cases}\partial_t h(z,t)+\left(Fz-\frac{1}{4}GR^{-1}G^T\nabla_z h(z,t)\right)\cdot\nabla_z h(z,t)+\bar{\phi}(z,t)+\frac{1}{2}\mathrm{tr}\left(DD^T\Delta h(z,t)\right)=\rho^0\\ \partial_t f(z,t)+\nabla_z\left(\left(Fz-\frac{1}{2}GR^{-1}G^T\nabla_z h(z,t)\right)f(z,t)\right)=\frac{1}{2}\mathrm{tr}\left(DD^T\Delta f(z,t)\right)\\ \bar{\phi}(z,t)=\left\|\int\frac{1}{N}w(\|x-x'\|)(v-v')f(x',v',t)\mathrm{d}x'\mathrm{d}v'\right\|^2_Q\end{cases} \tag{3-29}$$

3.4.2 稳态解分析方法

在群体系统的平均场模型中，通过假设群体系统中通用个体来估计集群个体的平均相互作用，以此替代原始模型中个体间相互作用，进而简化群体系统的群体动力学模型。在此基础上，结合平均场估计方法进一步将原始模型向大规模群体系统进行推广，为研究分析群体动力学模型在大规模群体系统中的复杂集群行为演化与控制提供理论框架与研究范式。本小节给出了对应固定静态参数后简化平均场模型的基本性质与结论。

考虑群体系统(3-18)中个体间的通信权重函数为线性相互作用，则有 $\beta=0$ 且 $\alpha=\sigma>0$。为便于分析，假设式(3-19)中对应向量维度的对称正定矩阵为单位矩阵，即 $R=Q=I$。由此，确定简化后静态参数下的非线性群体系统演化控制的平均场模型为

$$\begin{cases}\partial_t h(x,v,t)+v\partial_x\nabla_z h(x,v,t)+\bar{\phi}(z,t)-\frac{1}{4}\left(\partial_v h(x,v,t)\right)^2+\frac{1}{2}\sigma^2\partial^2_{vv}h(x,v,t)=\rho^0\\ \partial_t f(x,v,t)+v\partial_x f(x,v,t)-\frac{1}{2}\sigma^2\partial^2_{vv}f(x,v,t)=\frac{1}{2}\partial_v\left(\left(\partial_v h(x,v,t)\right)f(x,v,t)\right)\\ \bar{\phi}(v,t)=\left\|\int(v-v')f(x,v',t)\mathrm{d}x\mathrm{d}v'\right\|^2\end{cases} \tag{3-30}$$

由式(3-30)可知 $\bar{\phi}(v,t)$ 与变量 x 相互独立，对应平均场模型中的哈密顿-雅可比-贝尔曼方程 $h(x,v,t)$、科尔莫哥洛夫正向方程 $f(x,v,t)$ 的解与变量 x 相互独立，易知 $\partial_x h=0$，$\partial_x f=0$，则对应平均场模型(3-30)的最优控制输入为

$$u^0(t)=\arg\min_{u\in U}H(z,u,t)=-\frac{1}{2}\partial_v h(v,\cdot) \tag{3-31}$$

考虑连续群体系统的规模极限 $N \to \infty$，将平均场模型(3-30)改写成如下形式：

$$\begin{cases}\dfrac{1}{4}\left(\partial_v h_\infty(v)\right)^2-\dfrac{1}{2}\sigma^2\partial_{vv}^2 h_\infty(x)=\bar{\phi}_\infty(v)-\rho^0\\ \dfrac{1}{2}\partial_v\left(\left(\partial_v h_\infty(v)\right)f_\infty(v)\right)=-\dfrac{1}{2}\sigma^2\partial_{vv}^2 f_\infty(v)\\ \bar{\phi}_\infty(v)=\left(\int(v-v')f_\infty(v')\mathrm{d}v'\right)^2\end{cases} \quad (3\text{-}32)$$

定理 3-14[20] 对于任意常数 $\mu\in\mathbf{R}$，存在以下对应模型(3-32)的渐进线性收敛解：

$$\begin{cases}h_\infty(v)=(v-\mu)^2,\quad \rho^0=\sigma^2\\ f_\infty(v)=\dfrac{1}{\sqrt{2\pi s^2}}e^{-\dfrac{(v-\mu)^2}{2s^2}},\quad s^2=\dfrac{\sigma^2}{2}\\ \bar{\phi}_\infty(v)=(v-\mu)^2\end{cases} \quad (3\text{-}33)$$

式中，$\mu=\int vf_0(v)\mathrm{d}v$，表示群体系统的平均初始状态，对应群体系统稳态解如下定义。

定义 3-16[20] 若群体系统中的 N 个个体渐进收敛，即对于任意个体 $1\leqslant i\neq j\leqslant N$ 都有 $\lim_{t\to\infty}\left\|E_{z_i(t)}-E_{z_j(t)}\right\|=0$，则称群体系统平均一致性收敛。

设有限个体的群体系统应用式(3-31)所示控制协议，结合式(3-33)可得对应控制输入为

$$u_i^o(t)=-\dfrac{1}{2}\partial_v h(v,\cdot)\Big|_{v=v_i}=-(v_i(\cdot)-\mu) \quad (3\text{-}34)$$

将平均场控制协议代入方程(3-8)可得对应群体系统中个体的动力学方程：

$$\begin{cases}\mathrm{d}x_i^o(t)=v_i^o(t)\mathrm{d}t\\ \mathrm{d}v_i^o(t)=-(v_i^o(t)-\mu)\mathrm{d}t+\sigma\mathrm{d}w_i(t)\end{cases} \quad (3\text{-}35)$$

由此可得对应微分方程组的平均一致性收敛解为

$$\begin{cases}x_i^o(t)=x_i(0)+\int_0^t v_i^o(\tau)\mathrm{d}\tau\\ v_i^o(t)=\mu+\mathrm{e}^{-t}(v_i(0)-\mu)+\sigma\int_0^t \mathrm{e}^{-(t-\tau)}\mathrm{d}w_i(\tau)\end{cases} \quad (3\text{-}36)$$

定理 3-15[20] 对有限个体的群体系统(3-18)应用式(3-34)所示控制协议时，系统在速度上平均一致性渐进收敛，个体的渐进收敛方差为 $\sigma^2/2$。

3.5 最优控制模型

群体系统的动力学模型揭示了不同生物群体与物理系统中统一的个体间相互作用机制与群体行为演化机理。最优控制模型则在群体动力学模型的研究基础上，将生物群体与物理系统的相关结论结合最优控制方法应用于人工群体系统，通过对应特定群体行为

的智能集群个体控制实现人工集群的既定任务执行。人工群体系统通常由一定规模的机器个体组成,且个体具有有限感知、通信与自主决策能力,依赖于有限能力约束条件下的集群控制策略。本节主要介绍响应式与规划式两类群体动力学模型最优控制策略。

3.5.1 响应式控制策略

响应式控制策略从群体动力学模型的个体相互作用机制出发,依据 Boid 模型、Vicsek 模型与引力/斥力势场模型中各类相互作用规则设计对应人工群体系统的个体控制协议,实现各类约束条件下特定群体行为的最优控制。响应式控制策略在群体动力学模型(3-6)的基础上,依据集聚、避撞与速度匹配三个个体间相互作用的基本规则设计群体系统的控制目标。记 t 时刻群体系统个体 i 的空间位置、速度方向分别为 $q(t)$、$\theta(t)$,对应 t 时刻群体系统质心的空间位置、平均速度方向分别为 $\bar{q}(t)$、$\bar{\theta}(t)$,则对应个体 i 相对于群体系统质心的相对距离、速度方向偏差分别为 $\hat{\xi}_i^q(t) = q_i(t) - \bar{q}(t)$、$\hat{\xi}_i^\theta(t) = \theta_i(t) - \bar{\theta}(t)$。由此,定义对应群体系统集聚、避撞与速度匹配基本规则的控制目标下群体系统协同运动状态如下。

定义 3-17[21] 当且仅当个体运动状态满足以下条件时,称群体系统进入协同运动状态:

(1) 当 $t \to \infty$ 时群体系统个体相对距离一致收敛:$\lim\limits_{t \to \infty} \left\| \hat{\xi}_j^q(t) - \hat{\xi}_i^q(t) \right\| = D_c > 0$。

(2) 群体系统个体运动速度方向一致收敛:$\lim\limits_{t \to \infty} \left\| \hat{\xi}_j^\theta(t) - \hat{\xi}_i^\theta(t) \right\| = 0$。

由定义 3-17 可知,对应群体系统控制目标的协同状态中条件(1)表示群体系统个体相互作用的集聚与避撞规则,条件(2)表示群体系统个体相互作用的速度匹配规则。由此,确定对应群体动力学模型的响应式最优控制问题为,群体系统在满足集聚、避撞与速度匹配三个个体间相互作用基本规则的条件下进入协同运动状态时能量最小,即

$$\min \mathbf{v}^T \mathbf{v} + \delta^2 \tag{3-37}$$

式中,δ 为松弛变量。

由此,将群体动力学模型中个体的运动学与动力学控制转化为二次规划问题,对应群体动力学模型(3-6)的群体系统为

$$\dot{x} = f(x) + g(x)u \tag{3-38}$$

假设 f 与 g 局部 Lipschitz 连续。记对应控制模型的前向不变集为 $C_0 = \{x \in \mathbf{R} | H(x) \geq 0\}$,其中 $H(x)$ 为连续可微的零控制障碍函数。下面给出零控制障碍函数的定义与基本性质。

定义 3-18[22] 称函数 $H(x)$ 是前向不变集 C_0 的一个零控制障碍函数,当且仅当存在一个扩展 K 类函数 α 使得 $\sup\limits_{u \in \mathbf{R}} \left(\dot{H}(x) + \alpha(H(x)) \right) \geq 0$。

定理 3-16[22] 设函数 $H(x)$ 是集合 C_1 的一个零控制障碍函数,若对于任意 Lipschitz 连续的控制函数 u 满足:

$$\mathcal{L}_f H(x) + \mathcal{L}_g H(x)u + \alpha(H(x)) \geq 0 \tag{3-39}$$

则集合 C_1 是前向不变的。其中,$\mathcal{L}_f$、$\mathcal{L}_g$ 分别为函数 f、g 的李导数。

本小节中将式(3-39)称为零控制障碍函数条件。在此基础上，响应式最优控制模型基于相邻个体的相对位置与速度偏差，通过设计零控制障碍函数并确定对应条件，实现群体系统控制目标的协同状态。对此，引入邻近图 $\boldsymbol{G}=(\boldsymbol{V},\boldsymbol{E}), \boldsymbol{E}=\left\{(i,j)\in \boldsymbol{V}(i\neq j)\big|p_{ij}\leqslant D_a \forall i,j \in \boldsymbol{V}\right\}$ 来描述群体系统中存在相互作用的相邻个体。其中，$D_a > D_c$，表示对应群体动力学模型中规避规则的排斥区域半径。由此确定零控制障碍函数的备选函数 $H_{ij}=\left\|\hat{\xi}_i^q - \hat{\xi}_j^q\right\|^2 - D_c^2$，对应群体系统个体状态的前向不变集 $C=\left\{\hat{\xi}_i^q, i\in \boldsymbol{V} \big| H_{ij}\geqslant 0 \forall i,j\in \boldsymbol{V}(i\neq j)\right\}$ 能够保证群体系统中个体在自由运动的同时避免个体间碰撞。

定理 3-17[21] 设群体系统的初始状态满足 $\left\{\hat{\xi}_i^q(0)\right\}_{i\in \boldsymbol{V}}\in C$，则集合 C 是前向不变集，当且仅当每个个体的速度 v_i 是 Lipschitz 连续的且满足以下条件：

$$\hat{\boldsymbol{\xi}}_{ij}^{qT} v_i \leqslant k_c \left(\left\|\hat{\boldsymbol{\xi}}_{ij}^q\right\|^2 - D_c^2\right), \quad j\in \boldsymbol{V}\big|(i,j)\in \boldsymbol{E} \tag{3-40}$$

定理 3-18[21] 设对应群体系统个体间相互作用拓扑关系的邻近图 $\boldsymbol{G}$ 为固定且连通的，对于任意邻近个体 $i,j\in \boldsymbol{V}, t\geqslant 0$ 速度偏差满足 $\left\|\theta_{ij}(t)\right\|<\pi$，则群体系统能够进入协同运动状态，当且仅当个体速度 v_i 是 Lipschitz 连续的且满足以下条件：

$$\sum_{j\in \boldsymbol{V}|(i,j)\in \boldsymbol{E}} \hat{\boldsymbol{\xi}}_{ij}^{qT} v_i \geqslant k_p \left\|\sum_{j\in \boldsymbol{V}|(i,j)\in \boldsymbol{E}} \hat{\boldsymbol{\xi}}_{ij}^q\right\|^2 \tag{3-41}$$

$$\sum_{j\in \boldsymbol{V}|(i,j)\in \boldsymbol{E}} \left(\log\left(\mathrm{e}^{\hat{\xi}\theta_{ij}}\right)^{\vee}\right)^T v_i \geqslant k_e \left\|\sum_{j\in \boldsymbol{V}|(i,j)\in \boldsymbol{E}} \log\left(\mathrm{e}^{\hat{\xi}\theta_{ij}}\right)^{\vee}\right\|^2 \tag{3-42}$$

由于人工群体系统中的个体体积在宏观尺度上不能忽略，因此在实际人工群体系统的集群控制应用中通过引入余量 δ_i 放宽条件(3-41)：

$$\sum_{j\in \boldsymbol{V}|(i,j)\in \boldsymbol{E}} \hat{\boldsymbol{\xi}}_{ij}^{qT} v_i \geqslant k_p \left\|\sum_{j\in \boldsymbol{V}|(i,j)\in \boldsymbol{E}} \hat{\boldsymbol{\xi}}_{ij}^q\right\|^2 - \delta_i \tag{3-43}$$

由此，确定对应群体动力学集群行为响应式控制的二次规划模型：

$$\begin{aligned}
v_i^* = &\arg\min v_i^T v_i + \delta^2 \\
\text{s.t.} \quad &\sum_{j\in \boldsymbol{V}|(i,j)\in \boldsymbol{E}} \hat{\boldsymbol{\xi}}_{ij}^{qT} v_i \geqslant k_p \left\|\sum_{j\in \boldsymbol{V}|(i,j)\in \boldsymbol{E}} \hat{\boldsymbol{\xi}}_{ij}^q\right\|^2 - \delta_i \\
&\sum_{j\in \boldsymbol{V}|(i,j)\in \boldsymbol{E}} \left(\log\left(\mathrm{e}^{\hat{\xi}\theta_{ij}}\right)^{\vee}\right)^T v_i \geqslant k_e \left\|\sum_{j\in \boldsymbol{V}|(i,j)\in \boldsymbol{E}} \log\left(\mathrm{e}^{\hat{\xi}\theta_{ij}}\right)^{\vee}\right\|^2 \\
&\hat{\boldsymbol{\xi}}_{ij}^{qT} v_i \leqslant k_c \left(\left\|\hat{\boldsymbol{\xi}}_{ij}^q\right\|^2 - D_c^2\right), \quad j\in \boldsymbol{V}\big|(i,j)\in \boldsymbol{E}
\end{aligned} \tag{3-44}$$

3.5.2 规划式控制策略

规划式控制策略则是在群体系统个体间相互作用的基础上，为个体响应的一段时间范围内规划一段最优轨迹，进而在满足人工群体系统中个体运动约束的同时进一步提升群体系统性能。在实际人工群体系统应用中，集群个体以固定距离组成分布式邻近网，使得规划式控制依赖于群体系统的全局信息，这对大规模人工群体系统的全局通信交互提出了更高要求。对此，群体系统的规划式控制策略常结合模型预测方法，依据个体当前局部信息规划对应响应时间范围内的最优轨迹。记采样时间间隔为 T，设对应 k 时刻群体系统个体 i 的空间位置、速度分别为 $q(k)$、$p(k)$，则群体动力学模型(3-6)的离散形式为

$$\begin{cases} q(k+1) = q(k) + T \cdot p(k) \\ p(k+1) = p(k) + T \cdot u(k) \end{cases} \tag{3-45}$$

在人工群体系统中个体依据全局位置与速度信息，预测对应 H_P 步长后的未来运动状态，进而通过优化预测损失函数 $J(k)$ 确定控制输入 H_u。设人工群体系统的控制目标是形成 α-晶格构形的渐进集聚群体，则对应预测损失函数可设计为[23]

$$\min_{\{u(k+j|k)\}_{j=0}^{H_u-1}} J(k) = \sum_{j=1}^{H_P} \left(\sum_{(a,b) \in E} \left\| \hat{\boldsymbol{\xi}}_{ab}^q(k+j|k) - d\boldsymbol{l}_{ab}(k+j|k) \right\|^2 \right.$$
$$\left. + \sum_{a \in V} \left\| \boldsymbol{p}_a(k+j|k) - \overline{\boldsymbol{p}}(k+j|k) \right\|^2 \right) + \lambda \sum_{j=0}^{H_u-1} \left\| \boldsymbol{u}(k+j|k) \right\|^2 \tag{3-46}$$

式中，$k+j|k$ 表示在采样时刻 k 状态信息已知的条件下对采样时刻 $k+j$ 的状态信息进行预测；$\hat{\boldsymbol{\xi}}_{ab}^q$ 表示从个体 a 指向个体 b 的位置向量；$\boldsymbol{l}_{ab}$ 表示从个体 a 指向个体 b 的单位位置向量；d 表示期望的邻近个体相对距离。由此，人工群体系统中的每个个体在采样时刻 k 收集对应群体系统中全部个体的空间位置与速度信息，进而求解对应最优控制输入 $\{u^*(k+j|k)\}_{j=0}^{H_u-1}$。记采样时刻 k 右极限为 k^+，将群体系统模型(3-45)改写成 $q(k+1) = q(k) + T \cdot p(k^+)$，则对应系统的预测位置序列为

$$\begin{cases} \boldsymbol{Q}(k+1|k) = \boldsymbol{P}_Q q(k) + \boldsymbol{P}_P P(k^+|k) \\ \boldsymbol{P}_Q = \boldsymbol{1}_{H_P} \otimes \boldsymbol{I}_{N_m}, \quad \boldsymbol{P}_P = \begin{pmatrix} T\boldsymbol{I}_{N_m} & 0 & \cdots & 0 \\ T\boldsymbol{I}_{N_m} & T\boldsymbol{I}_{N_m} & \cdots & 0 \\ \vdots & \vdots & & \vdots \\ T\boldsymbol{I}_{N_m} & T\boldsymbol{I}_{N_m} & \cdots & T\boldsymbol{I}_{N_m} \end{pmatrix} \end{cases} \tag{3-47}$$

将式(3-47)代入式(3-46)并求一阶导零点，确定对应最优期望速度序列为

$$P^*(k^+|k) = -\left[\left(\hat{\boldsymbol{\xi}}^q \boldsymbol{P}_P\right)^{\mathrm{T}} \cdot \left(\hat{\boldsymbol{\xi}}^q \boldsymbol{P}_P\right) + \lambda I \right]^{-1} \cdot \left(\hat{\boldsymbol{\xi}}^q \boldsymbol{P}_P\right)^{\mathrm{T}} \cdot \left[\left(\hat{\boldsymbol{\xi}}^q \boldsymbol{P}_Q\right) q(k) - L \right] \tag{3-48}$$

由此，确定对应采样时刻 k 的速度增量为

$$\Delta p(k) = p^*(k^+|k) - \frac{1}{T}\left[q(k) - q(k-1) \right] \tag{3-49}$$

定理 3-19[23]　假设存在 $\tau \geqslant 0$ 使得对于 $\forall t > 0$ 群体系统模型(3-45)个体间相互作用拓扑关系的邻近图 G 为固定且连通的。若对于任意初始状态 $q(0)$ 都存在一个最优期望状态 q^0 满足 $\|q_j^0 - q_i^0\| = d$，且对于 $\forall q_1, q_2, \|q_1 - q^0\| \leqslant \|q_2 - q^0\|$ 都有 $\|\hat{\xi}_{ab}^{q_1} - d\boldsymbol{l}_{ab}\| \leqslant \|\hat{\xi}_{ab}^{q_2} - d\boldsymbol{l}_{ab}\|$，则群体系统模型(3-45)收敛于 $\alpha -$ 晶格构形的渐进集聚群体。

3.6　本章小结

本章针对群体系统建模问题，对群体动力学的基础理论、数学模型与经典结论进行了阐述。从生物群体现象到微观粒子系统，再到人工群体系统，分别详细介绍了自驱动粒子模型、引力/斥力势场模型、平均场模型与最优控制模型，阐述了群体动力学模型从离散形式到连续形式的变换，以及从有限群体系统模型向大规模群体系统模型的推广，介绍了群体系统稳态分析方法与基本结论。最后，对群体动力学理论模型在实际人工群体系统集群控制的应用方法与控制策略进行了介绍。

习　题

[思考题]

(1) 思考自驱动粒子模型中不同个相互作用形式与规则对群体行为涌现与形成的影响。

(2) 思考如何将 Boid 模型从离散形式推导成连续形式。

(3) 思考自驱动粒子模型、引力/斥力势场模型与平均场模型分别适用于哪些自然系统或人工系统，在描述不同系统时各自有什么优缺点。

(4) 考虑群体系统由含有两组不同运动特性的子群构成，思考如何建立 Cucker-Smale 框架下由两组异构子群组成的群体系统的群体动力学模型。

[程序设计题]

已知由 100 个个体组成的群体系统随机散布在有限区域内，在 Cucker-Smale 框架下依据避撞、集聚与速度匹配三条基本规则，生成有限时间内复杂群体行为。

参考文献

[1] HORN R A, JOHNSON C R. 矩阵分析[M]. 2 版. 北京：人民邮电出版社，2015.

[2] GODSIL C, ROYLE G. Algebraic Graph Theory[M]. New York: Springer, 2001.

[3] KHALIL H K. 非线性系统[M]. 北京：机械工业出版社，2016.

[4] OLFATI-SABER R. Flocking for multi-agent dynamic systems: Algorithms and theory[J]. IEEE Transactions on Automatic Control, 2006, 51(3): 401-420.

[5] HA S Y, LIU J G. A simple proof of the Cucker-Smale flocking dynamics and mean-field limit[J]. Communications in Mathematical Sciences, 2009, 7(2): 297-325.

[6] REYNOLDS C W. Flocks, herds and schools: A distributed behavioral model [C]. Proceedings of the 14th Annual Conference on

Computer Graphics and Interactive Techniques, New York, USA, 1987: 25-34.

[7] COUZIN I D, KRAUSE J, JAMES R, et al. Collective memory and spatial sorting in animal groups[J]. Journal of Theoretical Biology, 2002, 218(1): 1-11.

[8] VICSEK T, CZIRÓK A, BEN-JACOB E, et al. Novel type of phase transition in a system of self-driven particles[J]. Physical Review Letters, 1995, 75(6): 1226.

[9] 田宝美. 基于 Vicsek 模型的自驱动集群动力学研究[D]. 合肥: 中国科学技术大学, 2009.

[10] 段海滨, 邱华鑫. 基于群体智能的无人机集群自主控制[M]. 北京: 科学出版社, 2018.

[11] 方舒. 基于概率连边的多自主体系统一致性问题研究[D]. 上海: 上海交通大学, 2015.

[12] CUCKER F, SMALE S. Emergent behavior in flocks[J]. IEEE Transactions on Automatic Control, 2007, 52(5): 852-862.

[13] HA S Y, KO D, ZHANG Y. Critical coupling strength of the Cucker-Smale model for flocking[J]. Mathematical Models and Methods in Applied Sciences, 2017, 27(6): 1051-1087.

[14] 朱婷婷. Cucker-Smale 模型及相关动力系统中的集体行为和渐近性质[D]. 武汉: 华中科技大学, 2021.

[15] CARRILLO J A, CHOI Y P, PEREZ S P. A review on attractive-repulsive hydrodynamics for consensus in collective behavior[J]. Active Particles, Volume 1: Advances in Theory, Models, and Applications, 2017, 1(1): 259-298.

[16] JABIN P E, HAURAY M. Particles approximations of Vlasov equations with singular forces: Propagation of chaos [J]. Annales Scientifiques de l'École Normale Supérieure, 2015, 48(4): 891-940.

[17] CARRILLO J A, CHOI Y P, TADMOR E, et al. Critical thresholds in 1D Euler equations with non-local forces[J]. Mathematical Models and Methods in Applied Sciences, 2016, 26(1): 185-206.

[18] CARRILLO J A, CHOI Y P, ZATORSKA E. On the pressureless damped Euler-Poisson equations with quadratic confinement: Critical thresholds and large-time behavior[J]. Mathematical Models and Methods in Applied Sciences, 2016, 26(12): 2311-2340.

[19] NOURIAN M, CAINES P E, MALHAMÉ R P. Synthesis of Cucker-Smale type flocking via mean field stochastic control theory: Nash equilibria [C]. 2010 48th Annual Allerton Conference on Communication, Control, and Computing, Allerton, USA, 2010: 814-819.

[20] NOURIAN M, CAINES P E, MALHAMÉ R P. A game theoretic synthesis of consensus behaviour: A continuum approach[J]. Technical Report, McGill University, 2011, 59(2) 449-455.

[21] IBUKI T, WILSON S, YAMAUCHI J, et al. Optimization-based distributed flocking control for multiple rigid bodies[J]. IEEE Robotics and Automation Letters, 2020, 5(2): 1891-1898.

[22] AMES A D, XU X, GRIZZLE J W, et al. Control barrier function based quadratic programs for safety critical systems[J]. IEEE Transactions on Automatic Control, 2016, 62(8): 3861-3876.

[23] ZHAN J, LI X. Flocking of multi-agent systems via model predictive control based on position-only measurements[J]. IEEE Transactions on Industrial Informatics, 2012, 9(1): 377-385.

第 4 章

飞行器集群飞行动力学与控制模型

飞行器集群飞行动力学与控制模型的建立是将各种智能集群方法实际应用到各种飞行器上的必要前提，其一般由一组或多组微分方程或者差分方程组描述。典型飞行器集群包括导弹集群、无人机集群和航天器集群，不同集群中飞行动力学与控制模型均有所差异。本章给出三种不同飞行器集群的飞行动力学与控制模型，并进行小结。4.1 节介绍导弹集群飞行动力学与控制模型；4.2 节介绍无人机集群飞行动力学与控制模型；4.3 节介绍航天器集群飞行动力学与控制模型。

【学习要点】
- 掌握：①导弹常用坐标系及其转换关系；②导弹飞行动力学与控制模型。
- 熟悉：①无人机常用坐标系及其转换关系；②无人机飞行动力学与控制模型。
- 了解：①航天器常用坐标系及其转换关系；②航天器飞行动力学与控制模型。

4.1 导弹集群飞行动力学与控制模型

下面将基于合适的坐标系定义，给出几种典型的导弹飞行动力学模型，并将其改写成状态空间形式和集群形式，以便为导弹集群设计合适的制导律或控制律。

4.1.1 典型坐标系及其转换关系

常用的导弹飞行动力学相关坐标系主要有地面惯性坐标系 $Axyz$、弹体坐标系 $Ox_1y_1z_1$、弹道坐标系 $Ox_2y_2z_2$、速度坐标系 $Ox_3y_3z_3$、视线坐标系 $Ox_4y_4z_4$，如图 4-1 所示。以上几种常用坐标系的具体定义如下[1]。

定义 4-1 地面惯性坐标系(简称"地面惯性系") $Axyz$。该坐标系与地球固连，原点 A 通常与发射瞬时导弹的质心(地面上的起飞点)相重合；Ax 轴位于地面(水平面)内，通常位于弹道面内，且取指向目标为正方向；Ay 轴与地面垂直，向上为正方向；Az 轴方向按照右手定则确定。地面惯性坐标系主要用来描述导弹的质心位置和空间姿态基准。

定义 4-2 弹体坐标系 $Ox_1y_1z_1$。该坐标系与弹体固连，原点 O 与导弹的质心相重合；Ox_1 轴和导弹的纵轴重合，取指向弹头为正方向；Oy_1 轴位于导弹的纵向对称面内，取垂直向上为正方向；Oz_1 轴方向按照右手定则确定。弹体坐标系主要用于描述导弹弹体姿态的变化，建立导弹围绕质心转动的运动方程。

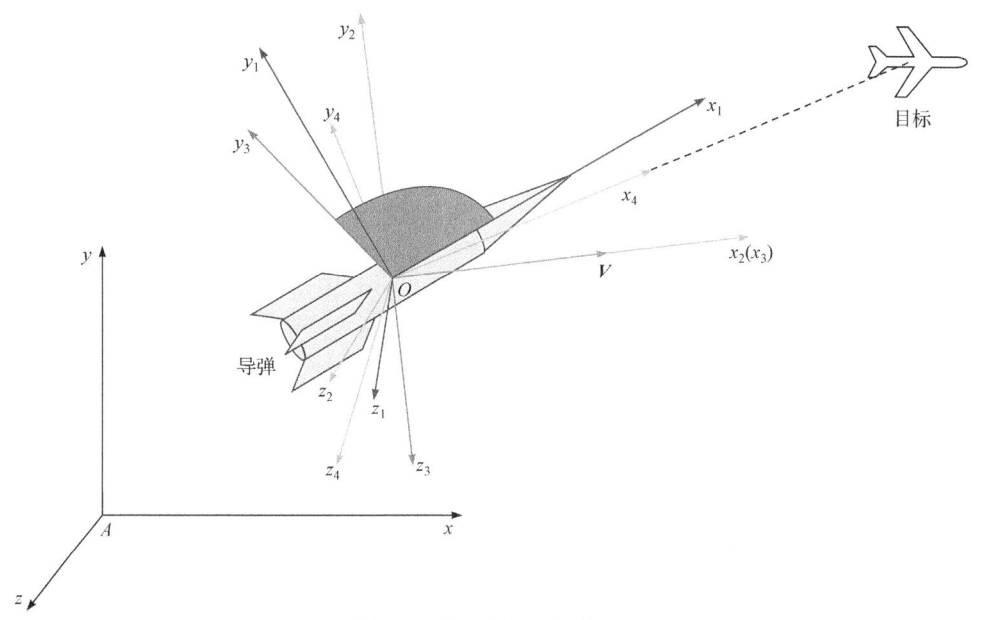

图 4-1 导弹的不同坐标系
V 为导弹的速度矢量

定义 4-3 弹道坐标系 $Ox_2y_2z_2$。该坐标系原点 O 与导弹的瞬时质心相重合；Ox_2 轴和导弹的速度矢量 V 重合；Oy_2 轴位于包含导弹速度矢量 V 的铅垂面内，取向上为正方向；Oz_2 轴方向按右手定则确定。弹道坐标系与导弹的速度矢量 V 是同步的，属于动坐标系，该坐标系相对于弹体是转动的，主要用来描述导弹质心的动力学标量运动。

定义 4-4 速度坐标系 $Ox_3y_3z_3$。该坐标系原点 O 与导弹的瞬时质心相重合；Ox_3 轴和导弹的速度矢量 V 重合；Oy_3 轴位于导弹的纵向对称面内，取向上为正方向；Oz_3 轴方向按右手定则确定。速度坐标系也与导弹的速度矢量 V 固连，也属于动坐标系。

定义 4-5 视线坐标系 $Ox_4y_4z_4$。该坐标系原点 O 通常选取导弹的瞬时质心；Ox_4 轴沿着弹-目视线方向，取指向目标为正方向；Oy_4 轴位于包含 Ox_4 轴的铅垂面内，取向上为正方向；Oz_4 轴方向按右手定则确定。

以上这些常用坐标系之间的相互转换关系如下所述。

(1) 地面惯性系与弹体坐标系的转换矩阵为

$$\boldsymbol{L}(\gamma,\vartheta,\psi) = \boldsymbol{R}_x(\gamma)\cdot\boldsymbol{R}_z(\vartheta)\cdot\boldsymbol{R}_y(\psi)$$

$$= \begin{bmatrix} \cos\vartheta\cos\psi & \sin\vartheta & -\cos\vartheta\sin\psi \\ -\sin\vartheta\cos\psi\cos\gamma + \sin\psi\sin\gamma & \cos\vartheta\cos\gamma & \sin\vartheta\sin\psi\cos\gamma + \cos\psi\sin\gamma \\ \sin\vartheta\cos\psi\sin\gamma + \sin\psi\cos\gamma & -\cos\vartheta\sin\gamma & -\sin\vartheta\sin\psi\sin\gamma + \cos\psi\cos\gamma \end{bmatrix} \quad (4\text{-}1)$$

式中，γ 是滚转角，ϑ 是俯仰角，ψ 是偏航角，分别是导弹的三个姿态角；$\boldsymbol{R}_x(\cdot)$、$\boldsymbol{R}_y(\cdot)$ 和 $\boldsymbol{R}_z(\cdot)$ 分别是当前坐标系 Ax 轴、Ay 轴和 Az 轴的坐标旋转矩阵，可分别表示为如下形式：

$$\boldsymbol{R}_x(\cdot) = \begin{bmatrix} 1 & 0 & 0 \\ 0 & \cos(\cdot) & \sin(\cdot) \\ 0 & -\sin(\cdot) & \cos(\cdot) \end{bmatrix} \quad (4\text{-}2)$$

$$\boldsymbol{R}_y(\cdot) = \begin{bmatrix} \cos(\cdot) & 0 & -\sin(\cdot) \\ 0 & 1 & 0 \\ \sin(\cdot) & 0 & \cos(\cdot) \end{bmatrix} \quad (4\text{-}3)$$

$$\boldsymbol{R}_z(\cdot) = \begin{bmatrix} \cos(\cdot) & \sin(\cdot) & 0 \\ -\sin(\cdot) & \cos(\cdot) & 0 \\ 0 & 0 & 1 \end{bmatrix} \quad (4\text{-}4)$$

(2) 地面惯性系与弹道坐标系的转换矩阵为

$$\boldsymbol{L}(\theta,\psi_V) = \boldsymbol{R}_z(\theta) \cdot \boldsymbol{R}_y(\psi_V) = \begin{bmatrix} \cos\theta\cos\psi_V & \sin\theta & -\cos\theta\sin\psi_V \\ -\sin\theta\cos\psi_V & \cos\theta & \sin\theta\sin\psi_V \\ \sin\psi_V & 0 & \cos\psi_V \end{bmatrix} \quad (4\text{-}5)$$

式中，θ 是弹道倾角；ψ_V 是弹道偏角。

(3) 弹道坐标系与速度坐标系的转换矩阵为

$$\boldsymbol{L}(\gamma_V) = \boldsymbol{R}_x(\gamma_V) = \begin{bmatrix} 1 & 0 & 0 \\ 0 & \cos\gamma_V & \sin\gamma_V \\ 0 & -\sin\gamma_V & \cos\gamma_V \end{bmatrix} \quad (4\text{-}6)$$

式中，γ_V 是速度倾斜角。

(4) 速度坐标系与弹体坐标系的转换矩阵为

$$\boldsymbol{L}(\alpha,\beta) = \boldsymbol{R}_z(\alpha) \cdot \boldsymbol{R}_y(\beta) = \begin{bmatrix} \cos\alpha\cos\beta & \sin\alpha & -\cos\alpha\sin\beta \\ -\sin\alpha\cos\beta & \cos\alpha & \sin\alpha\sin\beta \\ \sin\beta & 0 & \cos\beta \end{bmatrix} \quad (4\text{-}7)$$

式中，α 是攻角；β 是侧滑角。

(5) 地面惯性系与视线坐标系的转换矩阵为

$$\boldsymbol{L}(q_\varepsilon,q_\beta) = \boldsymbol{R}_z(q_\varepsilon) \cdot \boldsymbol{R}_y(q_\beta) = \begin{bmatrix} \cos q_\varepsilon \cos q_\beta & \sin q_\varepsilon & -\cos q_\varepsilon \sin q_\beta \\ -\sin q_\varepsilon \cos q_\beta & \cos q_\varepsilon & \sin q_\varepsilon \sin q_\beta \\ \sin q_\beta & 0 & \cos q_\beta \end{bmatrix} \quad (4\text{-}8)$$

式中，q_ε 是视线倾角；q_β 是视线偏角。

导弹几种常用坐标系间的转换关系可用图 4-2 表示。

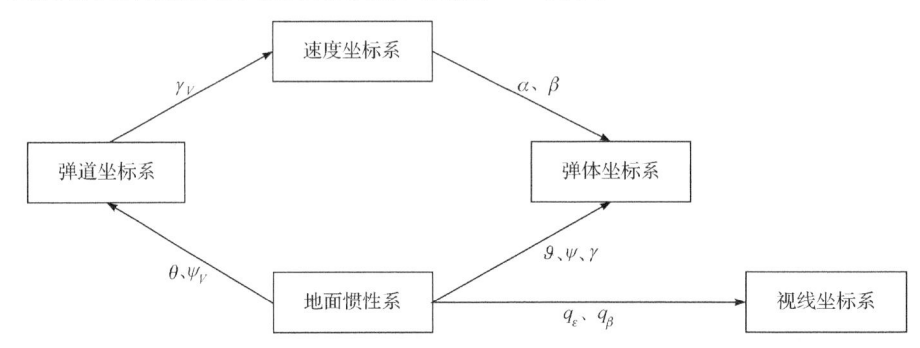

图 4-2 导弹几种常用坐标系间的转换关系

4.1.2 典型导弹动力学模型

在本小节中,将在不同坐标系下给出几种常用的单导弹动力学模型,为导弹集群动力学模型的构建奠定基础。

4.1.2.1 地面惯性坐标系下的全状态动力学方程

本小节将给出单个导弹的质心运动及绕质心转动的全状态动力学方程组,以描述作用在该导弹上的力和力矩对其状态量(位置、速度、姿态、姿态角速度等)的影响。在仅考虑近程制导与控制的条件下,进行如下假设[2]:

(1) 忽略地球曲率的影响,将地面看成平面,因此地面惯性系即为惯性坐标系;
(2) 地球重力场是均匀分布的,因此地球重力加速度 $g = 9.8 \text{ m/s}^2$ 为恒值;
(3) 导弹的质心位置保持不变;
(4) 忽略导弹的形变,将导弹视为质量分布不变的刚体,因此导弹的转动惯量矩阵恒定;
(5) 导弹为轴对称型,因此导弹相对于弹体坐标系的惯性积均为 0,弹体坐标系各轴为导弹的惯性主轴;
(6) 导弹的燃料消耗速率为恒值。

在此条件下,在地面惯性系 $Axyz$ 中,给出如式(4-9)所示的导弹全状态动力学方程组[1]。其中,第 1~6 个方程描述导弹的质心运动,第 7~12 个方程描述导弹绕质心的转动,第 13 个方程描述导弹的质量变化,第 14~16 个方程描述导弹不同方位角之间的变换关系。各个方位角的定义与 4.1.1 小节保持一致。$(x, y, z)^\text{T}$ 为导弹在地面惯性系中的位置坐标。$(\omega_x, \omega_y, \omega_z)^\text{T}$ 为弹体坐标系相对于地面惯性系的角速度矢量(导弹的角速度矢量),在地面惯性系中表示。V 为导弹的当前速率。P 为发动机推力。$\boldsymbol{F}_\text{a} = (X, Y, Z)^\text{T}$,为导弹的总气动力,在速度坐标系中表示,其各分量分别称为阻力、升力和侧向力。m 为导弹的当前质量。m_c 为导弹的质量减少速率。$\boldsymbol{J} = \text{diag}(J_x, J_y, J_z)$,为导弹在弹体坐标系中的转动惯量矩阵。$\boldsymbol{M} = (M_x, M_y, M_z)^\text{T}$,为作用在导弹上的所有外力(含推力)对质心的力矩,在弹体坐标系中表示。导弹的气动力和气动力矩可根据导弹姿态和气动力知识计算。

$$\begin{cases}
\dfrac{\text{d}x}{\text{d}t} = V \cos\theta \cos\psi_V \\
\dfrac{\text{d}y}{\text{d}t} = V \sin\theta \\
\dfrac{\text{d}z}{\text{d}t} = -V \cos\theta \sin\psi_V \\
m \dfrac{\text{d}V}{\text{d}t} = P \cos\alpha \cos\beta - X - mg \sin\theta \\
mV \dfrac{\text{d}\theta}{\text{d}t} = P(\sin\alpha \cos\gamma_V + \cos\alpha \sin\beta \sin\gamma_V) + Y \cos\gamma_V - Z \sin\gamma_V - mg \cos\theta \\
-mV \cos\theta \dfrac{\text{d}\psi_V}{\text{d}t} = P(\sin\alpha \sin\gamma_V - \cos\alpha \sin\beta \cos\gamma_V) + Y \sin\gamma_V + Z \cos\gamma_V
\end{cases}$$

$$\begin{cases}\dfrac{\mathrm{d}\vartheta}{\mathrm{d}t} = \omega_y \sin\gamma + \omega_z \cos\gamma \\ \dfrac{\mathrm{d}\psi}{\mathrm{d}t} = \dfrac{1}{\cos\vartheta}\left(\omega_y \cos\gamma - \omega_z \sin\gamma\right) \\ \dfrac{\mathrm{d}\gamma}{\mathrm{d}t} = \omega_x - \tan\vartheta\left(\omega_y \cos\gamma - \omega_z \sin\gamma\right) \\ J_x \dfrac{\mathrm{d}\omega_x}{\mathrm{d}t} + (J_z - J_y)\omega_z \omega_y = M_x \\ J_y \dfrac{\mathrm{d}\omega_y}{\mathrm{d}t} + (J_x - J_z)\omega_x \omega_z = M_y \\ J_z \dfrac{\mathrm{d}\omega_z}{\mathrm{d}t} + (J_y - J_x)\omega_y \omega_x = M_z \\ \dfrac{\mathrm{d}m}{\mathrm{d}t} = -m_c \\ \sin\beta = \cos\theta[\cos\gamma\sin(\psi-\psi_V) + \sin\vartheta\sin\gamma\cos(\psi-\psi_V)] - \sin\theta\cos\vartheta\sin\gamma \\ \sin\alpha = \{\cos\theta[\sin\vartheta\cos\gamma\cos(\psi-\psi_V) - \sin\gamma\sin(\psi-\psi_V)] \\ \quad - \sin\theta\cos\vartheta\cos\gamma\}/\cos\beta \\ \sin\gamma_V = (\cos\alpha\sin\beta\sin\vartheta - \sin\alpha\sin\beta\cos\gamma\cos\vartheta + \cos\beta\sin\gamma\cos\vartheta)/\cos\theta \end{cases} \quad (4\text{-}9)$$

在上述动力学方程组的作用下,便可以发动机推力 P、总气动力 $\boldsymbol{F}_a$、合外力矩 $\boldsymbol{M}$ 为输入量,实现对导弹的位置坐标 $(x,y,z)^\mathrm{T}$、速率 V、弹道倾角 θ、弹道偏角 ψ_V、滚转角 γ、俯仰角 ϑ、偏航角 ψ、角速度矢量 $(\omega_x,\omega_y,\omega_z)^\mathrm{T}$、质量 m、攻角 α、侧滑角 β、速度倾斜角 γ_v 这16维状态量的推演。

4.1.2.2 领弹弹道坐标系下的相对运动方程

在本小节中,将考虑存在跟踪关系的两个导弹组成的系统——领弹-从弹系统,并且在领弹弹道坐标系下,给出以领弹和从弹绝对速率和方位角为自变量的从弹一阶运动学模型[3]。为此,建立地面惯性坐标系 $Axyz$ (简称"地面惯性系")、从弹弹道坐标系 $O_\mathrm{F}x_\mathrm{F}y_\mathrm{F}z_\mathrm{F}$、领弹弹道坐标系 $O_\mathrm{L}x_\mathrm{L}y_\mathrm{L}z_\mathrm{L}$ 这三个坐标系,如图4-3所示。将领弹弹道倾角、领弹弹道偏角、从弹弹道倾角、从弹弹道偏角分别记作 θ_L、$\psi_{V\mathrm{L}}$、θ_F、$\psi_{V\mathrm{F}}$。上述各个坐标系及角度的定义参照4.1.1小节。

领弹弹道坐标系 $O_\mathrm{L}x_\mathrm{L}y_\mathrm{L}z_\mathrm{L}$ 为动坐标系,因此领弹和从弹的相对运动满足以下关系式:

$$\left(\boldsymbol{V}_\mathrm{F}\right)^\mathrm{L} - \left(\boldsymbol{V}_\mathrm{L}\right)^\mathrm{L} = \left(\boldsymbol{v}_\mathrm{F}\right)^\mathrm{L} + \left(\boldsymbol{\omega}\right)^\mathrm{L} \times \left(\boldsymbol{r}_\mathrm{F}\right)^\mathrm{L} \quad (4\text{-}10)$$

式中,$\left(\boldsymbol{V}_\mathrm{F}\right)^\mathrm{L}$ 为在领弹弹道坐标系下表示的从弹绝对速度;$\left(\boldsymbol{V}_\mathrm{L}\right)^\mathrm{L}=(V_\mathrm{L},0,0)^\mathrm{T}$,为在领弹弹道坐标系下表示的领弹绝对速度,$V_\mathrm{L}$ 为领弹的绝对速率;$\left(\boldsymbol{v}_\mathrm{F}\right)^\mathrm{L}=(\dot{x},\dot{y},\dot{z})^\mathrm{T}$,为在领弹弹道坐标系下表示的从弹相对于领弹的速度;$\left(\boldsymbol{\omega}\right)^\mathrm{L}$ 为领弹弹道坐标系下,领弹弹道坐标系相对于地面惯性系的旋转角速度;$\left(\boldsymbol{r}_\mathrm{F}\right)^\mathrm{L}=(x,y,z)^\mathrm{T}$,为领弹弹道坐标系下从弹的相对位置坐标。

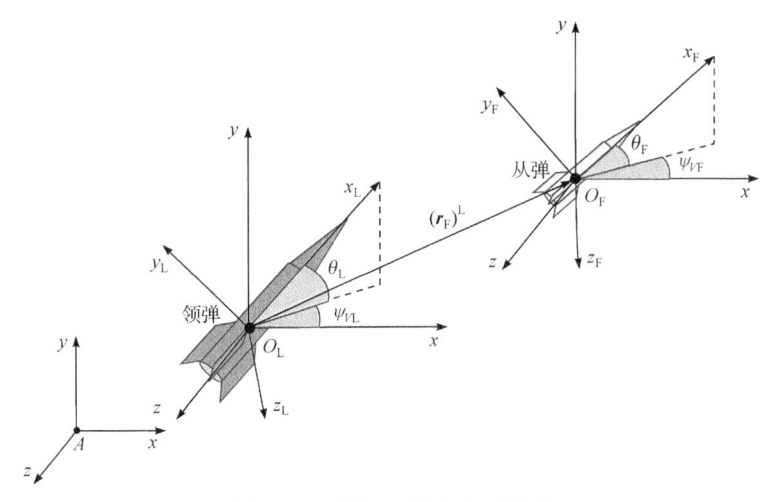

图 4-3 坐标系之间的相对关系

为求得从弹在领弹弹道坐标系下的绝对速度，需进行以下坐标转换：

$$(V_F)^L = \boldsymbol{\Phi}_I^L \boldsymbol{\Phi}_F^I (V_F)^F \tag{4-11}$$

式中，$\boldsymbol{\Phi}_I^L$ 为地面惯性系到领弹弹道坐标系的转换矩阵：

$$\boldsymbol{\Phi}_I^L = \boldsymbol{R}_z(\theta_L) \cdot \boldsymbol{R}_y(\psi_{VL}) = \begin{bmatrix} \cos\theta_L \cos\psi_{VL} & \sin\theta_L & -\cos\theta_L \sin\psi_{VL} \\ -\sin\theta_L \cos\psi_{VL} & \cos\theta_L & \sin\theta_L \sin\psi_{VL} \\ \sin\psi_{VL} & 0 & \cos\psi_{VL} \end{bmatrix} \tag{4-12}$$

$\boldsymbol{\Phi}_F^I$ 为从弹弹道坐标系到地面惯性系的转换矩阵：

$$\boldsymbol{\Phi}_F^I = \boldsymbol{R}_y(-\psi_{VF}) \cdot \boldsymbol{R}_z(-\theta_F) = \begin{bmatrix} \cos\theta_F \cos\psi_{VF} & -\sin\theta_F \cos\psi_{VF} & \sin\psi_{VF} \\ \sin\theta_F & \cos\theta_F & 0 \\ -\cos\theta_F \sin\psi_{VF} & \sin\theta_F \sin\psi_{VF} & \cos\psi_{VF} \end{bmatrix} \tag{4-13}$$

$(V_F)^F = (V_F, 0, 0)^T$，为在从弹弹道坐标系下表示的从弹速度，V_F 为从弹的绝对速率。

领弹弹道坐标系相对地面惯性系的旋转角速度可在领弹弹道坐标系下表示为如下形式：

$$(\boldsymbol{\omega})^L = \boldsymbol{R}_z(\theta_L) \cdot \begin{pmatrix} 0 \\ \dot{\psi}_{VL} \\ 0 \end{pmatrix} + \begin{pmatrix} 0 \\ 0 \\ \dot{\theta}_L \end{pmatrix} = \begin{pmatrix} \dot{\psi}_{VL} \sin\theta_L \\ \dot{\psi}_{VL} \cos\theta_L \\ \dot{\theta}_L \end{pmatrix} \tag{4-14}$$

将式(4-11)~式(4-14)代入式(4-10)，并用 $(r_F)^L$ 和 $(v_F)^L$ 的定义式替换，即可求出在领弹弹道坐标系下表示的从弹相对运动学方程：

$$\begin{cases} \dot{x} = V_F \cos\theta_F \cos\theta_L \cos\psi_e + V_F \sin\theta_F \sin\theta_L - V_L - z\dot{\psi}_{VL} \cos\theta_L + y\dot{\theta}_L \\ \dot{y} = -V_F \cos\theta_F \sin\theta_L \cos\psi_e + V_F \sin\theta_F \cos\theta_L + x\dot{\theta}_L + z\dot{\psi}_{VL} \sin\theta_L \\ \dot{z} = V_F \cos\theta_F \sin\psi_e - y\dot{\psi}_{VL} \sin\theta_L + x\dot{\psi}_{VL} \cos\theta_L \\ \psi_e = \psi_{VL} - \psi_{VF} \end{cases} \tag{4-15}$$

借助上述相对运动学模型,可以在领弹弹道坐标系下根据领弹和从弹的绝对速率、弹道倾角、弹道偏角及其变化率,实现从弹的相对位置坐标推演。

4.1.3 基于状态空间的导弹动力学与控制模型

为了便于控制律设计,将导弹动力学模型统一表示成如下状态空间形式:

$$\frac{d\boldsymbol{x}}{dt} = \boldsymbol{f}(\boldsymbol{x}) + \boldsymbol{G}(\boldsymbol{x}) \cdot \boldsymbol{u} \tag{4-16}$$

式中,$\boldsymbol{x}$ 为导弹状态量;$\boldsymbol{u}$ 为导弹控制量;$\boldsymbol{f}(\boldsymbol{x})$ 为导弹的开环动力学模型;$\boldsymbol{G}(\boldsymbol{x})$ 为导弹的控制矩阵。

对于 4.1.2.1 小节所示的地面惯性坐标系下的全状态动力学方程,导弹状态量可以表示为

$$\boldsymbol{x} = (x, y, z, V, \theta, \psi_V, \gamma, \vartheta, \psi, \omega_x, \omega_y, \omega_z, m)^\mathrm{T} \tag{4-17}$$

导弹控制量可以表示为

$$\boldsymbol{u} = (P, X, Y, Z, M_x, M_y, M_z)^\mathrm{T} \tag{4-18}$$

导弹开环动力学模型可以表示为

$$\boldsymbol{f}(\boldsymbol{x}) = \begin{bmatrix} V\cos\theta\cos\psi_V \\ V\sin\theta \\ -V\cos\theta\sin\psi_V \\ -g\sin\theta \\ -\dfrac{g\cos\theta}{V} \\ 0 \\ \omega_y\sin\gamma + \omega_z\cos\gamma \\ \dfrac{1}{\cos\vartheta}(\omega_y\cos\gamma - \omega_z\sin\gamma) \\ \omega_x - \tan\vartheta(\omega_y\cos\gamma - \omega_z\sin\gamma) \\ \dfrac{(J_y - J_z)\omega_y\omega_z}{J_x} \\ \dfrac{(J_z - J_x)\omega_z\omega_x}{J_y} \\ \dfrac{(J_x - J_y)\omega_x\omega_y}{J_z} \\ -m_c \end{bmatrix} \tag{4-19}$$

导弹控制矩阵可以表示为

$$G(x) = \begin{bmatrix} \mathbf{0}_{3\times 4} & \mathbf{0}_{3\times 3} \\ G_F(x) & \mathbf{0}_{3\times 3} \\ \mathbf{0}_{3\times 4} & \mathbf{0}_{3\times 3} \\ \mathbf{0}_{3\times 4} & G_M \\ \mathbf{0}_{1\times 4} & \mathbf{0}_{1\times 3} \end{bmatrix} \quad (4\text{-}20)$$

式中，

$$G_F(x) = \begin{bmatrix} \dfrac{\cos\alpha\cos\beta}{m} & -\dfrac{1}{m} & 0 & 0 \\ \dfrac{\sin\alpha\cos\gamma_V + \cos\alpha\sin\beta\sin\gamma_V}{mV} & 0 & \dfrac{\cos\gamma_V}{mV} & -\dfrac{\sin\gamma_V}{mV} \\ -\dfrac{\sin\alpha\sin\gamma_V - \cos\alpha\sin\beta\cos\gamma_V}{mV\cos\theta} & 0 & -\dfrac{\sin\gamma_V}{mV\cos\theta} & -\dfrac{\cos\gamma_V}{mV\cos\theta} \end{bmatrix} \quad (4\text{-}21)$$

$$G_M = \mathrm{diag}\left(\dfrac{1}{J_x}, \dfrac{1}{J_y}, \dfrac{1}{J_z}\right) \quad (4\text{-}22)$$

4.1.4 导弹集群动力学与控制模型

对于由 n 个导弹组成的导弹集群，为了便于设计其控制律，可以将导弹动力学与控制模型改写成如下集群形式：

$$\frac{\mathrm{d}x_i}{\mathrm{d}t} = f(x_i) + G(x_i) \cdot u_i, \quad i = 1, 2, \cdots, n \quad (4\text{-}23)$$

或者写成如下集群状态量的形式：

$$\frac{\mathrm{d}X}{\mathrm{d}t} = \begin{pmatrix} f(x_1) \\ f(x_2) \\ \vdots \\ f(x_n) \end{pmatrix} + \begin{bmatrix} G(x_1) & & & \\ & G(x_2) & & \\ & & \ddots & \\ & & & G(x_n) \end{bmatrix} \cdot U \quad (4\text{-}24)$$

式中，x_i 为集群中导弹 i 的状态量；u_i 为集群中导弹 i 的控制量；$X = \left(x_1^\mathrm{T}, x_2^\mathrm{T}, \cdots, x_n^\mathrm{T}\right)^\mathrm{T}$，为导弹集群的状态量；$U = \left(u_1^\mathrm{T}, u_2^\mathrm{T}, \cdots, u_n^\mathrm{T}\right)^\mathrm{T}$，为导弹集群的控制量；$f(x_i)$ 为导弹的开环动力学模型；$G(x_i)$ 为导弹的控制矩阵。由于导弹的动力学模型不随集群个体数目变化而变化，因此对于集群中的所有导弹而言，$f(x_i)$ 和 $G(x_i)$ 都具有相同结构。

4.2 无人机集群飞行动力学与控制模型

无人机数学模型的建立是飞行控制系统设计及飞行仿真的前提。本节针对固定翼与多旋翼两类无人机，建立无人机空中运动的非线性模型，并对模型进行线性化处理，给出线性化的表达形式，为后续的控制系统设计、控制律评估与确认奠定基础。

4.2.1 固定翼无人机动力学模型与控制

对无人机模型进行数字仿真需要通过具体的运动方程对无人机所受的运动约束进行描述,因此本小节对无人机运动方程的定义以及推导进行介绍,以建立无人机数字模型,为控制律设计以及数字飞行仿真奠定基础。

4.2.1.1 固定翼无人机常用坐标系

无人机的三维运动需要在不同的坐标系下进行分析,合适的坐标系可对无人机飞行时受到的重力、升力、推力及其相应的力矩进行准确简洁的表示。本小节将阐述无人机运动中常用坐标系以及状态参数的定义。

1. 常用坐标系

1) 北斗地坐标系

北斗地坐标系定义为 $S_g(O_g x_g y_g z_g)$,其原点 O_g 一般是无人机起飞点。$O_g x_g$ 为经过坐标原点的北向地理经线,$O_g z_g$ 轴由原点垂直于地面指向地心,$O_g y_g$ 轴垂直于 $z_g O_g x_g$ 平面指向东方。北斗地坐标系常用于标记无人机方位,进行近距离导航制导。

2) 机体坐标系

机体坐标系定义为 $S_b(O_b x_b y_b z_b)$,O_b 为飞机质心,$O_b x_b$ 轴沿着机头指向前方,$O_b z_b$ 轴在机体对称面内,垂直于 $O_b x_b$ 轴,方向向下,$O_b y_b$ 轴与面 $z_b O_b x_b$ 垂直,方向朝右。机体坐标系常用来描述飞机的气动力矩和绕质心的角运动。

3) 气流坐标系

气流坐标系定义为 $S_w(O_w x_w y_w z_w)$,O_w 与飞机质心重合,$O_w x_w$ 轴方向与飞行速度 V(空速,即飞机相对于空气的速度)重合,因此气流坐标系又称为速度坐标系。$O_w z_w$ 轴在飞机对称面内,垂直于 $O_w x_w$ 轴,方向沿质心到机腹。$O_w y_w$ 轴与对称面 $z_w O_w x_w$ 垂直,方向朝右。

4) 稳定坐标系

稳定坐标系又称为半机体坐标系,其原点 O_s 取在飞机质心处,坐标系与飞机固连。$O_s x_s$ 轴与未受扰飞行速度 V 在飞机对称平面内得到的投影重合。$O_s z_s$ 轴在飞机对称面内与 $O_s x_s$ 轴垂直,并且指向机腹下方,与气流坐标系中 $O_w z_w$ 轴一致。稳定坐标系常用来描述飞机的基准运动,用于建立小扰动线性化方程。

5) 航迹坐标系

航迹坐标系 $S_k(O_k x_k y_k z_k)$ 的原点 O_k 在飞机质心处,该坐标系与飞机固连,$O_k x_k$ 轴与航迹速度 V_k(地速,即飞机相对于地表的速度)方向一致,$O_k z_k$ 轴在包含航迹速度 V_k 的铅垂面内,垂直于 $O_k x_k$ 轴,方向朝下;$O_k y_k$ 轴与 $z_k O_k x_k$ 平面垂直,通过右手定则确定方向。航迹速度 V_k 与水平面的夹角为航迹角 γ。

2. 飞行状态参数

1) 姿态角

无人机在空中的姿态是从地面惯性系观察得到的,因此需要通过无人机在机体坐标系下的投影进行姿态角定义,如图4-4所示。

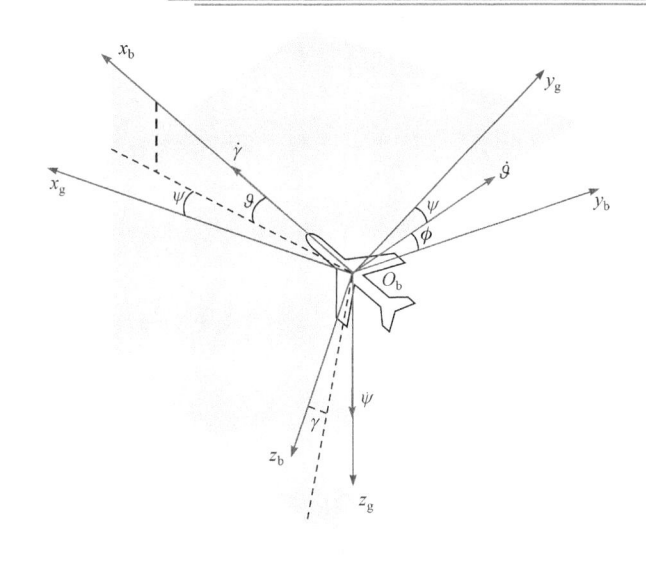

图 4-4　姿态角定义示意图

俯仰角 ϑ：机体坐标系 $O_b x_b$ 轴与地平面 $x_g O_g y_g$ 的夹角，定义无人机抬头时俯仰角为正向。

滚转角 γ：机体坐标系 $O_b z_b$ 轴与 $O_b x_b$ 轴所在平面与铅垂面的夹角，规定滚转角为正时无人机向右滚转。

偏航角 ψ：机体坐标系 $O_b x_b$ 轴在地平面 $x_g O_g y_g$ 的投影和 $O_g x_g$ 轴的夹角，定义投影在 $O_g x_g$ 轴的右侧时，偏航角为正。

2) 角速度在机体坐标系上的投影

无人机姿态角速度在机体坐标系上的投影称为机体坐标系下的角速度分量。纵轴角速度 p 与机体坐标系 $O_b x_b$ 轴重合；横轴角速度 q 与机体坐标系 $O_b y_b$ 轴重合；立轴角速度 r 与机体坐标系 $O_b z_b$ 轴重合。

3) 机体坐标系下的速度分量

机体坐标系的三个速度分量是飞行速度 V 在机体坐标系上的投影分量。其中，u 与机体坐标系 $O_b x_b$ 轴重合；v 与机体坐标系 $O_b y_b$ 轴重合；w 与机体坐标系 $O_b z_b$ 轴重合。

4) 气流角

气流角由机体坐标系和气流坐标系共同定义，如图 4-5 所示。

迎角(攻角) α：飞行速度矢量 V 在无人机对称面的投影与 $O_b x_b$ 轴的夹角即为迎角，当速度矢量投影在 $O_b x_b$ 轴下方时迎角取正。

侧滑角 β：无人机速度矢量 V 与无人机对称面的夹角，当速度矢量在对称面右侧时侧滑角为正。

4.2.1.2　固定翼无人机运动学及运动学方程

刚体飞机的运动方程分为动力学方程和运动学方程两类，动力学方程在不同坐标系下应用牛顿第二定律和矢量微分公式推导飞机受力和状态参数之间的变化关系；运动学方程则是利用坐标系变换关系建立不同运动参数矢量之间的关系方程。

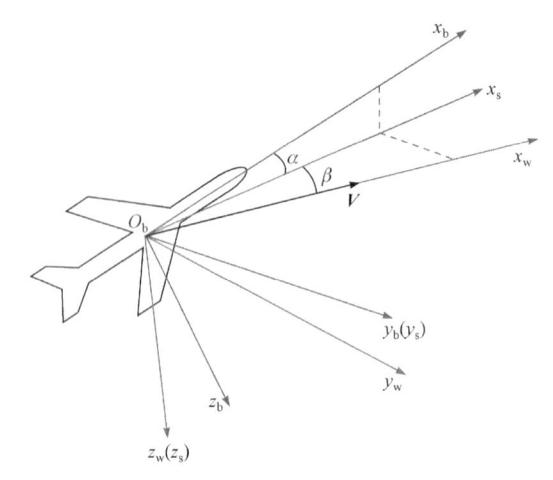

图 4-5　气流角定义示意图

在推导刚体飞机运动方程时，为了简化计算过程，作如下假设：
(1) 无人机表面不产生形变，质量保持不变；
(2) 忽略地球自转速率，惯性坐标系选取地面惯性系；
(3) 将地面作为理想的二维平面；
(4) 重力加速度 g 保持不变，不受空间位置影响；
(5) 无人机是对称的，其对称面为机体坐标系的 $x_bO_bz_b$ 平面，并且外形关于 $x_bO_bz_b$ 平面对称，有着对称的质量分布，惯性积满足 $I_{xy}=\int xy\mathrm{d}m=0$，$I_{zy}=\int zy\mathrm{d}m=0$，无人机关于机体坐标系三轴的转动惯量不变。

分析飞机运动时，将力作用在速度坐标系下分解，将力矩作用在机体坐标系下分解。以地面惯性系为惯性坐标系，机体坐标系为动坐标系。建立在动坐标系中的动力学方程，引入矢量的绝对导数和相对导数之间的关系：在惯性坐标系中某一矢量对时间的导数(绝对导数)与同一矢量在动坐标系中对时间的导数(相对导数)之差，等于这个矢量本身与动坐标系的转动角速度的矢量乘积[1]，即

$$\frac{\mathrm{d}\boldsymbol{V}}{\mathrm{d}t}=\frac{\delta \boldsymbol{V}}{\delta t}+\boldsymbol{\Omega}\times\boldsymbol{V} \tag{4-25}$$

$$\frac{\mathrm{d}\boldsymbol{H}}{\mathrm{d}t}=\frac{\delta \boldsymbol{H}}{\delta t}+\boldsymbol{\Omega}\times\boldsymbol{H} \tag{4-26}$$

式中，$\dfrac{\mathrm{d}\boldsymbol{V}}{\mathrm{d}t}$、$\dfrac{\mathrm{d}\boldsymbol{H}}{\mathrm{d}t}$ 分别为在惯性坐标系(北斗地坐标系)中矢量 $\boldsymbol{V}$ 与 $\boldsymbol{H}$ 的绝对导数；$\dfrac{\delta \boldsymbol{V}}{\delta t}$、$\dfrac{\delta \boldsymbol{H}}{\delta t}$ 分别为在动坐标系(机体坐标系)中矢量 $\boldsymbol{V}$ 与 $\boldsymbol{H}$ 的相对导数；$\boldsymbol{\Omega}$ 为动坐标系相对地面惯性系的角速度向量。

1) 机体坐标系下力方程组

无人机速度矢量 $\boldsymbol{V}$ 在机体坐标系可以表示为

$$\boldsymbol{V}=\boldsymbol{i}\cdot u+\boldsymbol{j}\cdot v+\boldsymbol{k}\cdot w \tag{4-27}$$

式中，$\boldsymbol{i}$、$\boldsymbol{j}$、$\boldsymbol{k}$ 为方向向量。

根据矢量微分公式，无人机速度的相对矢导数为

$$\frac{\delta V}{\delta t} = \boldsymbol{i} \cdot \dot{u} + \boldsymbol{j} \cdot \dot{v} + \boldsymbol{k} \cdot \dot{w} \tag{4-28}$$

$$\boldsymbol{\Omega} \times \boldsymbol{V} = \begin{vmatrix} \boldsymbol{i} & \boldsymbol{j} & \boldsymbol{k} \\ p & q & r \\ u & v & w \end{vmatrix} = \boldsymbol{i} \cdot (wq - vr) + \boldsymbol{j} \cdot (ur - wp) + \boldsymbol{k} \cdot (vp - uq) \tag{4-29}$$

于是，

$$\frac{\mathrm{d} \boldsymbol{V}}{\mathrm{d} t} = \boldsymbol{i} \cdot (\dot{u} + wq - vr) + \boldsymbol{j} \cdot (\dot{v} + ur - wp) + \boldsymbol{k} \cdot (\dot{w} + vp - uq) \tag{4-30}$$

$\boldsymbol{F}$ 是作用在无人机上的合外力，将其在机体坐标系下分解为

$$\boldsymbol{F} = \boldsymbol{i} \cdot F_x + \boldsymbol{j} \cdot F_y + \boldsymbol{k} \cdot F_z \tag{4-31}$$

式中，F_x 为无人机合外力在机体坐标系 $O_b x_b$ 轴上的投影(N)；F_y 为无人机合外力在机体坐标系 $O_b y_b$ 轴上的投影(N)；F_z 为无人机合外力在机体坐标系 $O_b z_b$ 轴上的投影(N)。

根据牛顿第二定律可得

$$\begin{cases} F_x = m(\dot{u} + wq - vr) \\ F_y = m(\dot{v} + ur - wp) \\ F_z = m(\dot{w} + vp - uq) \end{cases} \tag{4-32}$$

式(4-32)等号左侧表达式为

$$\begin{bmatrix} F_x \\ F_y \\ F_z \end{bmatrix} = \boldsymbol{T}_{\mathrm{bg}} \begin{bmatrix} 0 \\ 0 \\ mg \end{bmatrix}_{\mathrm{g}} + \begin{bmatrix} T \\ 0 \\ 0 \end{bmatrix}_{\mathrm{b}} + \boldsymbol{T}_{\mathrm{bw}} \begin{bmatrix} -D \\ Y \\ -L \end{bmatrix}_{\mathrm{w}} \tag{4-33}$$

式中，$\boldsymbol{T}_{\mathrm{bg}}$ 为地面惯性系到机体坐标系的转换矩阵；$\boldsymbol{T}_{\mathrm{bw}}$ 为气流坐标系到机体坐标系的转换矩阵；T 为无人机动力系统产生的推力；Y 为无人机受到的侧向力；L 为无人机受到的升力；D 为无人机受到的阻力。

无人机在气流坐标系与机体坐标系下的受力如图 4-6 所示，方程表示如下：

$$\begin{cases} F_x = T - mg\sin\theta - D\cos\alpha\cos\beta + L\sin\alpha - Y\cos\alpha\sin\beta \\ F_y = Y\cos\beta + mg\sin\phi\cos\theta - D\sin\beta \\ F_z = mg\cos\phi\cos\theta - D\sin\alpha\cos\beta - L\cos\alpha - Y\sin\alpha\sin\beta \end{cases} \tag{4-34}$$

结合式(4-34)，可得机体坐标系下力方程组为

$$\begin{cases} \dot{u} = -wq + vr + \left(T - mg\sin\theta - D\cos\alpha\cos\beta + L\sin\alpha - Y\cos\alpha\sin\beta\right)/m \\ \dot{v} = -ur + wp + \left(Y\cos\beta + mg\sin\phi\cos\theta - D\sin\beta\right)/m \\ \dot{w} = -vp + uq + \left(mg\cos\phi\cos\theta - D\sin\alpha\cos\beta - L\cos\alpha - Y\sin\alpha\sin\beta\right)/m \end{cases} \tag{4-35}$$

2) 机体坐标系下力矩方程组

动量矩 $\boldsymbol{H}$ 在机体坐标系分解为

$$\boldsymbol{H} = \boldsymbol{i} \cdot H_x + \boldsymbol{j} \cdot H_y + \boldsymbol{k} \cdot H_z \tag{4-36}$$

式中，H_x 为无人机动量矩在机体坐标系 $O_b x_b$ 轴上的投影；H_y 为无人机动量矩在机体坐

标系 $O_b y_b$ 轴上的投影；H_z 为无人机动量矩在机体坐标系 $O_b z_b$ 轴上的投影。

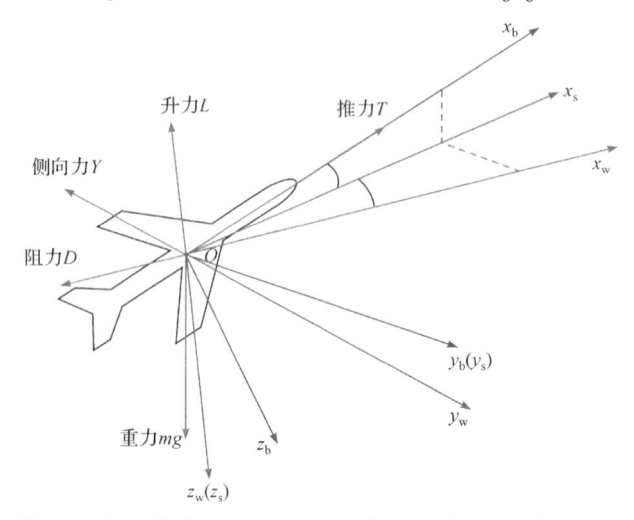

图 4-6 无人机在气流坐标系与机体坐标系下的受力示意图

动量矩 $\boldsymbol{H}$ 可以表示为

$$\boldsymbol{H} = \boldsymbol{I} \cdot \boldsymbol{\Omega} \tag{4-37}$$

式中，$\boldsymbol{I}$ 为惯性张量。动量矩 $\boldsymbol{H}$ 在机体坐标系各轴上的分量可以表示为

$$\boldsymbol{H} = \begin{bmatrix} I_x & -I_{xy} & -I_{xz} \\ -I_{yx} & I_y & -I_{yz} \\ -I_{zx} & -I_{zy} & I_z \end{bmatrix} \cdot \begin{bmatrix} p \\ q \\ r \end{bmatrix} \tag{4-38}$$

式中，

$$\begin{cases} I_x = \int (y^2 + z^2) \mathrm{d}m, \quad I_y = \int (z^2 + x^2) \mathrm{d}m, \quad I_z = \int (x^2 + y^2) \mathrm{d}m \\ I_{xy} = I_{yx} = \int xy \mathrm{d}m, \quad I_{xz} = I_{zx} = \int xz \mathrm{d}m, \quad I_{yz} = I_{zy} = \int yz \mathrm{d}m \end{cases} \tag{4-39}$$

根据对称性假设，有 $I_{xy} = 0$，$I_{zy} = 0$，因此可得

$$\begin{cases} H_x = p \cdot I_x - r \cdot I_{xz} \\ H_y = q \cdot I_y \\ H_z = r \cdot I_z - p \cdot I_{xz} \end{cases} \tag{4-40}$$

动量矩的相对导数为

$$\frac{\delta \boldsymbol{H}}{\delta t} = \boldsymbol{i} (\dot{p} I_x - \dot{r} I_{xz}) + \boldsymbol{j} (\dot{q} I_y) + \boldsymbol{k} (\dot{r} I_z - \dot{p} I_{xz}) \tag{4-41}$$

$$\boldsymbol{\Omega} \times \boldsymbol{V} = \begin{vmatrix} \boldsymbol{i} & \boldsymbol{j} & \boldsymbol{k} \\ p & q & r \\ H_x & H_y & H_z \end{vmatrix}$$

$$= \boldsymbol{i} \cdot \left[qr(I_z - I_y) - pq I_{xz} \right] + \boldsymbol{j} \cdot \left[pr(I_x - I_z) + (p^2 - r^2) I_{xz} \right] + \boldsymbol{k} \cdot \left[pq(I_y - I_x) + qr I_{xz} \right]$$

$$\tag{4-42}$$

由于力矩沿着机体坐标系满足 $\boldsymbol{M} = \boldsymbol{i} \cdot \overline{L} + \boldsymbol{j} \cdot M + \boldsymbol{k} \cdot N$，因此可得

$$\begin{cases} \overline{L} = \dot{p}I_x - \dot{r}I_{xz} + qr(I_z - I_y) - pqI_{xz} \\ M = \dot{q}I_y + pr(I_x - I_z) + (p^2 - r^2)I_{xz} \\ N = \dot{r}I_z - \dot{p}I_{xz} + pq(I_y - I_x) + qrI_{xz} \end{cases} \quad (4\text{-}43)$$

式中，$\overline{L}$ 为无人机产生的滚转力矩大小；M 为无人机产生的俯仰力矩大小；N 为无人机产生的偏航力矩大小。

整理式(4-43)可以得到无人机力矩方程组：

$$\begin{cases} \dot{p} = (c_1 r + c_2 p)q + c_3 \overline{L} + c_4 N \\ \dot{q} = c_5 pr - c_6 (p^2 - r^2) - c_7 M \\ \dot{r} = (c_8 p - c_2 r)q + c_4 L + c_9 N \end{cases} \quad (4\text{-}44)$$

式中，$c_1 = \dfrac{(I_y - I_z)I_z - I_{xz}^2}{\Sigma}$，$c_2 = \dfrac{(I_x - I_y + I_z)I_{xz}}{\Sigma}$，$c_3 = \dfrac{I_z}{\Sigma}$，$c_4 = \dfrac{I_{xz}}{\Sigma}$，$c_5 = \dfrac{I_z - I_x}{I_y}$，$c_6 = \dfrac{I_{xz}}{I_y}$，$c_7 = \dfrac{1}{I_y}$，$c_8 = \dfrac{(I_x - I_y)I_x + I_{xz}^2}{\Sigma}$，$c_9 = \dfrac{I_x}{\Sigma}$，$\Sigma = I_x I_z - I_{xz}^2$。

4.2.1.3 固定翼无人机飞行控制

固定翼无人机非线性全量方程为

$$\begin{cases} \dot{u} = -wq + vr + (T - mg\sin\theta - D\cos\alpha\cos\beta + L\sin\alpha - Y\cos\alpha\sin\beta)/m \\ \dot{v} = -ur + wp + (Y\cos\beta + mg\sin\phi\cos\theta - D\sin\beta)/m \\ \dot{w} = -vp + uq + (mg\cos\phi\cos\theta - D\sin\alpha\cos\beta - L\cos\alpha - Y\sin\alpha\sin\beta)/m \\ \dot{p} = (c_1 r + c_2 p)q + c_3 \overline{L} + c_4 N \\ \dot{q} = c_5 pr - c_6 (p^2 - r^2) - c_7 M \\ \dot{r} = (c_8 p - c_2 r)q + c_4 L + c_9 N \\ \dot{\phi} = p + (r\cos\phi + q\sin\phi)\tan\theta \\ \dot{\theta} = q\cos\phi - r\sin\phi \\ \dot{\psi} = (r\cos\phi + q\sin\phi)/\cos\theta \\ \dot{x}_g = u\cos\theta\cos\psi + v(\sin\theta\cos\psi\sin\phi - \sin\psi\cos\phi) + w(\sin\theta\cos\psi\cos\phi + \sin\psi\sin\phi) \\ \dot{y}_g = u\cos\theta\sin\psi + v(\sin\phi\sin\psi\sin\theta + \cos\psi\cos\phi) + w(\sin\theta\sin\psi\cos\phi - \cos\psi\sin\phi) \\ \dot{h} = u\sin\theta - v(\cos\theta\sin\phi) - w(\cos\theta\cos\phi) \end{cases} \quad (4\text{-}45)$$

式中，L、D、Y 分别是作用于无人机气流坐标系下的升力、阻力、侧向力；$\overline{L}$、M、N 分别是无人机坐标系下的滚转力矩大小、俯仰力矩大小、偏航力矩大小。它们的具体

表达式为

$$\begin{cases} L = Q \cdot S_w \cdot C_L \\ D = Q \cdot S_w \cdot C_D \\ Y = Q \cdot S_w \cdot C_Y \\ \bar{L} = Q \cdot S_w \cdot b_A \cdot C_{\bar{L}} \\ M = Q \cdot S_w \cdot c_A \cdot C_M \\ N = Q \cdot S_w \cdot b_A \cdot C_N \end{cases} \quad (4\text{-}46)$$

式中，C_L、C_D、C_Y 表示气动力系数；$C_{\bar{L}}$、C_M、C_N 表示气动力矩系数；c_A、b_A 分别表示无人机平均气动弦长(m)、无人机展长(m)；S_w 表示无人机机翼面积(m^2)；$Q = \rho V^2/2$(Pa)，Q、ρ 分别表示无人机飞行时所受动压、空气密度(kg/m^3)。

固定翼无人机控制输入量为推力 T、升降舵偏角 δ_e、副翼偏角 δ_a 以及方向舵偏角 δ_r，它们与气动系数的具体关系如下[4]：

$$C_L = C_{L_0} + C_{L_\alpha} \cdot \alpha + C_{L_{\delta_e}} \cdot \delta_e \quad (4\text{-}47)$$

$$C_Y = C_{Y_\beta} \cdot \beta + C_{Y_{\delta_r}} \cdot \delta_r + C_{Y_{\bar{p}}} \cdot \left(\frac{pb_A}{2V}\right) + C_{Y_{\bar{r}}} \cdot \left(\frac{rb_A}{2V}\right) \quad (4\text{-}48)$$

$$C_{\bar{L}} = C_{\bar{L}_\beta} \cdot \beta + C_{\bar{L}_{\delta_r}} \cdot \delta_r + C_{\bar{L}_{\delta_a}} \cdot \delta_a + C_{\bar{L}_{\bar{p}}} \cdot \left(\frac{pb_A}{2V}\right) + C_{\bar{L}_{\bar{r}}} \cdot \left(\frac{rb_A}{2V}\right) \quad (4\text{-}49)$$

$$C_M = C_{M_{\alpha=0}} + C_{M_\alpha} \cdot \alpha + C_{M_{\delta_e}} \cdot \delta_e + C_{M_{\dot{\alpha}}} \cdot \left(\frac{\dot{\alpha}c_A}{2V}\right) + C_{M_{\bar{q}}} \cdot \left(\frac{qc_A}{2V}\right) \quad (4\text{-}50)$$

$$C_N = C_{N_\beta} \cdot \beta + C_{N_{\delta_a}} \cdot \delta_a + C_{N_{\delta_r}} \cdot \delta_r + C_{N_{\bar{p}}} \cdot \left(\frac{pb_A}{2V}\right) + C_{N_{\bar{r}}} \cdot \left(\frac{rb_A}{2V}\right) \quad (4\text{-}51)$$

在线性化处理时，根据几何关系可知，$\dot{u}$、$\dot{v}$、$\dot{w}$ 可由

$$\begin{cases} \dot{V} = \dfrac{u\dot{u} + v\dot{v} + w\dot{w}}{V} \\ \dot{\alpha} = \dfrac{u\dot{w} - w\dot{u}}{u^2 + w^2} \\ \dot{\beta} = \dfrac{\dot{v}V - v\dot{V}}{V^2 \cos\beta} \end{cases} \quad (4\text{-}52)$$

表示，将 V、α、β 作为状态变量，写成 u、v、w 表示的状态方程等价的形式，则空中运动数学模型的状态变量为

$$\boldsymbol{x} = \begin{bmatrix} V & \alpha & \beta & \phi & \theta & \psi & p & q & r & x_g & y_g & h \end{bmatrix} \quad (4\text{-}53)$$

输入变量 $\boldsymbol{u} = \begin{bmatrix} T & \delta_e & \delta_a & \delta_r \end{bmatrix}$。由上述方程组确定固定翼无人机的六自由度方程组为

$$\dot{\boldsymbol{x}} = \boldsymbol{f}(\boldsymbol{x}, \boldsymbol{u}, \boldsymbol{d}) \quad (4\text{-}54)$$

式中，$\boldsymbol{f}$ 可由式(4-46)～式(4-52)代入式(4-45)得到；$\boldsymbol{d}$ 为扰动量。

4.2.2 多旋翼无人机动力学模型与控制

多旋翼无人机是一种采用多个旋翼(通常是四个或更多个)来提供升力和稳定性的飞行器，通常被设计成具有垂直起降能力，类似于直升机，但由于采用了多个旋翼，其飞行控制和稳定性通常更容易实现。四旋翼无人机因具有构造简单、操作方便、成本低廉等特性而被人们广泛应用于众多场合。因此，本小节以"四旋翼"为案例，建立旋翼无人机动力学与控制模型。对于其他结构的旋翼机(更多旋翼，如六旋翼等)，可采用相似的分析方法。

四旋翼飞行器是典型的欠驱动、强耦合的非线性系统，为了实现对四旋翼飞行器的控制，建立合理精准的数学模型是十分必要的。

4.2.2.1 多旋翼无人机飞行原理

四旋翼无人机通常采用对称的+字形结构，在"+"字的末端安装有无刷电机，电机带动旋翼转动以产生飞行动力。为了抵消旋翼旋转产生的反扭矩，相对位置电机的转动方向相同，相邻两个电机的转动方向相反，这种电机配置方式可以使四旋翼无人机的偏航角保持在期望值。按照机头方向和机架之间的角度，可以把四旋翼无人机分为"+"字形结构和"×"字形结构，如图 4-7 所示。在建立四旋翼无人机的数学模型时，"+"字形结构的构造过程更加简洁明了，建模过程简便。

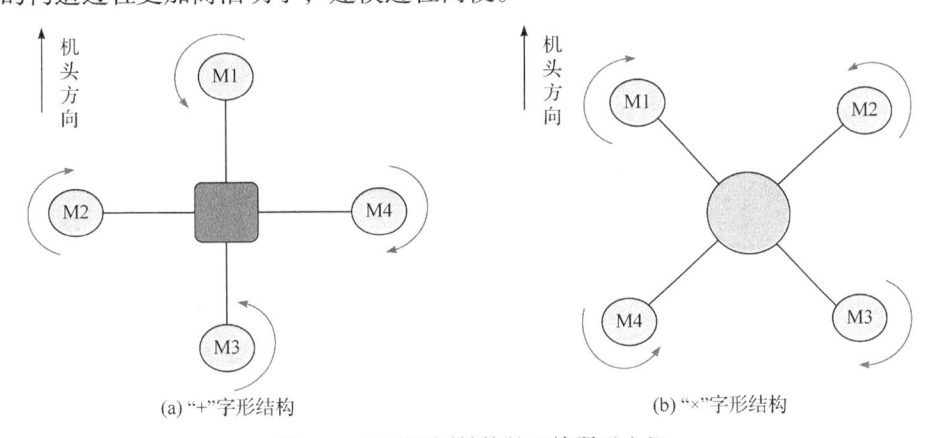

(a) "+"字形结构 (b) "×"字形结构

图 4-7 两种不同结构的四旋翼无人机

4.2.2.2 多旋翼无人机运动学及运动学方程

在惯性坐标系中，可以得到四旋翼无人机的平动和转动方程：

$$\begin{cases} \boldsymbol{F}_h = m\dfrac{\mathrm{d}^2 \boldsymbol{x}}{\mathrm{d}t^2} \\ \boldsymbol{T}_h = J\dfrac{\mathrm{d}\boldsymbol{\Omega}}{\mathrm{d}t} \end{cases} \tag{4-55}$$

式中，$\boldsymbol{F}_h$ 和 $\boldsymbol{T}_h$ 分别为机体所受的合外力和合外力矩；m 为无人机的总质量；J 为机体的转动惯量；$\boldsymbol{x}$ 为无人机的位移；$\boldsymbol{\Omega}$ 为无人机机体转动的角速度。

一般情况下，四旋翼无人机在飞行过程中所受的合外力可以表示为

$$\boldsymbol{F}_h = \boldsymbol{F}_l + \boldsymbol{F}_d + \boldsymbol{F}_{mg} \tag{4-56}$$

式中，$\boldsymbol{F}_{mg} = [0,0,-mg]^T$，为机体自身受到的重力；$\boldsymbol{F}_l$ 为四组桨叶旋转所产生升力的合力。每一组桨叶产生的升力与其转速的平方成正比[5]，即

$$F_i = C_T \omega_i^2, \quad i = 1,2,3,4 \tag{4-57}$$

式中，C_T 为升力系数；ω_i 为所在桨叶的转速。于是

$$\boldsymbol{F}_l = \boldsymbol{T}_{Eb} \cdot \begin{bmatrix} 0 \\ 0 \\ 1 \end{bmatrix} \sum_{i=1}^{4} C_T \omega_i^2 = \sum_{i=1}^{4} C_T \omega_i^2 \begin{bmatrix} \cos\varphi\sin\theta\cos\psi + \sin\varphi\sin\psi \\ \cos\varphi\sin\theta\sin\psi - \sin\varphi\cos\psi \\ \cos\varphi\cos\theta \end{bmatrix} \tag{4-58}$$

式中，$\boldsymbol{T}_{Eb}$ 为机体坐标系到东北天坐标系的转换矩阵。

$\boldsymbol{F}_d$ 为飞行时机体所受到的空气阻力，在接触面积一定的情况下，飞行器所受到的空气阻力与其飞行速度成正相关。空气阻力的精确计算十分复杂，为了简化数学模型，在本小节中近似认为机体所受到的空气阻力与其速度成正比，即

$$\boldsymbol{F}_d = \begin{bmatrix} -k_x\dot{x}, -k_y\dot{y}, -k_z\dot{z} \end{bmatrix}^T \tag{4-59}$$

式中，k_x、k_y 和 k_z 分别是机体在 $O_E x_E$ 方向、$O_E y_E$ 方向和 $O_E z_E$ 方向上的阻力系数。式(4-56)变换为

$$\begin{cases} m\ddot{x} = \sum_{i=1}^{4} C_T \omega_i^2 (\cos\varphi\sin\theta\cos\psi + \sin\varphi\sin\psi) - k_x\dot{x} \\ m\ddot{y} = \sum_{i=1}^{4} C_T \omega_i^2 (\cos\varphi\sin\theta\sin\psi - \sin\varphi\cos\psi) - k_y\dot{y} \\ m\ddot{z} = \sum_{i=1}^{4} C_T \omega_i^2 \cos\varphi\cos\theta - k_z\dot{z} - mg \end{cases} \tag{4-60}$$

式(4-60)即为四旋翼无人机的线运动方程。

同样，根据 Newton-Euler 方程可以计算出机体的旋转动力学方程，最终求得无人机姿态运动方程，具体如下[6]：

$$\begin{cases} \dot{\varphi} = \omega_x + \omega_y \tan\theta\sin\varphi + \omega_z \tan\theta\sin\varphi \\ \dot{\theta} = \omega_y \cos\varphi - \omega_z \sin\varphi \\ \dot{\psi} = \omega_y \sin\varphi\sec\theta + \omega_z \cos\varphi\sec\theta \\ \dot{\omega}_x = \dfrac{C_T l(\omega_2^2 - \omega_4^2)}{I_{xx}} + \dfrac{\omega_z \omega_y (I_{yy} - I_{zz})}{I_{xx}} + \dfrac{J\omega_y \omega_s}{I_{xx}} - \dfrac{T_x}{I_{xx}} \\ \dot{\omega}_y = \dfrac{C_T l(\omega_1^2 - \omega_3^2)}{I_{yy}} + \dfrac{\omega_x \omega_z (I_{xx} - I_{zz})}{I_{yy}} - \dfrac{J\omega_x \omega_s}{I_{yy}} - \dfrac{T_y}{I_{yy}} \\ \dot{\omega}_z = \dfrac{C_d (\omega_1^2 - \omega_2^2 + \omega_3^2 + \omega_4^2)}{I_{zz}} + \dfrac{\omega_x \omega_y (I_{zz} - I_{yy})}{I_{zz}} - \dfrac{T_z}{I_{zz}} \end{cases} \tag{4-61}$$

式中，I_{xx}、I_{yy}、I_{zz} 为无人机绕机体坐标系的转动惯量；$[\omega_x\ \omega_y\ \omega_z]^T$ 为四旋翼无人机机体绕机体坐标系的角速率；$[T_x\ T_y\ T_z]^T$ 为各个转轴上力矩，具体表达式为

$$\boldsymbol{T}_l = \begin{bmatrix} T_x \\ T_y \\ T_z \end{bmatrix} = \begin{bmatrix} C_T l\left(\omega_2^2 - \omega_4^2\right) \\ C_T l\left(\omega_1^2 - \omega_3^2\right) \\ C_d\left(\omega_1^2 - \omega_2^2 + \omega_3^2 + \omega_4^2\right) \end{bmatrix} \tag{4-62}$$

式中，C_T 为桨叶升力系数；C_d 为桨叶阻力系数；l 为四旋翼无人机机体质心与旋翼转轴之间的距离。

4.2.2.3 多旋翼无人机飞行控制

在动力学模型推导过程中考虑了很多细节问题，如空气阻力的影响、回转力矩的作用等。理论上在建模的过程中考虑的细节越多，其仿真结果便越接近于真实的飞行情况，但这却为四旋翼无人机的控制工作带来了更多更复杂的问题。因此，需要对前文中给出的四旋翼无人机非线性数学模型进行相应的简化。

在理想情况下，假设：

(1) 四旋翼飞行器的飞行速度比较小，其空气阻力可以忽略，并且没有外界风速的影响；

(2) 四旋翼飞行器俯仰角和滚转角的值接近于零，这样便可以得到：

$$\begin{bmatrix} \dot{\varphi} & \dot{\theta} & \dot{\psi} \end{bmatrix}^T = [\omega_x, \omega_y, \omega_z]^T \tag{4-63}$$

(3) 由于四旋翼结构的限制，其体积和重量都很小，其转动惯量相应也很小，因此陀螺力矩的影响可以忽略不计。

为了便于接下来控制算法的设计，把四组电机转速的平方定义为控制输入量：

$$\boldsymbol{u} = [u_1\ u_2\ u_3\ u_4]^T = \begin{bmatrix} \omega_1^2 & \omega_2^2 & \omega_3^2 & \omega_4^2 \end{bmatrix}^T \tag{4-64}$$

于是，得到了简化后的四旋翼动力学模型：

$$\begin{cases} \ddot{x} = \dfrac{C_T(u_1+u_2+u_3+u_4)(\cos\varphi\sin\theta\cos\psi + \sin\varphi\sin\psi)}{m} \\[4pt] \ddot{y} = \dfrac{C_T(u_1+u_2+u_3+u_4)(\cos\varphi\sin\theta\sin\psi - \sin\varphi\cos\psi)}{m} \\[4pt] \ddot{z} = \dfrac{C_T(u_1+u_2+u_3+u_4)\cos\varphi\cos\theta}{m} - g \\[4pt] \ddot{\varphi} = \dfrac{C_T l(u_2 - u_4)}{I_{xx}} + \dfrac{\dot{\theta}\dot{\psi}(I_{yy} - I_{zz})}{I_{xx}} \\[4pt] \ddot{\theta} = \dfrac{C_T l(u_1 - u_3)}{I_{yy}} + \dfrac{\dot{\varphi}\dot{\psi}(I_{xx} - I_{zz})}{I_{yy}} \\[4pt] \ddot{\psi} = \dfrac{C_d(u_1 - u_2 + u_3 + u_4)}{I_{zz}} + \dfrac{\dot{\varphi}\dot{\theta}(I_{zz} - I_{yy})}{I_{zz}} \end{cases} \tag{4-65}$$

因此，控制模型的状态变量为

$$X = \begin{bmatrix} x & y & z & \varphi & \theta & \psi \end{bmatrix}^{\mathrm{T}} \tag{4-66}$$

由上述方程组确定四旋翼无人机的控制模型为

$$\ddot{X} = f(\dot{X}, X, u, d) \tag{4-67}$$

式中，f 可由式(4-65)确定；d 为扰动量。

本小节选择"×"字形结构的四旋翼无人机为案例建立动力学与控制模型，当旋翼无人机变成"+"字形结构或者其他旋翼数量，分析结果必然会不同。但是，不同旋翼无人机的分析过程与上述相似，本章将不再对其他形式的旋翼无人机进行建模分析。

4.2.3 无人机编队相对运动模型

本小节采用虚拟结构法定义编队运动，假设存在一个虚拟点 O_{f} 沿编队参考轨迹运动，定义以 O_{f} 为原点的编队坐标系 $S_{\mathrm{f}}(O_{\mathrm{f}} x_{\mathrm{f}} y_{\mathrm{f}} z_{\mathrm{f}})$，如图 4-8 所示。$O_{\mathrm{f}} x_{\mathrm{f}}$ 轴沿虚拟点速度在水平面的投影方向，$O_{\mathrm{f}} z_{\mathrm{f}}$ 轴垂直向下指向地心，$O_{\mathrm{f}} y_{\mathrm{f}}$ 轴方向由右手定则确定。相较于传统虚拟结构法采用虚拟点航迹坐标系作为编队坐标系，本小节定义的编队坐标系能够更直观地定义编队队形，且基于该坐标系的编队相对运动方程具有更简单的形式，易于控制实现。下面推导基于该坐标系的编队相对运动方程[7]。

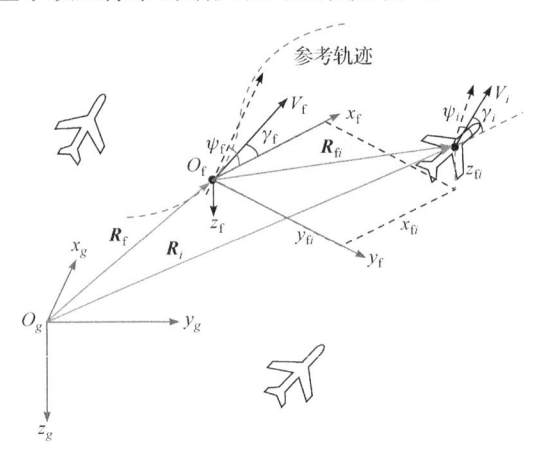

图 4-8 无人机编队相对运动分析示意图

图 4-8 中，$S_{\mathrm{g}}(O_{\mathrm{g}} x_{\mathrm{g}} y_{\mathrm{g}} z_{\mathrm{g}})$ 为地面惯性系(北斗地坐标系)；V_{f}、ψ_{f}、γ_{f} 分别为虚拟点运动速度、偏航角和航迹角，通常由编队路径规划系统提前给出。V_i、ψ_i、γ_i 分别为无人机 i 的运动速度、偏航角和航迹角。无人机 i 在 $S_{\mathrm{f}}(O_{\mathrm{f}} x_{\mathrm{f}} y_{\mathrm{f}} z_{\mathrm{f}})$ 下的相对位置坐标记为 $(x_{\mathrm{f}i}, y_{\mathrm{f}i}, z_{\mathrm{f}i})$，则编队期望队形可由编队坐标系下的一组相对坐标 $\{(x_{\mathrm{f}i}^{\mathrm{d}}, y_{\mathrm{f}i}^{\mathrm{d}}, z_{\mathrm{f}i}^{\mathrm{d}}), i=1,2,\cdots,N\}$ 描述，N 为编队中无人机的总数。R_{f}、R_i 和 $R_{\mathrm{f}i}$ 分别为地面惯性系下虚拟点位置矢量、无人机 i 位置矢量和它们之间的相对位置矢量，三者之间满足如下三角关系式：

$$R_{\mathrm{f}i} = R_i - R_{\mathrm{f}} \tag{4-68}$$

关于时间求导，有

$$\frac{d\boldsymbol{R}_{fi}}{dt} = \frac{d\boldsymbol{R}_i}{dt} - \frac{d\boldsymbol{R}_f}{dt} \tag{4-69}$$

在编队坐标系(动坐标系)中下式成立：

$$\frac{d(\boldsymbol{R}_{fi})_f}{dt} = \frac{\delta(\boldsymbol{R}_{fi})_f}{\delta t} + \boldsymbol{\omega}_f \times (\boldsymbol{R}_{fi})_f \tag{4-70}$$

式中，$\boldsymbol{\omega}_f$ 为编队坐标系相对于地面惯性系的转动角速度，其表达式为

$$\boldsymbol{\omega}_f = \begin{bmatrix} 0 & 0 & \dot{\psi}_f \end{bmatrix}^T \tag{4-71}$$

$\dfrac{d\boldsymbol{R}_i}{dt}$ 在其航迹坐标系下的表达式为

$$\frac{d(\boldsymbol{R}_i)_{k_i}}{dt} = \begin{bmatrix} V_i & 0 & 0 \end{bmatrix}^T \tag{4-72}$$

$\dfrac{d\boldsymbol{R}_f}{dt}$ 在编队坐标系下的表达式为

$$\frac{d(\boldsymbol{R}_f)_f}{dt} = \begin{bmatrix} V_f \cos\gamma_f & 0 & -V_f \sin\gamma_f \end{bmatrix} \tag{4-73}$$

因此，根据坐标系间转换关系，将式(4-70)投影到编队坐标系下可得

$$\frac{\partial(\boldsymbol{R}_{fi})_f}{\partial t} = -\boldsymbol{\omega}_f \times (\boldsymbol{R}_{fi})_f + \boldsymbol{T}_{fg} \cdot \boldsymbol{T}_{gk_i} \cdot \frac{d(\boldsymbol{R}_i)_{k_i}}{dt} - \frac{d(\boldsymbol{R}_f)_f}{dt} \tag{4-74}$$

式中，转换矩阵为

$$\boldsymbol{T}_{fg} = \begin{bmatrix} \cos\psi_f & \sin\psi_f & 0 \\ -\sin\psi_f & \cos\psi_f & 0 \\ 0 & 0 & 1 \end{bmatrix}, \quad \boldsymbol{T}_{gk_i} = \begin{bmatrix} \cos\gamma_i \cos\psi_i & -\sin\psi_i & \sin\gamma_i \cos\psi_i \\ \cos\gamma_i \sin\psi_i & \cos\psi_i & \sin\gamma_i \sin\psi_i \\ -\sin\gamma_i & 0 & \cos\gamma_i \end{bmatrix} \tag{4-75}$$

对式(4-74)进行化简，可得编队坐标系下编队相对运动方程如下：

$$\begin{bmatrix} \dot{x}_{fi} \\ \dot{y}_{fi} \\ \dot{z}_{fi} \end{bmatrix} = \begin{bmatrix} V_i \cos\gamma_i \cos\psi_{e_i} - V_f \cos\gamma_f + y_{fi} \cdot \dot{\psi}_f \\ V_i \cos\gamma_i \sin\psi_{e_i} - x_{fi} \cdot \dot{\psi}_f \\ V_f \sin\gamma_f - V_i \sin\gamma_i \end{bmatrix} \tag{4-76}$$

式中，偏航角误差 $\psi_{e_i} = \psi_i - \psi_f$，若令编队跟踪误差 $x_{fi}^e = x_{fi} - x_{fi}^d$，$y_{fi}^e = y_{fi} - y_{fi}^d$，$z_{fi}^e = z_{fi} - z_{fi}^d$，且假设编队飞行过程中其队形不随时间变化，则可得到编队空间相对运动的误差模型：

$$\begin{bmatrix} \dot{x}_{fi}^e \\ \dot{y}_{fi}^e \\ \dot{z}_{fi}^e \end{bmatrix} = \begin{bmatrix} V_i \cos\gamma_i \cos\psi_{e_i} - V_f \cos\gamma_f + \left(y_{fi}^e + y_{fi}^d\right) \cdot \dot{\psi}_f \\ V_i \cos\gamma_i \sin\psi_{e_i} - \left(x_{fi}^e + x_{fi}^d\right) \cdot \dot{\psi}_f \\ V_f \sin\gamma_f - V_i \sin\gamma_i \end{bmatrix} \tag{4-77}$$

分析可知，垂直方向的队形误差仅与虚拟点和当前无人机的速度和爬升角有关，与

纵向和横向误差量无关，而纵向和横向队形误差则相互耦合，因此垂直方向队形误差的控制容易通过高度控制实现。此外，当编队各无人机保持在某一固定高度飞行时，令式(4-77)中 $\gamma_f = \gamma_i \equiv 0$ 即可得到编队平面相对运动模型。

4.3 航天器集群飞行动力学与控制模型

本节将基于典型的坐标系，给出航天器的二体动力学和非线性相对运动模型，并将其改写成状态空间形式，进而推导出 Clohessy-Wiltshire(CW) 方程和 Tschauner-Hempel(TH) 方程两种典型的航天器集群飞行动力学与控制模型。

4.3.1 坐标系及其转换关系

描述轨道的第一步是找到合适的参考坐标系[8]，包括坐标系原点的位置、基准平面(xOy 平面)的方位、主方向(Ox 轴的方向)和 Oz 轴的方向。选取的坐标系不同，则描述轨道的形式和复杂程度就有所不同，这直接影响到轨道参数的直观程度和问题求解的难易。对于地球卫星，通常采用地心赤道坐标系进行表述。

地球惯性坐标系 $O_E XYZ$：以地心 O_E 为坐标原点，$O_E X$ 轴位于地球赤道平面内指向春分点，$O_E Z$ 轴由地心指向地球北极，$O_E Y$ 轴分别与另外两轴垂直，从而构成右手坐标系，简称 ECI 坐标系，具体如图 4-9 所示。

当地垂直当地水平(local-vertical local-horizontal, LVLH)坐标系：坐标原点位于航天器的质心 O，Ox 轴位于航天器轨道平面内并由地心指向航天器质心，Oz 轴垂直于航天器轨道平面并指向角动量方向，Oy 轴分别与另外两轴垂直，从而构成右手坐标系，具体如图 4-10 所示。

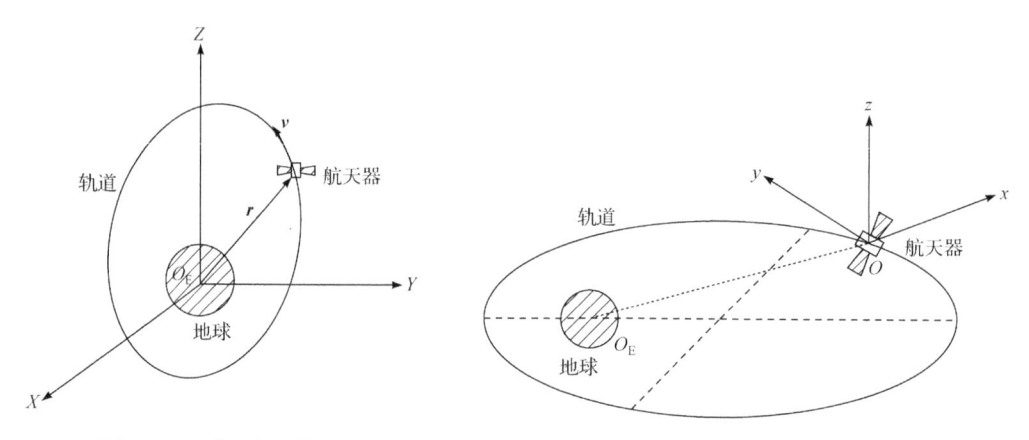

图 4-9 地球惯性坐标系　　　　　图 4-10 当地垂直当地水平坐标系

轨道视线坐标系 $O_l X_l Y_l Z_l$：坐标原点位于追踪航天器质心 O_c，$O_c x_l$ 轴自 O_c 指向目标航天器的质心 O_T，$O_c y_l$ 轴位于平面 $O_l X_l Y_l$ 内且垂直于 $O_c x_l$ 轴，$O_c z_l$ 轴与 $O_c x_l$ 轴、$O_c y_l$ 轴构成右手坐标系，简称 LOS 坐标系。该坐标系主要用于描述空间交会过程中两个航天器(追踪航天器和目标航天器)的相对运动，具体如图 4-11 所示。

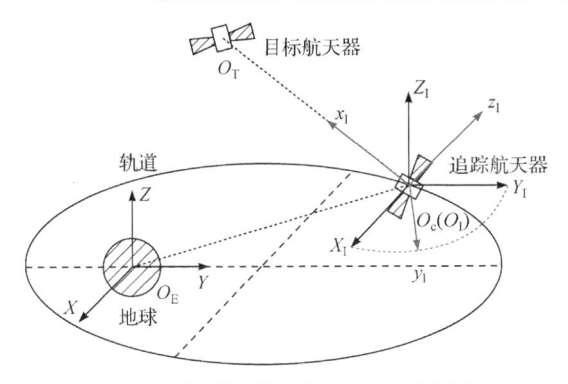

图 4-11 轨道视线坐标系(LOS 坐标系)

需要说明的是，关于视线坐标系的定义存在两种方式：一是以追踪航天器为参考的"惯性-视线坐标系"，二是以目标航天器为参考的"轨道-视线坐标系"。由于本书主要采用"惯性-视线坐标系"，因此若无特殊说明后文中所提到的视线坐标系均为"惯性-视线坐标系"。

以上几个描述航天器相对运动的常用坐标系，可以根据一定的旋转关系相互转换求解，进而实现指定条件下航天器集群的状态描述、导航控制、通信数传等。

4.3.2 航天器二体动力学与非线性相对运动动力学

单个航天器的动力学与控制模型是构建航天器集群动力学体系的基础，本小节从单个航天器视角出发，首先介绍航天器二体动力学与控制模型，进而推导航天器非线性相对运动动力学与控制模型，探讨集群航天器中个体的运动规律。

4.3.2.1 航天器二体动力学与控制模型

航天器二体动力学与控制研究航天器在外部引力作用下的运动规律和控制方法。在二体动力学中，航天器与天体(通常是行星或恒星)之间相互作用受到二体引力的影响。航天器的运动轨迹可以通过牛顿运动定律和万有引力定律进行描述，其动力学模型基于航天器在天体引力场中的运动规律，通常表示为

$$m\frac{\mathrm{d}^2 \boldsymbol{r}}{\mathrm{d}t^2} = -\frac{GMm}{r^3}\boldsymbol{r} \tag{4-78}$$

式中，m、M 分别是航天器的质量和天体的质量；$\boldsymbol{r} \in \mathbf{R}^3$，是航天器相对天体的位置矢量；$G$ 是万有引力常量；r 是航天器与天体之间的距离。

二体条件下，航天器的控制模型通常可以表示为

$$\ddot{\boldsymbol{r}} = -\frac{\mu}{r^3}\boldsymbol{r} + \boldsymbol{u} \tag{4-79}$$

式中，$\mu = GM$，表示地球引力常数；$\boldsymbol{u} \in \mathbf{R}^3$，表示控制输入，代表推力加速度，通过调节推力大小和方向改变航天器的运动状态，实现特定的任务要求。

4.3.2.2 航天器非线性相对运动动力学与控制模型

相对运动方程一般用来描述近距离飞行的航天器之间的相对运动。为描述问题方便，

一般将其中一个航天器称为主星,将另一个航天器称为从星。由二体问题基本方程给出 ECI 坐标系下主星和从星的动力学模型:

$$\ddot{\boldsymbol{r}}_{\mathrm{l}} = -\frac{\mu}{r_{\mathrm{l}}^3} \boldsymbol{r}_{\mathrm{l}} \tag{4-80}$$

$$\ddot{\boldsymbol{r}}_{\mathrm{f}} = -\frac{\mu}{r_{\mathrm{f}}^3} \boldsymbol{r}_{\mathrm{f}} \tag{4-81}$$

式中,μ 表示地球引力常数;$r = |\boldsymbol{r}|$,表示航天器的地心距;下标 l 表示主星的参数,下标 f 表示从星的参数。由式(4-81)和式(4-80)相减并投影到主星 LVLH 坐标系,即可得到相对运动的非线性方程:

$$\ddot{\boldsymbol{\rho}} = -2\boldsymbol{\omega} \times \dot{\boldsymbol{\rho}} - \dot{\boldsymbol{\omega}} \times \boldsymbol{\rho} - \boldsymbol{\omega} \times (\boldsymbol{\omega} \times \boldsymbol{\rho}) + \frac{\mu}{r_{\mathrm{l}}^3} \boldsymbol{r}_{\mathrm{l}} - \frac{\mu}{\|\boldsymbol{r}_{\mathrm{l}} + \boldsymbol{\rho}\|^3} (\boldsymbol{r}_{\mathrm{l}} + \boldsymbol{\rho}) \tag{4-82}$$

式中,$\boldsymbol{\rho} = [x, y, z]^\mathrm{T}$,为从星相对于主星的位置矢量;$\dot{\boldsymbol{\rho}}$、$\ddot{\boldsymbol{\rho}}$ 分别为该位置矢量在 LVLH 坐标系下的时间导数;$\boldsymbol{\omega}$ 为主星的轨道角速度。

将相对运动的非线性方程的矢量形式展开,可得到其分量形式的表达式:

$$\begin{cases} \ddot{x} = 2\dot{f}_1\dot{y} + \ddot{f}_1 y + \dot{f}_1^2 x + \dfrac{\mu}{r_1^2} - \dfrac{\mu(r_1 + x)}{\left[(r_1 + x)^2 + y^2 + z^2\right]^{\frac{3}{2}}} \\ \ddot{y} = -2\dot{f}_1\dot{x} - \ddot{f}_1 x + \dot{f}_1^2 y - \dfrac{\mu y}{\left[(r_1 + x)^2 + y^2 + z^2\right]^{\frac{3}{2}}} \\ \ddot{z} = -\dfrac{\mu z}{\left[(r_1 + x)^2 + y^2 + z^2\right]^{\frac{3}{2}}} \end{cases} \tag{4-83}$$

当考虑摄动干扰和控制时,方程(4-83)等号右端还应加上摄动力项和控制力项。记摄动力引起的加速度 $\boldsymbol{d} = [d_x, d_y, d_z]^\mathrm{T}$,控制力引起的加速度 $\boldsymbol{u} = [u_x, u_y, u_z]^\mathrm{T}$,则相对运动的非线性方程可进一步表示为

$$\begin{cases} \ddot{x} = 2\dot{f}_1\dot{y} + \ddot{f}_1 y + \dot{f}_1^2 x + \dfrac{\mu}{r_1^2} - \dfrac{\mu(r_1 + x)}{\left[(r_1 + x)^2 + y^2 + z^2\right]^{\frac{3}{2}}} + d_x + u_x \\ \ddot{y} = -2\dot{f}_1\dot{x} - \ddot{f}_1 x + \dot{f}_1^2 y - \dfrac{\mu y}{\left[(r_1 + x)^2 + y^2 + z^2\right]^{\frac{3}{2}}} + d_y + u_y \\ \ddot{z} = -\dfrac{\mu z}{\left[(r_1 + x)^2 + y^2 + z^2\right]^{\frac{3}{2}}} + d_z + u_z \end{cases} \tag{4-84}$$

4.3.3 基于状态空间的航天器动力学与控制模型

4.3.2 小节介绍了相对运动动力学方程的非线性形式,并给出了其对应的解析解,这些解析解在很大程度上方便了编队飞行中各个航天器相对运动状态的演化计算,为了使这一计算过程更加简洁,通常会将其表示为状态空间形式,并给出这些线性化方程的状态转移矩阵(state transition matrix,STM)。

4.3.3.1 状态空间模型

在航天动力学中,状态空间模型同样是一种常见的反映航天器运动的数学表达方式,将航天器的状态量和控制输入表示为向量形式,用微分方程来描述航天器系统状态随时间的演化。

对于 4.3.2.2 小节给出的航天器相对运动的非线性方程(4-84),定义相对状态变量 $\boldsymbol{x}=[x,y,z,\dot{x},\dot{y},\dot{z}]^T$,可以将其转换为具有如下形式的状态空间模型:

$$\dot{\boldsymbol{x}} = \boldsymbol{A}\cdot\boldsymbol{x} + \boldsymbol{B}\cdot\left[\boldsymbol{g}(\boldsymbol{x},t)+\boldsymbol{u}+\boldsymbol{d}\right] \tag{4-85}$$

式中,$\boldsymbol{A}$、$\boldsymbol{B}$、$\boldsymbol{g}(\boldsymbol{x},t)$ 的表达式如下:

$$\boldsymbol{A} = \begin{bmatrix} \boldsymbol{0}_{3\times 3} & \boldsymbol{I}_{3\times 3} \\ \boldsymbol{A}_{21}(t) & \boldsymbol{A}_{22}(t) \end{bmatrix}, \quad \boldsymbol{B} = \begin{bmatrix} \boldsymbol{0}_{3\times 3} \\ \boldsymbol{I}_{3\times 3} \end{bmatrix} \tag{4-86}$$

$$\boldsymbol{A}_{21}(t) = \begin{bmatrix} \dot{f}_1^2 & \ddot{f}_1 & 0 \\ -\ddot{f}_1 & \dot{f}_1^2 & 0 \\ 0 & 0 & 0 \end{bmatrix}, \quad \boldsymbol{A}_{22}(t) = 2\dot{f}_1\begin{bmatrix} 0 & 1 & 0 \\ -1 & 0 & 0 \\ 0 & 0 & 0 \end{bmatrix} \tag{4-87}$$

$$\boldsymbol{g}(\boldsymbol{x},t) = \begin{bmatrix} -\dfrac{\mu(r_1+x)}{[(r_1+x)^2+y^2+z^2]^{\frac{3}{2}}} + \dfrac{\mu}{r_1^2} \\ -\dfrac{\mu y}{[(r_1+x)^2+y^2+z^2]^{\frac{3}{2}}} \\ -\dfrac{\mu z}{[(r_1+x)^2+y^2+z^2]^{\frac{3}{2}}} \end{bmatrix} \tag{4-88}$$

$\boldsymbol{g}(\boldsymbol{x},t)$ 表示航天器间的引力差项。

4.3.3.2 状态转移矩阵模型

对状态空间模型进行推导,可以得到状态转移矩阵,该矩阵是动力学系统解的一种表示方式,其定义如下:

$$\begin{cases} \boldsymbol{x}(t) = \boldsymbol{\Phi}(t,t_0)\cdot\boldsymbol{x}(t_0) + \sum_{i=1}^{N}\boldsymbol{\Phi}(t,t_i)\cdot\boldsymbol{B}\cdot\Delta\boldsymbol{v}(t_i) \\ \boldsymbol{x}\in\mathbf{R}^{n\times 1}, \quad \boldsymbol{\Phi}\in\mathbf{R}^{n\times n}, \quad \boldsymbol{B}\in\mathbf{R}^{n\times m}, \quad \Delta\boldsymbol{v}\in\mathbf{R}^{m\times m} \end{cases} \tag{4-89}$$

式中，$x(t_0)$ 表示初始时刻 t_0 系统的状态；$x(t)$ 表示当前或任意时刻 t 的状态；B 表示系统控制矩阵；$\Delta v(t_i)$ 表示脉冲控制量。

状态转移矩阵 $\boldsymbol{\Phi}(t,t_0)$ 满足如下关系式：

$$\dot{\boldsymbol{\Phi}}(t,t_0) = \frac{\partial \boldsymbol{f}}{\partial \boldsymbol{x}} \cdot \boldsymbol{\Phi}(t,t_0), \quad \boldsymbol{\Phi}(t_0,t_0) = \boldsymbol{I}, \quad \forall t, t_0 \in \mathbf{R}^+ \tag{4-90}$$

式中，$\boldsymbol{I} \in \mathbf{R}^{6\times 6}$，为单位矩阵；$\partial \boldsymbol{f}/\partial \boldsymbol{x}$ 为系统雅可比矩阵。这里所说的系统是指一般非线性动力学系统：

$$\dot{\boldsymbol{x}}(t) = \boldsymbol{f}(\boldsymbol{x},t), \quad \boldsymbol{x}(t_0) = \boldsymbol{x}_0 \tag{4-91}$$

状态转移矩阵微分方程(4-91)的解为

$$\boldsymbol{\Phi}(t,t_0) = \exp\left(\int_{t_0}^{t} \frac{\partial \boldsymbol{f}}{\partial \boldsymbol{x}} \mathrm{d}t\right) \tag{4-92}$$

当动力学系统为线性系统时，有

$$\dot{\boldsymbol{x}}(t) = \boldsymbol{A}(t) \cdot \boldsymbol{x}(t), \quad \boldsymbol{x}(t_0) = \boldsymbol{x}_0 \tag{4-93}$$

则对应的状态转移矩阵微分方程的解为

$$\boldsymbol{\Phi}(t,t_0) = \exp\left(\int_{t_0}^{t} \boldsymbol{A}(t) \mathrm{d}t\right) \tag{4-94}$$

一般来说，由于矩阵微分方程很难求解，式(4-92)和式(4-94)这种积分形式并不一定能够写成解析解。但对于如下定常系统：

$$\dot{\boldsymbol{x}}(t) = \boldsymbol{A} \cdot \boldsymbol{x}(t), \quad \boldsymbol{x}(t_0) = \boldsymbol{x}_0 \tag{4-95}$$

若 $\boldsymbol{A}$ 为常值矩阵，则根据矩阵函数的展开公式可以得到解析形式的状态转移矩阵：

$$\boldsymbol{\Phi}(t,t_0) = \mathrm{e}^{\boldsymbol{A}(t-t_0)} = \boldsymbol{I} + \boldsymbol{A} \cdot (t-t_0) + \frac{1}{2!}\boldsymbol{A}^2 \cdot (t-t_0)^2 + \cdots \tag{4-96}$$

此外，状态转移矩阵也可通过动力学系统本身的解得到。

4.3.4 航天器集群动力学与控制模型

对于多航天器组成的编队构形控制，为了便于设计其控制律，可以将航天器集群动力学与控制模型改写成如下形式：

$$\frac{\mathrm{d}\boldsymbol{x}_i}{\mathrm{d}t} = \boldsymbol{f}(\boldsymbol{x}_i) + \boldsymbol{G}(\boldsymbol{x}_i) \cdot \boldsymbol{u}_i, \quad i = 1, 2, \cdots, n \tag{4-97}$$

或者写成如下集群状态量的形式：

$$\frac{\mathrm{d}\boldsymbol{X}}{\mathrm{d}t} = \begin{pmatrix} \boldsymbol{f}(\boldsymbol{x}_1) \\ \boldsymbol{f}(\boldsymbol{x}_2) \\ \vdots \\ \boldsymbol{f}(\boldsymbol{x}_n) \end{pmatrix} + \begin{bmatrix} \boldsymbol{G}(\boldsymbol{x}_1) & & & \\ & \boldsymbol{G}(\boldsymbol{x}_2) & & \\ & & \ddots & \\ & & & \boldsymbol{G}(\boldsymbol{x}_n) \end{bmatrix} \cdot \boldsymbol{U} \tag{4-98}$$

式中，$\boldsymbol{x}_i$ 为集群中航天器 i 的状态量；$\boldsymbol{u}_i$ 为集群中航天器 i 的控制量；$\boldsymbol{X} = \left(\boldsymbol{x}_1^{\mathrm{T}}, \boldsymbol{x}_2^{\mathrm{T}}, \cdots, \boldsymbol{x}_n^{\mathrm{T}}\right)^{\mathrm{T}}$，

为航天器集群的状态量；$\boldsymbol{U} = \left(\boldsymbol{u}_1^{\mathrm{T}}, \boldsymbol{u}_2^{\mathrm{T}}, \cdots, \boldsymbol{u}_n^{\mathrm{T}}\right)^{\mathrm{T}}$，为航天器集群的控制量；$\boldsymbol{f}(\boldsymbol{x}_i)$ 为航天器的开环动力学模型；$\boldsymbol{G}(\boldsymbol{x}_i)$ 为航天器的控制矩阵。

更具体地，下文对航天器集群相对运动的典型方程进行介绍。

4.3.4.1 Clohessy-Wiltshire 方程及其解析解

在航天器对接、交会、飞行编队任务中，通常在 LVLH 坐标系上，用 Clohessy-Wiltshire (CW) 方程描述两航天器的相对运动。CW 方程在求解过程中需要对式(4-84)进行简化。通常考虑两个假设：一是认为主星的运行轨道为圆轨道或近似圆轨道，即 $e_1 = 0$；二是认为主星与从星之间的距离远小于其各自的轨道半径，即忽略有关 x、y、z 的二阶项及二阶以上项。结合上述假设，即可推导出 CW 方程及其解析解。

设集群航天器中每个从星相对主星的状态量 $\boldsymbol{X}_i = [x, y, z, \dot{x}, \dot{y}, \dot{z}]$，则推导得到的 CW 方程为

$$\begin{cases} \ddot{x} = 2n\dot{y} + 3n^2 x + d_x + u_x \\ \ddot{y} = -2n\dot{x} + d_y + u_y \\ \ddot{z} = -n^2 z + d_z + u_z \end{cases} \tag{4-99}$$

CW 方程具有显式解析解，设 $t = 0$ 时刻相对位置和相对速度的初始条件为 $\boldsymbol{X}_{i0} = [x_0, y_0, z_0, \dot{x}_0, \dot{y}_0, \dot{z}_0]$，则 CW 方程的解析解可写为

$$\begin{cases} x = \left(\dfrac{\dot{x}_0}{n} - 2\dfrac{d_y + u_y}{n^2}\right)\sin(nt) - \left(3x_0 + 2\dfrac{\dot{y}_0}{n} + \dfrac{d_x + u_x}{n^2}\right)\cos(nt) \\ \qquad + 2\left(2x_0 + \dfrac{\dot{y}_0}{n} + \dfrac{d_x + u_x}{2n^2}\right) + 2\dfrac{d_y + u_y}{n}t \\ y = 2\left(\dfrac{2}{n}\dot{y}_0 + 3x_0 + \dfrac{d_x + u_x}{n^2}\right)\sin(nt) + 2\left(\dfrac{\dot{x}_0}{n} - 2\dfrac{d_y + u_y}{n^2}\right)\cos(nt) \\ \qquad - 3\dfrac{d_x + u_x}{2}t^2 - 3\left[\dot{y}_0 + 2nx_0 + \dfrac{2(d_x + u_x)}{3n}\right]t + y_0 - \dfrac{2\dot{x}_0}{n} + 4\dfrac{d_y + u_y}{n^2} \\ z = \dfrac{\dot{z}_0}{n}\sin(nt) + \left(z_0 - \dfrac{d_z + u_z}{n^2}\right)\cos(nt) + \dfrac{d_z + u_z}{n^2} \end{cases} \tag{4-100}$$

当忽略摄动力及控制力的影响时，式(4-100)可简化为

$$\begin{cases} x = \dfrac{\dot{x}_0}{n}\sin(nt) - \left(3x_0 + 2\dfrac{\dot{y}_0}{n}\right)\cos(nt) + 2\left(2x_0 + \dfrac{\dot{y}_0}{n}\right) \\ y = 2\left(\dfrac{2}{n}\dot{y}_0 + 3x_0\right)\sin(nt) + 2\dfrac{\dot{x}_0}{n}\cos(nt) - 3(\dot{y}_0 + 2nx_0)t + y_0 - \dfrac{2\dot{x}_0}{n} \\ z = \dfrac{\dot{z}_0}{n}\sin(nt) + z_0\cos(nt) \end{cases} \tag{4-101}$$

对式(4-101)中等号两侧同时求导，得到对应的相对速度为

$$\begin{cases} \dot{x} = \dot{x}_0 \cos(nt) + (3nx_0 + 2\dot{y}_0)\sin(nt) \\ \dot{y} = (4\dot{y}_0 + 6nx_0)\cos(nt) - 2\dot{x}_0 \sin(nt) - 3(\dot{y}_0 + 2nx_0) \\ \dot{z} = \dot{z}_0 \cos(nt) - nz_0 \sin(nt) \end{cases} \quad (4\text{-}102)$$

4.3.4.2 Tschauner-Hempel 方程及其解析解

在 4.3.4.1 小节通过引入两个假设，将一般非线性相对运动动力学方程简化为一组存在显式解析解的线性微分方程组(CW 方程)，但在实际情况中主星的运行轨道并不可能仅为单一的圆形轨道。事实上，当主星的运行轨道为任意椭圆轨道时，仍可以通过一定的方法将非线性相对运动动力学方程处理为线性形式，其中一个典型的线性化结果即为本小节将要介绍的 Tschauner-Hempel(TH)方程。带有控制项 $\boldsymbol{u}(t) \in \mathbf{R}^3$ 的 TH 方程的表达形式为[9]

$$\dot{\boldsymbol{X}}_i(t) = \boldsymbol{A}(t)\boldsymbol{X}_i(t) + \boldsymbol{B}\boldsymbol{u}_i(t) \quad (4\text{-}103)$$

式中，$\boldsymbol{X}_i(t) = [\boldsymbol{r}_i; \boldsymbol{v}_i] \in \mathbf{R}^6$，表示状态向量；$\boldsymbol{r}_i \in \mathbf{R}^3$，表示 LVLH 坐标系中从星与主星的相对位置矢量；$\boldsymbol{v}_i \in \mathbf{R}^3$，表示速度矢量；控制矩阵 $\boldsymbol{B} = [\boldsymbol{0}_{3\times3}, \boldsymbol{I}_{3\times3}]$；系统矩阵为

$$\boldsymbol{A} = \begin{bmatrix} \boldsymbol{A}_{11} & \boldsymbol{A}_{12} \\ \boldsymbol{A}_{21} & \boldsymbol{A}_{22} \end{bmatrix} \quad (4\text{-}104)$$

$$\boldsymbol{A}_{21} = \begin{bmatrix} 2\dfrac{\mu}{R^3} + \dot{f}^2 & \ddot{f} & 0 \\ -\ddot{f} & -\dfrac{\mu}{R^3} + \dot{f}^2 & 0 \\ 0 & 0 & -\dfrac{\mu}{R^3} \end{bmatrix} \quad (4\text{-}105)$$

$$\boldsymbol{A}_{22} = \begin{bmatrix} 0 & 2\dot{f} & 0 \\ -2\dot{f} & 0 & 0 \\ 0 & 0 & 0 \end{bmatrix} \quad (4\text{-}106)$$

式中，$\boldsymbol{A}_{11} = \boldsymbol{0}_{3\times3}$；$\boldsymbol{A}_{12} = \boldsymbol{I}_{3\times3}$；$f$ 是真近点角；μ 是地球引力常数；R 是地球质心到目标航天器的距离。

4.4 本章小结

本章主要介绍了三类飞行器集群的飞行动力学与控制模型，分别为导弹集群的单体动力学模型以及群体动力学与控制模型，无人机集群的单体动力学模型以及群体动力学与控制模型，航天器集群的单体动力学模型以及群体动力学与控制模型。针对每一类典型飞行器，都详细阐述了其常用坐标系、含控制项的动力学方程等。

习　题

[思考题]

(1) 说明导弹集群中领弹弹道坐标系与领弹视线坐标系的转换关系。

(2) 说明无人机常用坐标系之间的转换关系。

(3) 基于 CW 方程和状态转移矩阵模型，推导航天器脉冲控制方程。

[程序设计题]

给出任意航天器在初始时刻的位置、速度，得到任意时间后航天器在开普勒二体问题中的运动轨迹。

参 考 文 献

[1] 钱杏芳, 林瑞雄, 赵亚男. 导弹飞行力学[M]. 北京: 北京理工大学出版社, 2013.

[2] 何晨迪. 基于滑模理论的导弹控制与协同制导研究[D]. 哈尔滨: 哈尔滨工程大学, 2019.

[3] 李兆亭. 高超声速滑翔导弹集群控制方法研究[D]. 长沙: 国防科技大学, 2018.

[4] 苏奔. 小型固定翼无人机飞控建模与控制律设计[D]. 哈尔滨: 哈尔滨工业大学, 2021.

[5] 宋春林. 四旋翼无人机在未知环境中自主导航和飞行控制方法研究[D]. 哈尔滨: 哈尔滨工业大学, 2019.

[6] 孙天浩. 基于多智能体理论的四旋翼无人机编队控制[D]. 长春: 吉林大学, 2023.

[7] 邵壮. 多无人机编队路径规划与队形控制技术研究[D]. 西安: 西北工业大学, 2019.

[8] 杏建军. 编队卫星周期性相对运动轨道设计与构形保持研究[D]. 长沙: 国防科技大学, 2007.

[9] ZHENG M Z, LUO J J, DANG Z H. Optimal impulsive rendezvous for highly elliptical orbits using linear primer vector theory[J]. Chinese Journal of Aeronautics, 2023, 37(3): 194-207.

第 5 章

飞行器集群任务自主决策与智能规划方法

自主决策与智能规划是飞行器智能集群技术的核心，是飞行器集群系统的大脑。本章重点介绍飞行器集群任务自主决策的概念、框架和技术途径。5.1 节介绍飞行器集群任务自主决策的相关概念；5.2 节介绍飞行器集群任务自主决策框架；5.3 节介绍飞行器集群任务自主决策技术途径；5.4 节介绍飞行器集群任务规划相关概念及典型场景；5.5 节介绍飞行器集群任务规划模型框架；5.6 节介绍飞行器集群任务规划技术途径。

【学习要点】

- 掌握：①飞行器集群自主决策的流程；②飞行器集群自主决策的模式。
- 熟悉：①飞行器集群任务决策的方法；②飞行器集群任务规划的数学模型和求解方法。
- 了解：飞行器集群任务规划的典型场景。

5.1 飞行器集群任务自主决策

5.1.1 飞行器集群任务自主决策相关概念

飞行器集群的显著特征是具有较高的自主能力[1-3]，主要表现在集群能够不断感知态势信息、自身性能、任务目标以及状态约束的动态变化，并及时做出动态响应决策，从整体效能角度出发衡量决策结果的正确性[4-6]。在这种持续的交互过程中，飞行器集群能够不断学习和累积经验，改变自身的结构和行为方式，因此集群自主决策的核心是集群的学习能力[7]。

飞行器集群自主决策系统的输入依赖于复杂多变的战场信息，通过分析集群作战自主决策解算流程进行系统设计，其结构主要由知识库、推理机和决策库组成，如图 5-1 所示。集群系统的先验知识存储在知识库中。决策规则和决策首选项存储在决策库中，根据 IF-ELSE-THEN 的逻辑构建规则进行选择并输出[8]。推理机是集群决策过程中最重要的组成部分，可以集成各种复杂的输入信息完成推理和决策任务。推理机除使用先验知识进行推理外，还可在训练后自动更新知识，实现知识库的补充。因此，决策系统的自主性主要表现为飞行器集群通过对当前态势的感知，从现有知识库中选择某一自主行为来执行，然后通过与环境的交互行为学习产生新规则，并对原有决策库进行更新，进而调整自身行为，这一过程循环进行。

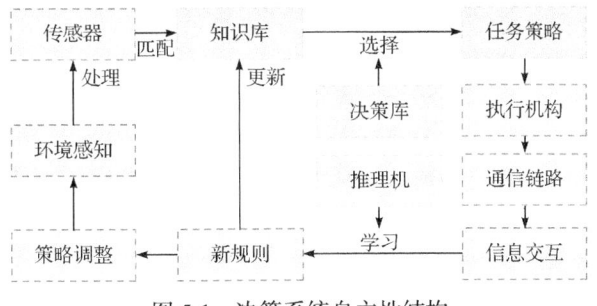

图 5-1 决策系统自主性结构

5.1.2 飞行器集群任务自主决策类型

集群任务依据作战场景和态势信息表现为不同形式，为使集群任务效率最大化，一方面需要明确集群任务之间的序贯配合和任务执行流程，对任务执行类型序列进行决策；另一方面，需要通过决策明确任务执行约束及任务执行最优效能，因此有必要对不同类型的任务属性进行表征和区分，提升集群整体决策效率。不同任务类型包括集群潜伏、集群突防、集群侦察、集群打击、集群封控、集群突击、集群评估等。

(1) 集群潜伏。飞行器集群从起飞点或抛撒点出发，分布为多个编队，形成任务执行前待命状态，具有一定的隐蔽性，根据作战地形、气候和环境特点，决策使得敌方预警信息最小化且己方燃料损耗最小化。

(2) 集群突防。战场存在地形、敌方雷达和反导系统等威胁，集群通过实施电子干扰和光电红外诱饵等方式进行突防，决策使得集群突防效率最大化、任务能力损失最小化，实现集群对敌方威胁的主动远离。

(3) 集群侦察。集群没有目标的先验状态信息，在太阳光照等环境信息和己方平台能力等约束条件下对区域执行侦察搜索任务，实现对目标位置状态的准确定位，透明化战场态势。

(4) 集群打击。打击任务为飞行器集群对动态/静态目标的主动靠近，考虑到敌方目标的机动性能，在战场态势、飞行动力学和集群能力等约束下，决策优化集群打击方式，实现集群对目标多方位多波次打击。

(5) 集群封控。封控任务是将集群拆分为能力相近的效地编队，增强集群鲁棒性、任务灵活性和生存能力，实现多方向、多波次、长耗时的持续对敌电磁压制和电子封控。

(6) 集群突击。当敌方出现破绽时，须紧急执行突击任务，进行精准打击，确保在最小化对集群当前任务状态影响的前提下，迅速完成突击行动。

(7) 集群评估。评估任务是指侦察、封控或打击等任务执行完成后，通过集群中带评估载荷飞行器的联合，实现对任务执行效果的评估，包括集群压制评估、毁伤评估和生存性能评估等，实时掌握集群作战效果。

5.1.3 飞行器集群任务自主决策流程

对于实际态势情况下的集群任务自主决策，不同的任务类型决策方式之间存在一定的关系，对集群任务自主决策流程(图 5-2)的具体过程描述如下。

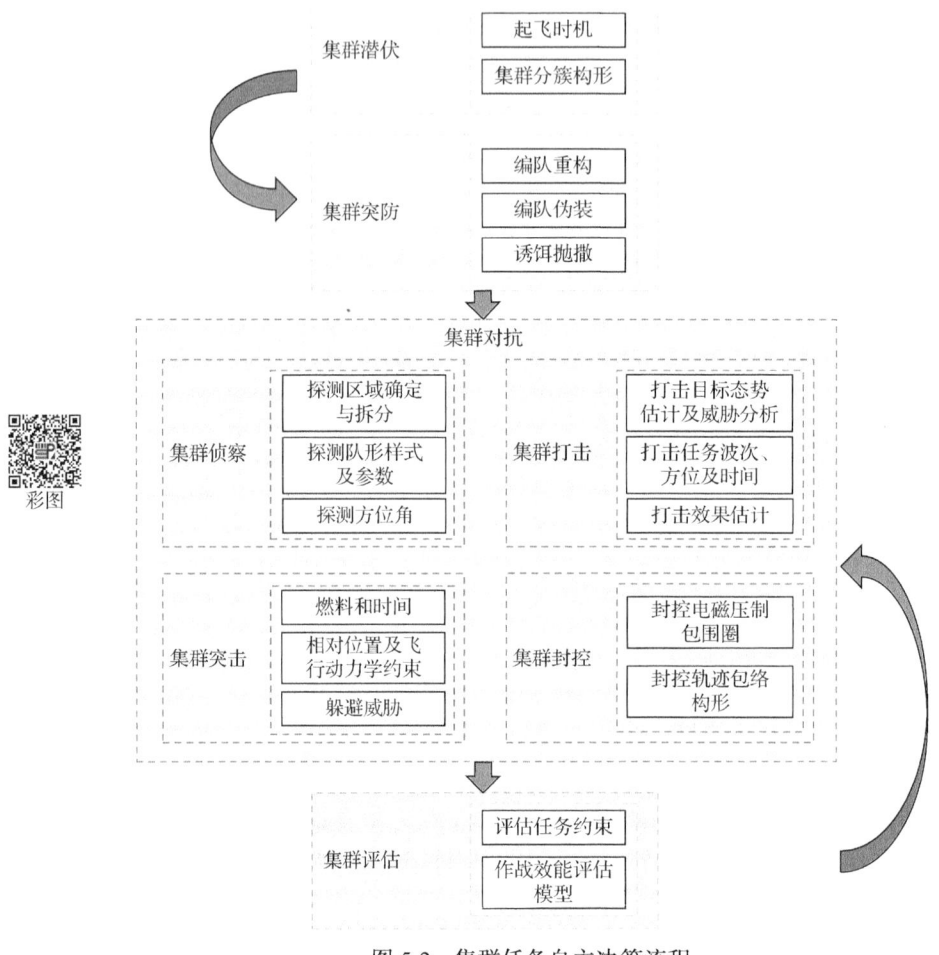

图 5-2 集群任务自主决策流程

(1) 集群潜伏阶段。此阶段为己方飞行器集群面对战场目标前的一种准备状态。在这一阶段，为了避免打草惊蛇，任务决策确定集群分簇构形、发射/抛撒时间，优化集结编队队形，利用地形范围和己方电磁屏蔽范围等掩护集群分布和自身作战意图，提高集群安全性能。

(2) 集群突防阶段。本阶段集群开始接近敌方作战区域，此时战场空间中存在敌方多种探测设备威胁。决策确定编队队形保持、切换、拆分和重构样式，通过不断的切换和自组合，提高集群伪装能力和突防性能；同时，根据对敌方威胁态势的分析，决策突防地理方位、突防时集群航向、集群诱饵释放时机。

(3) 集群对抗阶段。在集群接近敌方目标区域过程中，进入集群对抗阶段，该阶段主要包括集群侦察、集群打击、集群突击和集群封控四种任务决策类型，分别实施对目标的准确定位、准确打击、破绽针对和目标压制。上层决策根据目标信息感知与预测决策获得任务序列。对于复杂、动态的战场环境，存在四种任务类型的序贯耦合和拼接，如"侦察-打击"一体任务、中继通信("侦察-封控"一体)任务和电磁干扰("封控-打击-突击"一体)任务等，不同任务策略多管齐下可发挥集群优势。下层决策对上层决策序列中的任务分别执行约束决策，集群侦察任务决策结果为目标侦察区域大小，集群侦察队形、侦察方位角，是否持续、终止侦察任务；集群打击任务根据获取的目标信息对目标行为进行预测，决策结果为多约束条件下多波次、多方位和多时间约束打击模式；集群封控任务为了最大化封控效率，决策结果为最优封控编队队形和封控包围环(圈)构形；集群突击任务决策过程需考虑时间和集群碰撞规避约束，决策结果为时间约束和相对几何约束下的任务执行效能。

(4) 集群评估阶段。在完成对敌方目标的打击、封控等任务后，根据战场态势决策进入集群评估阶段。由于爆炸烟雾、战场动态威胁、不同的目标受损态势信息、传感器噪声和其他不可避免的误差会影响集群传感器获取的评估态势信息的质量，因此集群评估是一种信息不完全的决策问题。结合一致性理论信息融合和平行仿真修正模型，在考虑目标权重、集群耐久度和传感器误差的情况下，建立集群的快速评估任务决策方案和高效准确的作战效能评估模型，根据任务评估效果决定是否仍需对目标执行多次迭代任务。

5.2 飞行器集群任务自主决策框架

5.2.1 自主决策分层式框架

飞行器集群系统本质上为数量众多的同构/异构飞行器通过通信数据链路交互构成的复杂系统。随着系统规模增大，集群任务自主决策复杂性不论在理论研究上，还是系统实现上均呈指数型上升，体系架构设计也更具挑战。集群任务自主决策框架设计，一方面要解决该复杂系统的控制和信息的耦合交互问题，另一方面也需要尽量在决策框架和算法上降低系统的复杂性。研究结果表明，分层控制可以有效降低集群任务决策的复杂性，提高集群任务执行效率[9,10]。本小节借鉴 Boskovic 的思想[11]，将飞行器集群 OODA 环中决策问题分为四个层次，分别为态势通信层(communication, C)、任务决策层(decision, D)、任务规划层(planning, P)及控制层(control, C)，简称 CDPC 架构，如图 5-3 所示。

在 CDPC 架构中，态势通信层负责集群网络通信，实现信息共享、信息融合和状态预测等。任务决策层根据动态战场态势确定环境、目标状态和集群任务需求，基于逻辑推理及多目标优化技术得到最优决策信息，其内容包括任务态势评估、任务调度与管理等。任务决策是一个动态过程，是根据战场态势在线决策，并面向任务规划生成集群战略、战术等决策数据，调度一系列任务规划层的过程，其输出决策信息作为任务规划层的约束输入。任务规划层接收决策数据并将其转换为在线规划输入，为集群内每个飞行器规划从起始位置到目标位置的运动轨迹，实现集群内个体相互避碰以及避免与环境碰撞，其内容包括子任务分配和子任务航迹规划等。任务决策层与任务规划层研究的出发点、目的和结果皆存在较大不同，如表 5-1 所示。控制层根据航迹信息进行集群协调，实现自主避障和编队控制。针对复杂的任务场景和不同的应用领域，通过建立 CDPC 架构对决策问题进行分层优化求解，集群可以实现分层协调，快速完成集群任务决策。

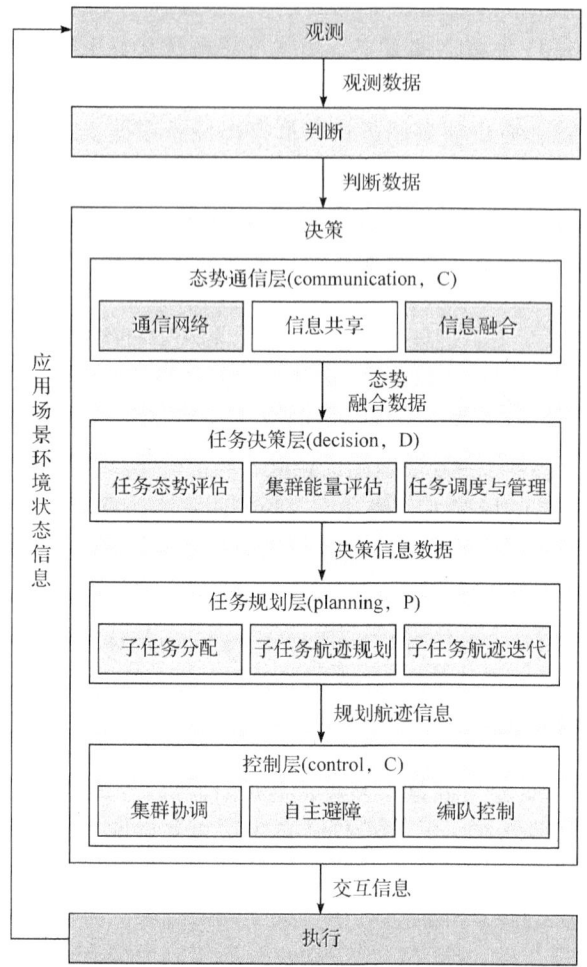

图 5-3　协同任务决策分层 CDPC 架构

表 5-1　飞行器集群任务决策层与任务规划层研究的异同

异同点	任务决策层	任务规划层
出发点	战场动态态势信息、战场条件判断、飞行器自主能力、集群网络信息	战场确定态势、待规划任务集合、飞行器自主能力、集群网络信息
目的	威胁分析评估、任务态势分析、集群优势评估、情况判断、计划拟定、动态调整、计划执行情况监控、集群偏离警告	任务执行序列规划、毁伤规划、突防规划、时空频协同航迹规划
结果	集群架构设计、集群能力评估、待执行任务集合、任务执行收益、任务执行代价、任务约束优化、集群最优队形、集群节点优化、集群冲突消解、复杂任务调度管理和资源效能优化	飞行器任务执行序列分配及优化、集群编队航迹生成、集群避障航迹生成、集群任务航迹生成

以 CDPC 架构为基础，建立 CDPC 架构信息流向，如图 5-4 所示。CDPC 架构集成

了智能、认知和信息融合等先进概念，包括反应、决策、规划、执行、控制、思考学习等六个方面。飞行器通过通信网络获知地面指控中心和其他飞行器节点的态势信息进行推理决策，将决策信息流向任务规划模块得到集群更新后的航迹，航迹流向飞行器控制层实现集群涌现行为。其中，集群任务决策是决策体系架构中的一项关键问题，是集群任务执行的上层判定，对最终任务执行质量有着最根本的影响。

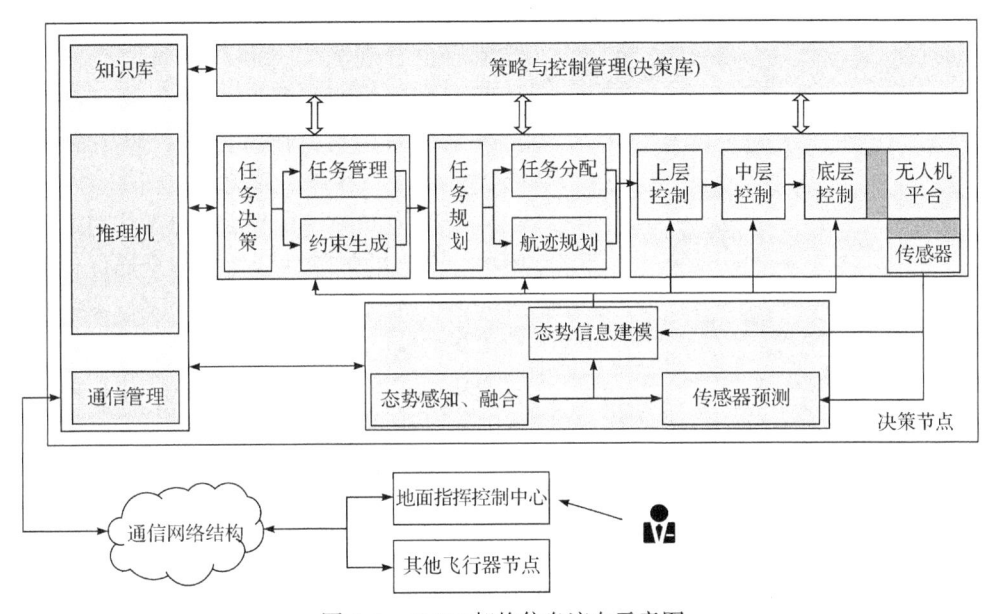

图 5-4 CDPC 架构信息流向示意图

5.2.2 飞行器集群任务自主决策模式

飞行器集群任务自主决策位于整个任务执行过程中的上层，态势信息的建模为决策基础。态势跟踪窗口不确定、网络通信结构不稳定等动态环境增加了任务决策的难度，飞行器集群需要根据任务或环境的动态变化及时做出任务决策。飞行器集群达到预定战斗力的关键在于信息的获取和传输，根据集群通信拓扑结构可将集群决策分为以下三类。

1) 集中式决策

集中式决策存在一个全局视角的决策节点，通过数据链路获得其他飞行器的全局感知信息表征，其他飞行器之间不进行相互通信，以全局为中心，从集群整体角度出发进行综合衡量、协调，如图 5-5 所示。中心决策节点一般是辅助集群内个体获取和处理全局信息，并在集群内进行沟通和协调，并非自上而下取代集群内个体做出决策，具体的决策过程还是由集群内飞行器自主完成。集中式决策在全局信息辅助下更具宏观视角，其最终对个体的作战

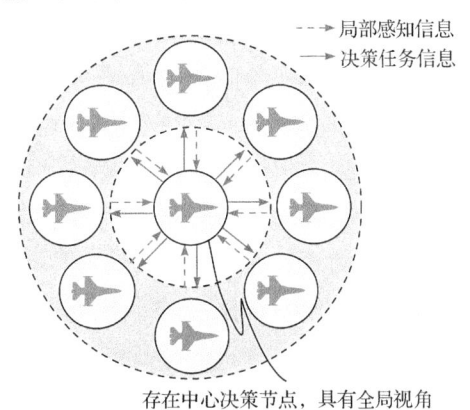

图 5-5 集中式决策架构示意图

任务行为决策效果不一定最优，但集群整体作战行为产生效果最优，具有群体智能性。集中式决策架构通过感受全局信息来降低环境噪声带来的信息损失，对通信负载要求较高，若决策节点单元出现异常，则群体决策有可能陷入瘫痪，系统容错性较差，对通信实时性要求较高，适用于时效性要求较低的飞行器集群任务决策系统。

2) 完全分布式决策

由于通信网络结构存在通信距离和通信跳跃，在完全分布式决策下，集群内飞行器依靠自身观测信息和局部通信信息，结合战场态势的推断进行数据融合和自主决策，将决策结果在集群内部共享，以期涌现出协同决策结果，协调一致地完成任务。完全分布式决策架构如图 5-6 所示。该架构对通信链路中单一节点的依赖性较低，将全局优化问题分解为多个局部优化问题，每个飞行器解决其局部优化问题，通过机间信息交换进行决策优化。该架构由于缺乏全局态势信息，信息融合不完全，受环境因素影响也更大，易产生不一致的决策结果，因此在该模式下利用通信信息交互达到一致的任务决策效果是集群效能最大化的有效保证。

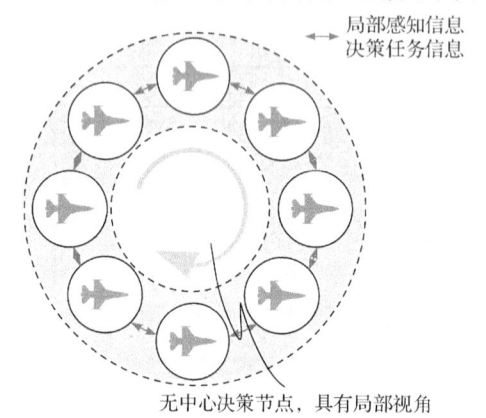

图 5-6 完全分布式决策架构示意图

3) 混合式决策

当集群规模过大，集中式决策架构和完全分布式决策架构都存在容错性差、通信负载呈比例增加的问题，对于大规模集群而言，若无交互，则鲁棒性差，若无中心，则全局可控性差。因此，结合分层研究的思想构建飞行器集群混合式决策架构，该架构主要包括三级：上层中心决策节点、中间层调度规划节点和底层执行节点，如图 5-7 所示。当底

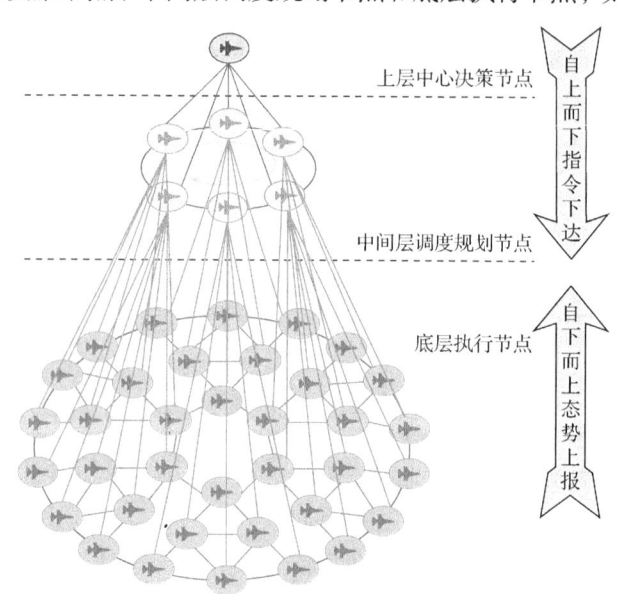

图 5-7 混合式决策架构示意图

层执行节点获取战场态势时，逐级上传给上层中心决策节点进行态势分析，任务战术、战略决策，并对中间层调度规划节点下达任务命令；中间层调度规划节点接收任务命令后，进行任务分配、集群航迹生成、任务评估、状态管理等，中间层调度规划节点之间通过通信链路实现信息共享、态势融合、战术协同；底层执行节点根据任务要求按航迹执行具体任务，并实时反馈自己的状态信息及传感器信息，通过数据交互实现一致性协同作战。

混合式决策架构通过态势共享、指令互联将三层节点融为一体，将自上到下的多层指挥可控性与自下到上的个体涌现性相结合，执行节点和调度规划节点既接受上层命令，又能与同层飞行器进行信息共享。因此，该决策架构既具有集群全局性和有序性，又能兼顾个体自主性和涌现性。

5.3 飞行器集群任务自主决策技术途径

5.3.1 任务自主决策的基本问题

飞行器集群自主决策问题通常被建模为非完整信息下的多目标动态优化问题，具有高动态、强实时、不确定等特点，其研究内容主要由基于杏仁核决策的感性自主任务推理决策和基于自主学习的理性自主任务推理决策组成。感性自主任务推理决策基于知识驱动，主要针对敌我态势简单且有历史决策先验知识支持的快速决策推理，包括专家知识推理等，该方法简单高效，但准确度较低，决策结果局限于现有知识水平，适用于战场态势简单明了、动态性较低、决策实时性要求较高的情况；理性自主任务推理决策基于数据驱动，主要针对敌我态势复杂且缺乏先验知识支持的因果决策推理，具有自我学习能力，可以不断进化，包括基于微分博弈、优化理论和人工智能的集群决策等，此类方法具有较强的自主能力，对态势变化的适应能力更强，但决策的推理效率较低，对数据依赖性较高，适用于战场态势复杂、陌生，决策实时性要求适中的情况。

任务决策过程中，首先通过战场特征提取和通信交流，基于模糊认知图建立态势模型；其次通过己方作战体系、敌方防御体系、目标预估状态和已有决策信息形成专家(经验)先验知识域，建立先验决策模型；最后对不同态势建模下集群作战进行模板匹配推理，若匹配，则采用专家先验知识感性推理方法进行任务决策，否则根据当前战场环境的变化情况和任务需求，采用数据驱动的基于微分博弈、优化理论和人工智能的逻辑推理方法实现集群任务决策。集群任务决策系统结构如图 5-8 所示。本节对集群任务决策过程中涉及的关键技术途径进行叙述。

5.3.2 基于模糊认知图的飞行器集群决策

模糊灰色认知图(fuzzy grey cognitive map，FGCM)已经被证明是解决集群决策问题建模的有效途径，具有高鲁棒性、高自适应性、高性能和高计算效率，为综合形式化模型的验证提供了一个良好的框架[12,13]。相比于贝叶斯网络、影响图等工具，模糊灰色认知图将模糊逻辑与人工智能相结合，具有根据动态输入反馈特性，更加适合集群任务自主决策。FGCM 由以下四元组构成：

$$\{\otimes C, \otimes W, \otimes f(\cdot), l(\psi)\} \tag{5-1}$$

式中，$\otimes C = \{\otimes c_i\}_{i=1}^n$，为灰数表示的节点集合；$\otimes W = \{\otimes w_{ij}\}$，为节点间因果关系权重；$\otimes f(\cdot)$ 为节点间的激活函数，主要有 sigmoid 型和 tanh 型，分别对应节点状态值为 $[0,1]$ 和 $[-1,1]$ 两种情况；$l(\psi)$ 为节点集合 $\otimes C$ 对应的信息空间。

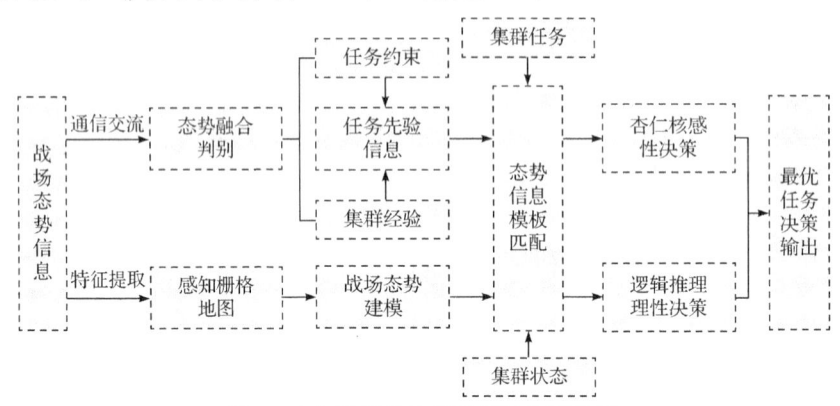

图 5-8 集群任务决策系统结构示意图

由于 FGCM 建模方法简单、具有良好的适应性和应用性，衍生出众多拓展模型，其中智能体模糊灰色认知图(agent-based fuzzy grey cognitive map, ABFGCM)的每个节点可以是不同的智能体(agent)，拥有各自的决策推理算法，通过节点间信息传递机制相互作用，适用于集群决策系统的建模[14]。基于 ABFGCM 的飞行器集群任务决策过程中，节点数据的量纲各不相同，需要通过模糊化操作转换为量纲为一的模糊数，模糊决策后需进行模糊判决，再将模糊数转换为准确值，最后根据标度因子获得决策精确输出。

基于 ABFGCM 建立飞行器集群自主任务决策模型过程中，将飞行器按照不同任务能力划分为战场信息感知飞行器、威胁感知与预测飞行器、目标感知与预测飞行器、敌方行为预测飞行器、多任务执行安全性估计飞行器、多任务执行效能估计飞行器，建立模糊态势输入下基于 ABFGCM 的集群任务决策模型，如图 5-9 所示。

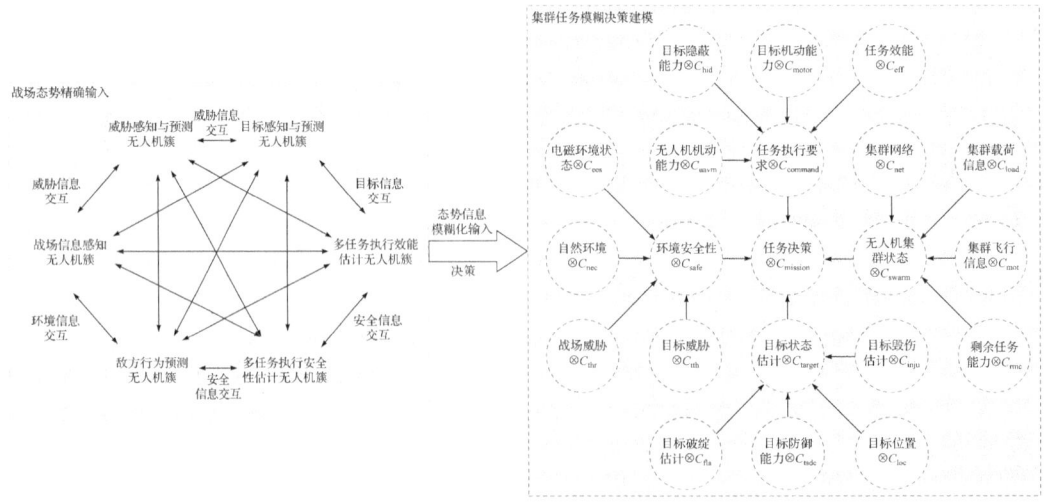

图 5-9 基于 ABFGCM 的集群任务模糊决策建模

模糊任务决策基于感性决策架构和理性决策架构可分为专家先验知识匹配和模型自我学习决策两种方式[15]。模型自我学习决策方法可减弱 ABFGCM 模型对专家先验知识的依赖，采用智能算法来提高模型对数据样本参数的学习能力，具有较好的应用价值。感性决策架构和理性决策架构的目的皆是确定任务决策阈值，输出任务决策信息模糊值 $\otimes D$，并将其标准化为精确输出。

5.3.3 基于专家先验知识的飞行器集群决策

智能化作战会使知识较量更加突出，知识较量体现在作战决策上，借鉴人脑杏仁核对外部刺激的快速应激反应机理，采用态势-决策模板快速匹配方法构建决策专家系统，其决策流程如下：当集群进入决策状态时，由推理机将感知态势信息与知识库中的各个规则条件进行匹配，直到找到与态势信息相符的规则并提取(规则提取策略包括启发式搜索[16]和主动学习方法[17]等)，决策库基于集群任务需求和集群状态等要素建立任务最优决策。假设在典型任务条件下，将任务先验知识状态值和决策值存储，如式(5-2)所示：

$$C^{\text{temp}} = [C_1, C_2, \cdots, C_n : D] \tag{5-2}$$

式中，C^{temp} 为存储的态势-决策模板数据；$C_1, C_2, \cdots, C_n$ 为输入的态势值；D 为决策值。当任务决策过程中出现新的态势时，按照式(5-3)与先验知识库中的态势-决策值进行匹配度计算：

$$E = \left| C^t - C^{\text{temp}} \right| = \frac{1}{n} \sum_{i=1}^{n} (C_i^t - C_i) \leqslant \varepsilon \tag{5-3}$$

式中，E 为当前态势与模板态势的匹配度，当该匹配度小于等于规则提取最小相似误差 ε 时，认为当前态势与模板态势匹配，直接输出模板态势对应的决策结果。基于专家先验知识的飞行器集群任务自主决策结构如图 5-10 所示。

5.3.4 基于微分博弈的飞行器集群决策

博弈论(game theory)是研究多个自主性个体在利益相关情形下决策行为的理论[18]。在博弈论中每个个体的博弈策略都是通过自身策略以及其他个体策略影响的收益函数所定义的，每个个体都会调整自身策略尽力优化集群收益函数[19]。博弈的演变由状态变量定义，如果状态演变与博弈决策过程表示为连续时间下的一组微分方程，则该博弈为一个微分对策博弈。经过改进的微分博弈算法也可以应用到集群任务决策求解过程中。集群微分博弈方法是先把攻防对策转化为双边极值问题，然后进行求解，涉及的相关元素由式(5-4)所示五元组组成：

$$G_t = \{X_t, v_t, S_t, C_t, U_t\} \tag{5-4}$$

式中，t 为集群任务博弈决策的时间变量；X_t 为博弈决策中个体状态量集合，在不同任务中状态量不同，如在集群突防任务中状态量为敌方威胁探测半径、己方飞行器与敌方威胁之间的距离，在集群打击任务中则是己方飞行器和敌方目标位置、速度等状态量；$v_t = \{v_1, v_2, \cdots, v_n\}$，为博弈决策个体集合，包括己方飞行器；$S_t = \{s_1, s_2, \cdots, s_n\}$，$s_i$ 为博弈决策个体 v_i 的策略集合；C_t 为微分博弈的约束集合，集群任务约束主要包括集群能力、飞行动

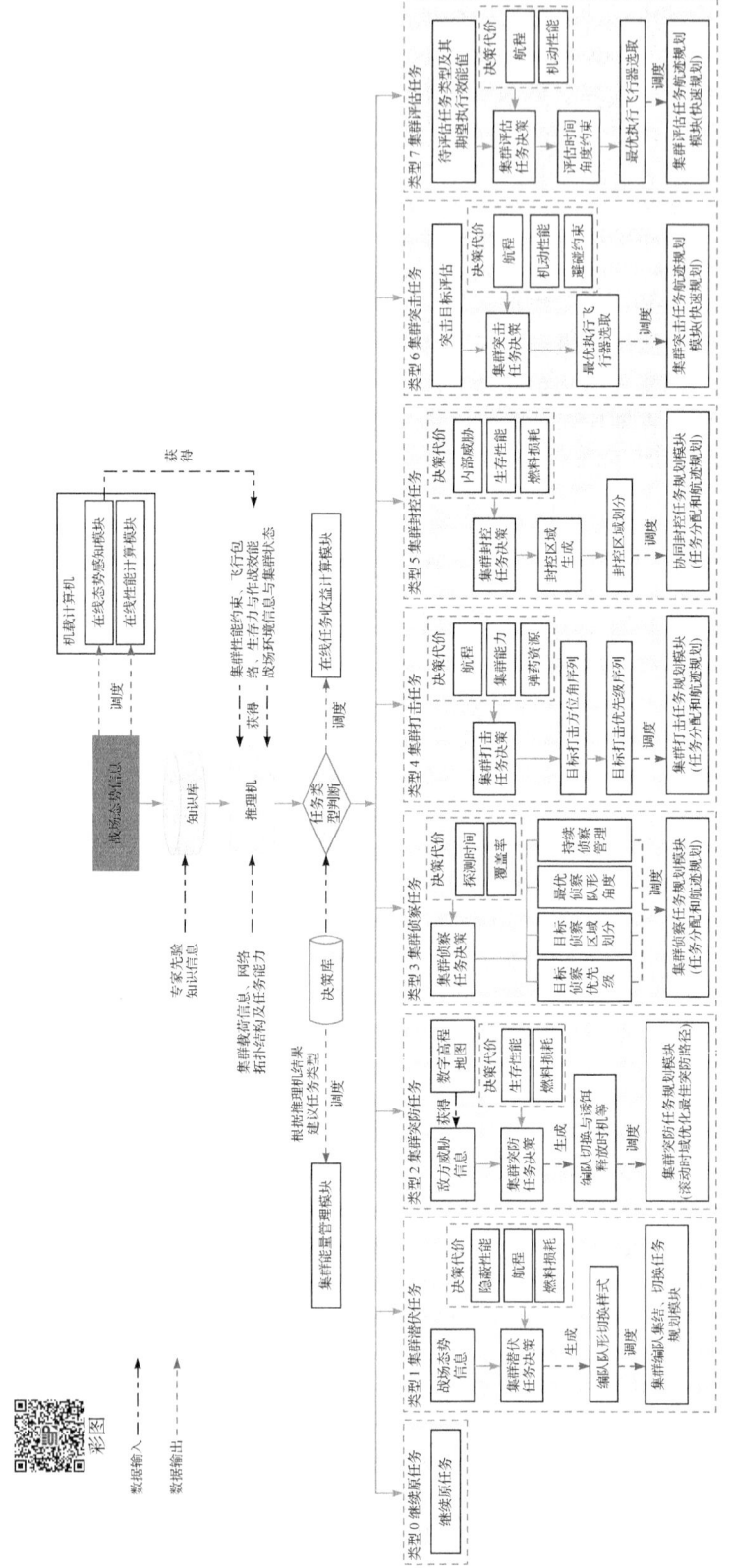

图 5-10 基于专家先验知识的飞行器集群任务自主决策结构

力学方程以及任务环境信息；U_i 为集群任务决策微分博弈中每个决策个体收益函数的集合。

集群任务决策微分博弈过程中，关键在于为任务策略设计常用的微分博弈控制策略，主要有两种设计方法：一种是基于梯度的博弈控制策略[20]，另一种是基于哈密顿函数的最优化博弈策略[21]。无论哪种方法，博弈控制策略设计本质上是对成本函数的设计，因此设计出符合集群任务决策的成本函数是其求解关键。虽然微分博弈法是一种具有现实意义的方法，但是该方法存在收益函数设定困难、计算量庞大和复杂度高等缺点，设计出符合集群任务决策策略的成本函数难度较大，其次最优策略求解困难，当面对高维度的飞行器集群决策问题时，纳什均衡解析解求解困难，难以应用于实际。

5.3.5 基于优化理论的飞行器集群决策

1) 基于数值优化算法的集群决策

飞行器集群自主决策问题基于优化理论衍生出了采用数值优化算法的求解研究，采用贝叶斯推理[22]、统计学优化[23]和遗传算法[24]等有效地计算集群作战态势，根据态势评估结果，自适应地调整集群任务决策影响因素的权重，使目标函数更加合理，确保集群作战优势。基于数值优化算法的飞行器集群自主决策架构如图 5-11 所示。

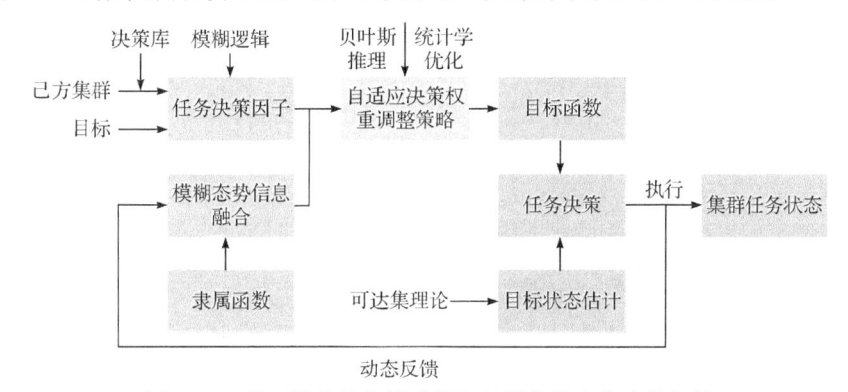

图 5-11 基于数值优化算法的飞行器集群自主决策架构

针对飞行器集群任务决策高动态和不确定性的特点，为了提高决策系统的鲁棒性，一方面利用隶属函数对模糊态势信息进行融合，并采用可达集理论[25]对威胁态势、目标状态等进行估计，在一定程度上减少信息不准确的问题；另一方面借助数值优化算法原理在决策过程中尽可能考虑各个态势参数的综合作用，根据态势信息融合结果自适应地调整任务决策目标函数权重，引用动态权重使目标函数更加可靠。虽然该集群决策方法在任务决策中应用较为广泛，但由于集群任务决策状态空间的复杂性和连续性，数值优化算法在求解此类高维度、大规模问题时，对计算资源要求很高，无法满足集群自主决策的实时性要求，因此此类算法大多应用于集群起飞前静态、离线环境的集群任务决策问题。

2) 基于生物群体智能算法的集群决策

自然界生物群体演化过程中存在多种多样的集群行为，如狼群捕猎、蚁群觅食和鸟群飞行等。从对生物群体行为的研究过程中也衍生出多种启发式智能算法，如狼群算法(wolf pack algorithm)[26]、蚁群算法(ant colony algorithm)[27]和粒子群优化算法[28]等应用于飞行器智能集群决策、规划和控制领域。生物群体智能算法的本质是设计算法执行过程中决策个体的行为规则，从而实现对动态态势的应激式响应，通过对个体行为规则的联合使用实现集群复杂的编队、迁移和聚集等行为。

采用生物群体智能算法进行集群任务决策时，考虑到问题建模的高维度和复杂性，建立双层决策架构(图 5-12)，外层决策模型用于集群系统性能估计，内层决策模型用于集群任务管理和调度。外层决策模型设计采用受生物启发的聚类算法，基于狼群算法或蚁群算法寻找集群网络结构中心点，从集群构造时间、能耗、集群生命周期和集群任务成功率等多方面评估系统的性能[29]。在外层决策模型的牵引下，内层决策模型在系统性能的约束下建立系统目标函数并不断进行优化。由于飞行器集群的高动态性，外层决策模型和内层决策模型必须在动态条件下不断更新，从而适应集群任务决策需求。

基于生物群体智能算法的集群决策方法通过对自然界中生物行为机理的研究，适用于与自然界集群行为类似的决策问题中，如仿照生物群体伪装机理设计的集群潜伏任务策略、仿照狼群狩猎行为设计的集群打击任务执行策略等，计算所得任务策略的智能性较高。但由于集群决策问题中优化目标组成较多，集群求解规模大，此类方法容易陷入求解局部最优解中，计算量较大，因此针对特定的决策任务类型，需选用不同的算法并做出相应的优化。

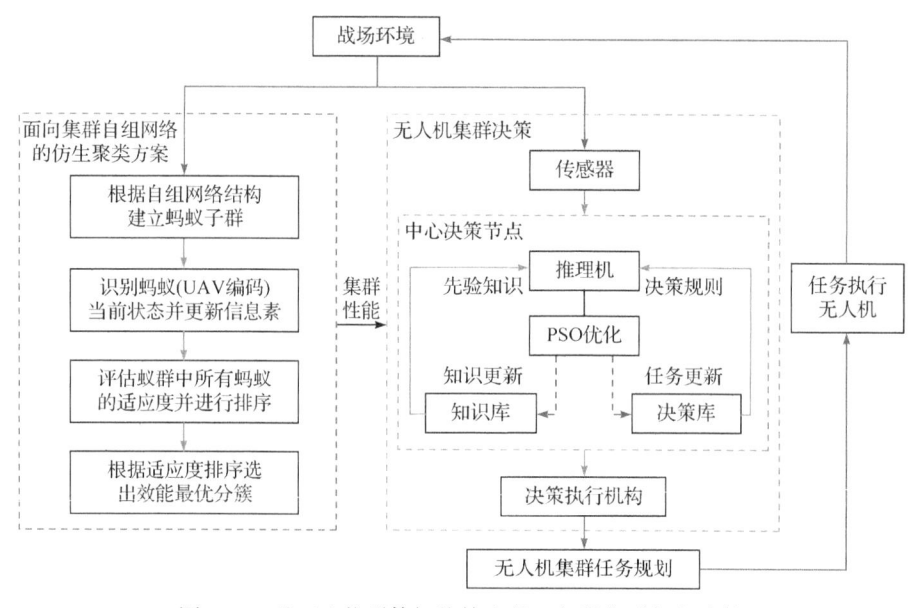

图 5-12 基于生物群体智能算法的飞行器集群任务决策

5.3.6 基于人工智能的飞行器集群决策

人工智能类的集群决策方法主要为基于神经网络的自演进机器学习方法。神经网络是通过模仿生物神经网络所设计的分布式并行信息处理的一种数学模型，其基本信息处理单元为神经元。神经元主要由连接权值、累加器和激活函数三种基本元素构成。大量神经元相互连接组成神经网络，增加神经网络隐含层的数量以达到更好的学习效果，此时该神经网络称为深度学习神经网络[30]。深度神经网络被认为是最可能实现人工智能的方法之一，将其应用于飞行器集群任务决策问题，需要依据任务执行过程的特点设计神经网络模型，采用深度强化学习方法实现自演进机器学习训练。

深度强化学习方法是一种不断与环境信息交互、根据外界反馈的奖惩信号来学习和修正动作策略的方法。强化学习过程通常可以用马尔可夫决策过程(Markov decision process, MDP)形式化表示,与一般的 MDP 不同,面向任务的集群自主决策 MDP 包含战场态势感知函数,以获取真实的环境状态信息[31]。基本原理如下所述。

(1) 动态过程中的每个时刻,飞行器集群感知模块与决策模块利用人工神经网络(ANN)构成的态势认知网络得到高维度的态势观察及抽象、具体的状态特征表示;

(2) 各飞行器将状态特征通过通信层(兼虚拟全局飞行器)进行充分的沟通和协调;

(3) 将沟通和协调后的信息反馈到集群在线决策模块,在线决策模块基于任务效能设计预期决策奖励机制,据此来评价不同任务决策方案的价值函数,并建立当前状态信息到决策方案的映射;

(4) 决策模型及时做出动态响应,对作战执行效果进行评估,并改进飞行器集群的作战决策策略,得到下一状态节点的观察值,实现飞行器集群任务决策最优策略。

构建完深度强化学习的集群任务决策模型后,设定不同的态势信息在地面仿真端机进行动态任务决策的蒙特卡洛仿真实验,获取大量样本数据。将样本数据输入深度学习网络中,经过网络迭代生成飞行器集群任务决策策略集合,根据不同的任务类型和场景,建立任务模型并提取其特征,从而建立决策学习机制,利用深度强化学习的大数据储存能力记录样本数据,提取数据的分布式特征。深度强化学习通过大量的试错模式,以最大化预期奖赏为目标进化,获取集群决策最优策略。基于深度强化学习的无人机集群任务决策算法框架如图 5-13 所示。应用深度强化学习网络的智能自组织学习特性,实现快速、动态、智能的顶层集群任务决策,获取最优决策信息。

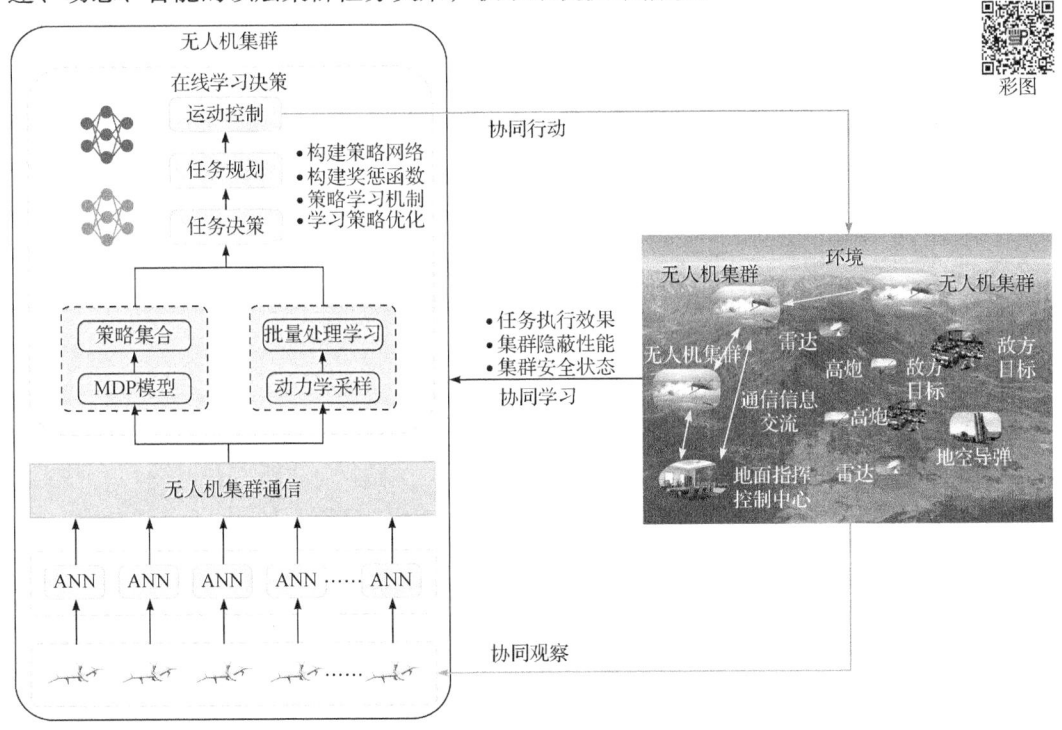

图 5-13 基于深度强化学习的无人机集群任务决策算法框架

基于人工智能的任务决策方法是一种无模型方法，由于引进了神经网络，当面对复杂的优化目标函数时仍然能够求解，其应用场景更为广泛，与任务环境持续交互能够利用复杂的优化目标函数对任务需求进行更精细化的描述，自我学习生成全新的任务决策模式。

5.4 飞行器集群任务规划相关概念及典型场景

战场中典型的集群任务规划场景有协同侦察任务、协同打击任务、协同突防任务等。本节构建三种典型任务规划场景，为后续飞行器集群任务规划研究提供基础。

5.4.1 协同侦察任务

协同侦察任务是指飞行器集群利用机载传感器对任务区域进行侦察，通过机间或地空通信网络共享环境感知信息，最大程度地降低环境的信息熵、提高目标的探测概率。其在军事和民用领域应用广泛，如侦察监视、火灾检测、野外搜救和航空测绘等。

当接收到侦察区域、侦察时间等任务要求后，算法首先需要对区域进行规则化，将复杂地块的轮廓近似成规则的多边形并分区，便于后续规划；然后飞行器飞向各自任务区域，按照一定的扫描策略进行任务规划。

某典型协同侦察任务场景如图 5-14 所示，飞行器在调整队形后持续对给定区域进行侦察监视。飞行器集群封锁任务规划问题可描述如下：给定 n 架侦察飞行器 $V_i(i=1,2,\cdots,n)$，每架飞行器携带同种探测传感器，因此传感器性能约束及物理模型一致，对某个给定区域 P 进行持续侦察封锁，规划集群航迹，使得侦察效率最高且满足重访周期约束 T_{limit}。

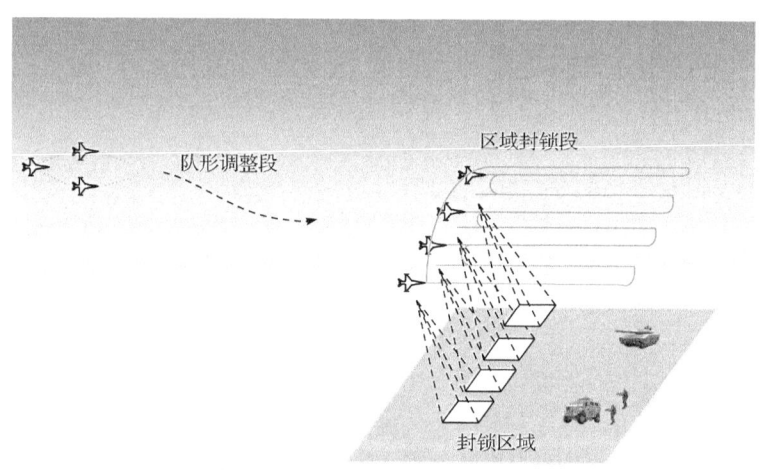

图 5-14 某典型协同侦察任务场景

5.4.2 协同打击任务

协同打击任务是指在收到目标位置信息、属性信息、时间要求、地形数据、战场态势信息后，由航迹规划算法规划出航迹点并装订，对目标实施打击。飞行器协同打击任务是战场上典型的作战任务,根据目标是否存在打击方位角约束,分为定向打击和全向打击。例如,目标水平面 360°范围内无地形遮挡或其他障碍物,为全向饱和打击;若目标为山脚下的目标,或者是洞穴内的目标,则存在打击方位角约束,为定向序贯打击。全向饱和打击任务场景如图 5-15 所示,定向序贯打击任务场景如图 5-16 所示。

协同打击任务和协同侦察任务类似,都要考虑集群飞行时的避障避碰问题,但是协同打击任务约束更为准确严密,必须实现时间和空间上的多机、多任务协同,才能完成预定的打击任务,达到整体效能最优。实际中协同打击任务往往作为协同突防任务的后续衔接任务。

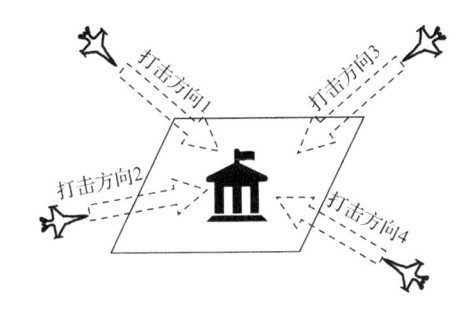

图 5-15 全向饱和打击任务场景

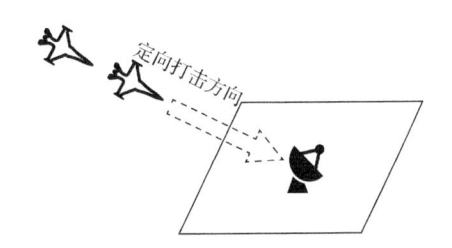

图 5-16 定向序贯打击任务场景

5.4.3 协同突防任务

协同突防任务是指飞行器集群选择最有利的航线,尽可能突破敌方对空防御系统的拦截,提高生存能力,最大程度地保存有生力量以供后续任务的执行。为了降低被敌方雷达探测到的概率,飞行器需要尽可能降低飞行高度并缩短暴露在雷达探测范围内的时间,同时还需要考虑静态障碍物的避障和机间避碰。

某典型协同突防任务场景如图 5-17 所示,飞行器集群在经过敌方防御区域之前调整队形,随后进行突防航迹规划,突防成功后调整队形执行后续任务。飞行器集群协同突防任务可描述如下:给定 n 架飞行器 $V_i(i=1,2,\cdots,n)$,对某个地形信息和威胁信息已知的给定区域进行快速突防,规划集群航迹使得飞行器生存率最高。

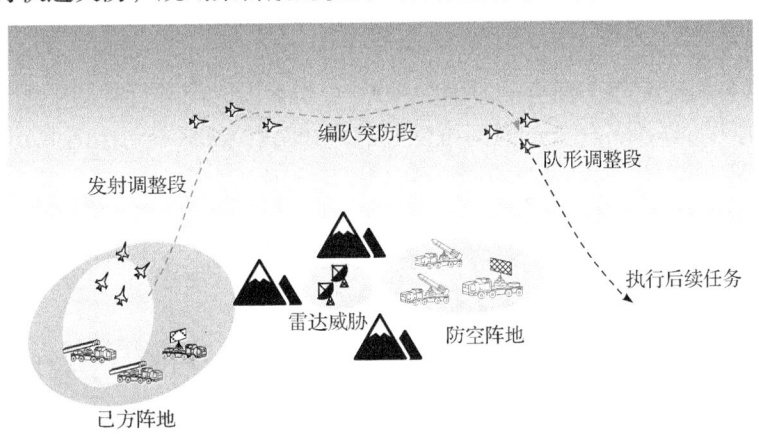

图 5-17 某典型协同突防任务场景

5.5 飞行器集群任务规划模型框架

5.5.1 飞行器集群任务分配的数学模型

多目标规划的任务分配问题是飞行器集群协同研究的重要内容之一，其目的是对飞行器进行任务调度与划分，使得整个集群任务效能最高，作战代价最小。任务分配根据飞行器集群发射与否可分为发射前的预分配和发射后的在线分配。集群实际作战环境十分复杂，目标和战场环境具有动态不确定性，飞行器平台及其配套设备的智能化程度存在较大差异，依赖于某种模型完全实现集群作战的所有任务细节并不实际。为界定问题以便于集群任务分配问题的研究，做出如下假设：

(1) 战场有限，实时通信拓扑结构已知，飞行器可以实时获得自身位置、速度等信息，并可以通过数据链广播给其他飞行器和地面指控平台；

(2) 飞行器可以根据任务需要配置不同的任务载荷，暂不考虑飞行器做某些大机动动作时的性能限制；

(3) 飞行器集群进行协同侦察和协同打击任务时，考虑协同效能增益；

(4) 目标属于地面静止或运动目标，其攻击力不会由于飞行器集群协同对其执行任务而消减。

1) 飞行器运动模型

设飞行器集合 $V=\{V_1,V_2,\cdots,V_n\}$，任意一架飞行器 V_i 的运动模型均可用五元组 $\langle X_i,h_i,C_i,P_i,D_{i\max}\rangle$ 来描述。其中，$X_i=(x_i,y_i,z_i,v_i,\vartheta_i,\psi_i)$ 为飞行器 V_i 当前状态，$\text{pos}_i=(x_i,y_i,z_i)$ 为飞行器当前位置坐标点，v_i 为飞行器当前速度大小，ϑ_i 为俯仰角，ψ_i 为偏航角；$h_i\in\{0,1\}$ 反映飞行器当前健康情况，$h_i=1$ 代表 V_i 状态健康，否则 $h_i=0$；$C_i=\{C_i^1,C_i^2,\cdots,C_i^n\}$ 为飞行器 V_i 当前所处网络内可连接的其他飞行器的物理编号；$P_i=\{P_i^{\text{srh}},P_i^{\text{ack}},P_i^{\text{eva}}\}$ 表示 V_i 任务载荷能力，$P_i^{\text{srh}}\in\{0,1\}$ 反映侦察任务能力，$P_i^{\text{ack}}\in\{0,1\}$ 反映打击任务能力，P_i^{eva} 反映评估任务能力，若 V_i 具备侦察能力则 P_i 值为 1，否则 P_i 值为 0；$D_{i\max}$ 为飞行器 V_i 的最大航程约束，其值由飞行器自身推进能力、所带燃料重量以及自身载荷重量决定。

设飞行器 V_i 执行完整个任务的时间为 $[0,t_{\text{m}}]$，对该段时间进行等间隔采样，采样时间间隔为 Δt，则飞行器执行任务的时间可以离散为 $\{0,\Delta t,\cdots,k\Delta t,(k+1)\Delta t,\cdots,t_{\text{m}}\}$，在此基础上，假设飞行器速度方向与机体纵轴重合且速度滚转角 $\gamma_{\text{v}}=0$，则三维空间飞行器的运动方程可以离散为式(5-5)：

$$\begin{cases} x_i(k+1)=x_i(k)+v_i(k)\cdot\Delta t\cdot\cos(\psi_i(k)+\Delta\psi_i(k))\cdot\cos(\vartheta_i(k)+\Delta\vartheta_i(k)) \\ y_i(k+1)=y_i(k)+v_i(k)\cdot\Delta t\cdot\sin(\vartheta_i(k)+\Delta\vartheta_i(k)) \\ z_i(k+1)=z_i(k)-v_i(k)\cdot\Delta t\cdot\sin(\psi_i(k)+\Delta\psi_i(k))\cdot\cos(\vartheta_i(k)+\Delta\vartheta_i(k)) \\ \psi_i(k+1)=\psi_i(k)+\Delta\psi_i(k) \\ \vartheta_i(k+1)=\vartheta_i(k)+\Delta\vartheta_i(k) \end{cases}$$

$$\begin{cases} -\Delta\psi_{\max} \leqslant \Delta\psi_i(k) \leqslant \Delta\psi_{\max} \\ -\Delta\vartheta_{\max} \leqslant \Delta\vartheta_i(k) \leqslant \Delta\vartheta_{\max} \\ v_{\min} \leqslant v_i(k) \leqslant v_{\max} \end{cases} \tag{5-5}$$

式中，$\Delta\vartheta_i(k)$ 和 $\Delta\psi_i(k)$ 分别为采样时间间隔 Δt 内俯仰角和偏航角的变化量；$\Delta\vartheta_{\max}$ 和 $\Delta\psi_{\max}$ 分别为采样时间间隔 Δt 内俯仰角和偏航角所允许的最大变化量；$v_{\min}$ 和 $v_{\max}$ 分别为飞行器调速能力内所允许的最小速度和最大速度，由飞行器平台自身的任务能力决定。

2) 侦察载荷模型

在协同侦察任务执行过程中，飞行器侦察载荷是飞行器获取目标信息的主要设备，其能力直接决定了目标信息的准确程度和后续的规划效果，因此飞行器侦察载荷需要具备以下能力：

(1) 侦察载荷可以对指定区域进行覆盖式侦察，发现区域内的目标和潜在目标。

(2) 侦察载荷可以精确定位目标位置状态，从而为后续的协同目标分配和协同打击任务提供精准的目标信息及制导信息。

(3) 执行毁伤评估任务。当对敌方目标实施打击后，飞行器通过机载传感器进一步获取目标状态信息，并根据所得信息进行目标毁伤评估，为后续任务的执行提供决策依据。

现代飞行器的传感器载荷多种多样，典型的传感器包括合成孔径雷达(synthetic aperture radar，SAR)、光电/红外(EO/IR)、激光测距仪、可见光探测设备等。不同传感器的工作方式和任务能力有所不同，飞行器在执行侦察任务的过程中，其载荷模型直接反映平台对目标的探测与定位能力，决定任务分配的约束条件。例如，当飞行器集群执行对特定目标的定位确认任务时，其任务计划的制定必须满足传感器发现目标的条件，即目标位于机载传感器的探测范围内。

传感器的侦察范围取决于飞行器的飞行状态和传感器的安装及性能参数，如图 5-18 所示。在水平状态下飞行器高度为 H，传感器最大作用范围为 $R_{s,\max}$，传感器安装角为 α，传感器搜索角分别为 $\varphi_{\max}$、$\phi_{\max}$(左右方向、俯仰方向)。设集群能够发现目标并准确定位的条件是该目标位于传感器的探测范围内，以飞行器所处位置为原点，若任意一点(x, y) 满足式(5-6)，则该点位于传感器的探测范围内。

$$\begin{cases} \sqrt{x^2+y^2+H^2} \leqslant R_{s,\max} \\ \arcsin\dfrac{|y|}{\sqrt{x^2+y^2+H^2}} \leqslant \varphi_{\max} \\ \alpha-\phi_{\max} \leqslant \arctan\dfrac{x}{H} \leqslant \alpha+\phi_{\max} \end{cases} \tag{5-6}$$

3) 打击载荷模型

打击载荷是飞行器集群执行任务的关键载荷，描述了飞行器对目标实施打击所需的各种条件，如发射距离、发射高度、发射速度和发射离轴角等，这些约束条件直接影响集群任务分配的进行。当集群对特定目标执行打击任务时，任务分配必须满足打击载荷的适用条件，因此通过飞行器攻击区建模对打击载荷做综合性描述。假设飞行器能够对指

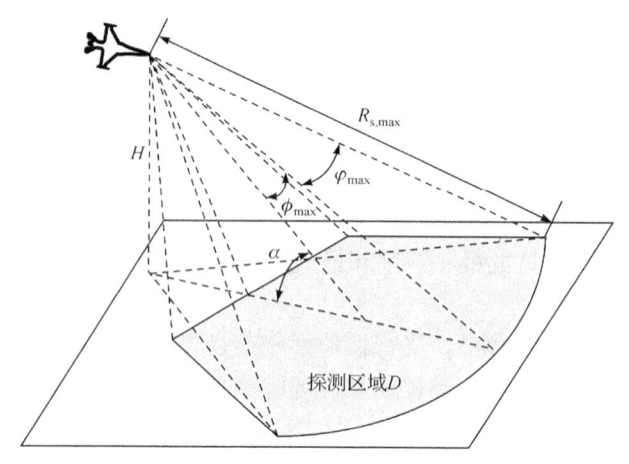

图 5-18 传感器探测范围示意图

定目标实施打击的条件是目标位于飞行器的可攻击区域内。

根据飞行器使用特点，从便于解决任务分配问题的角度出发，假设飞行器在进入攻击区后飞行高度 H 和飞行速度 v 保持恒定，允许的最大发射距离和最小发射距离分别为 r_{max} 和 r_{min}，最大的发射离轴角为 φ_{max}，机载导弹导引头瞄准和制导的最大作用距离为 d_{max}，水平面内最大探测角为 $\pm\phi_{max}$，制导设备瞄准目标所需时间为 t_a，飞行器最小转弯半径为 R_{min}。以目标点为原点，飞行器速度的反方向为 X 轴，建立 TXZ 坐标系，如图 5-19 所示。

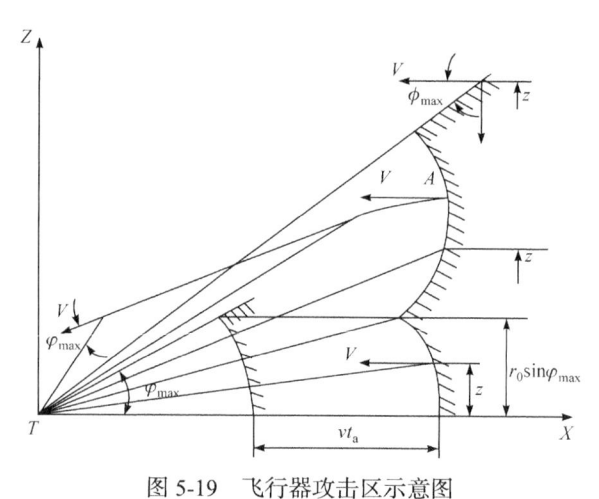

图 5-19 飞行器攻击区示意图

设飞行器相对目标的侧向偏差为 z，则可攻击区域边界到目标的距离为

$$D(z) = \begin{cases} \max\left(\sqrt{r_{min}^2 + (vt_a)^2 + 2vt_a\sqrt{r_{min}^2 - z^2}}, \dfrac{z}{\sin\phi_{max}}\right), & 0 \leqslant z \leqslant r_{min}\sin\varphi_{max} \\ \max\left(\sqrt{\begin{array}{l}r_{min}^2 + (vt_a)^2 + 2vt_a\sqrt{r_{min}^2 - z^2} \\ +2R_{min}(z - r_{min}\sin\varphi_{max})\end{array}}, \dfrac{z}{\sin\phi_{max}}\right), & z > r_{min}\sin\varphi_{max} \end{cases} \tag{5-7}$$

进一步考虑传感器的探测距离 d_{max} 后，可知飞行器相对目标的侧向误差 z 与飞行器

到目标的距离 $D = \sqrt{x^2 + z^2}$ 满足式(5-8)所示关系时，目标位于飞行器可攻击区域内。

$$\begin{cases} \max\left(\sqrt{r_{\min}^2 + (vt_a)^2 + 2vt_a\sqrt{r_{\min}^2 - z^2}}, \ \dfrac{z}{\sin\phi_{\max}}\right) \leq D \leq d_{\max t}, \quad 0 \leq z \leq r_{\min}\sin\varphi_{\max} \\ \max\left(\sqrt{\begin{array}{l}r_{\min}^2 + (vt_a)^2 + 2vt_a\sqrt{r_{\min}^2 - z^2} \\ +2R_{\min}(z - r_{\min}\sin\varphi_{\max})\end{array}}, \ \dfrac{z}{\sin\phi_{\max}}\right) \leq D \leq d_{\max z}, \quad z > r_{\min}\sin\varphi_{\max} \end{cases}$$

(5-8)

当目标位于上述可攻击区域内时，一方面机载武器能够发现、瞄准目标，另一方面飞行器可在机载传感器所提供的目标信息引导下，自主进行火控解算，实现对敌目标的精确打击。

4) 敌方威胁实体模型

集群任务分配过程需考虑威胁约束，其威胁空间由三大因素组成，即威胁源、威胁半径和威胁盲区，集群任务执行过程中主要面对两类威胁，即探测威胁和火力威胁，假设敌方威胁中心坐标为 $O_{\text{threat}}(x_{\text{threat}}, y_{\text{threat}}, z_{\text{threat}})$，威胁作用距离为 r_{threat}。本小节考虑探测威胁中的雷达威胁，火力威胁考虑为高炮威胁。

雷达威胁是最常见的对飞行器编队突防威胁最大的一种探测威胁。雷达从运行目的上可分为火控雷达和预警雷达，通过接受目标的电磁波反射并进行分析来确定目标位置。雷达探测性能易受环境和信号的影响，考虑各种因素状态下描述雷达威胁的探测特性比较困难，本书假设雷达威胁建立在平坦的地形上，其探测区域边界的水平距离和探测高度的关系[32]为

$$h_B = K_B \cdot L_B^2 \tag{5-9}$$

式中，h_B 为雷达探测高度；L_B 为雷达探测水平距离；K_B 为雷达探测性能的参数。由式(5-9)可以计算出雷达探测区域的最大探测距离：

$$d_{\max} = \sqrt{h_B^2 + L_B^2} \tag{5-10}$$

雷达探测盲区一般在离地很近的区域，假设雷达天线能够全方位扫描探测，由式(5-10)可以看出，飞行器距离雷达越远，雷达对其探测概率越小，设目标与雷达的距离为 d_R，则雷达探测目标的概率 $P_R(d_R)$ 可由式(5-11)近似表示：

$$P_R(d_R) = \begin{cases} 0, & d_R > d_{R_{\max}} \\ 1/d_R^4, & d_{R_{\min}} \leq d_R \leq d_{R_{\max}} \\ 1, & d_R < d_{R_{\min}} \end{cases} \tag{5-11}$$

高炮又称高射速炮，是指由地面发射，主要针对低空、超低空武装，如飞行器、直升机等空中目标进行战略拦截的一类作战武器。

(1) 高炮的有效威胁空间。

高炮的有效威胁空间是指能够保证炮弹命中精度，对目标具有一定毁伤能力的空域。

高炮威胁空间的大小建模取决于高炮的长度射程、高度射程及高炮系统的发射角度能力约束。如图 5-20 所示，能保证攻击有效性的高炮最远射击距离称为最远射程 $d_{A_{\max}}$，因此高炮的有效威胁空间为以高炮位置 O_{threat} 为球心，以最远射程 $d_{A_{\max}}$ 围成的一个半球[33]。

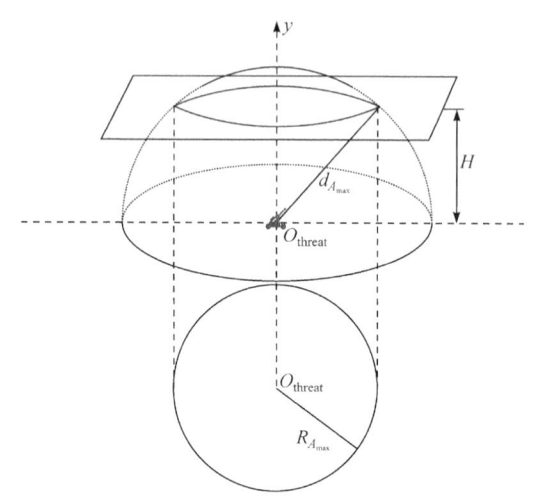

图 5-20 高炮威胁空间建模

(2) 高炮的有效威胁平面区域。

在高炮的有效威胁空间内，以飞行器的飞行高度 H 为基准，可以将威胁空间截为一圆形平面，称之为高炮的有效威胁平面区域。该圆区域的半径称为高度 H 上的高炮有效杀伤距离 $R_{A_{\max}}$，该距离与最远射程 $d_{A_{\max}}$、高度 H 的关系如下：

$$R_{A_{\max}} = \sqrt{d_{A_{\max}}^2 - H^2} \tag{5-12}$$

高炮炮弹发射后不受控，容易受到外界环境干扰，有效杀伤距离只能体现炮弹在该范围内的毁伤能力，不能体现命中概率指标，同时考虑到飞行器的地形遮蔽作用，对杀伤概率模型做简化处理。$P_A(d_A)$ 为飞行器与高炮阵地距离为 d_A、高度为 H 时的命中概率，近似表示为[34]

$$p_A(d_A) = \begin{cases} 1/d_A, & d_A \leqslant d_{A_{\max}} \\ 0, & d_A > d_{A_{\max}} \end{cases} \tag{5-13}$$

5) 动态任务分配模型

集群执行任务过程中，战场态势动态变化，故任务执行过程中涉及新目标或者新任务。对于这些新目标、新任务，如何实现动态任务分配非常关键。飞行器集群动态任务分配问题是从集群实际作战角度出发，对多个未知目标的任务分配进行一体化研究的过程，具有高度的对抗性、动态性和不确定性，需要综合考虑飞行器的实时位置、机载载荷及目标的火力防御等属性。实现"出现能发现""发现即打击"的动态任务需求，使得集群作战收益最大化、代价最小化是动态任务分配研究过程中的关键问题。

动态任务分配为下一步更好地进行动态航迹规划奠定了基础，当任务规划系统接收到战场态势变化信息,包括目标的变化情况(位置移动或销毁)、飞行器集群变化情况(飞行器位置、速度变化,任务能力等)、威胁变化(数量及动态覆盖范围)、禁飞区变化(增加或减少)等,判断是否满足动态任务分配条件,若满足,则根据战场动态态势进行任务重分配。根据任务分配结果动态规划更新集群飞行航迹。

n 架飞行器对任务区域内的 m 个目标执行协同作战在线任务分配问题涉及的相关元素可用六元组 $\langle E,V,T,F,M,C \rangle$ 表示。其中,E 为战场环境;$V = \{V_1, V_2, \cdots, V_{N_u}\}$,为飞行器集合,包括飞行器的运动模型和载荷模型;$T = \{T_1, T_2, \cdots, T_m\}$,为动态目标集合;$F = \{F_1, F_2, \cdots, F_{N_F}\}$,为战场威胁实体和禁飞区集合;$M = \{M_1, M_2, \cdots, M_{N_M}\}$,为战场任务集合,$N_M$ 为任务总数量,设 M_k 为飞行器集群对目标 T_j 待执行的第 p 个任务,Mt_p^j 为该任务类型;C 为任务分配过程中需要考虑的约束集合。任务类型集合包含多类任务,如侦察、攻击、封控和毁伤评估等,由此可将任务表示为式(5-14):

$$M_k = \{T_i, Mt_p^j\}, \quad T_i \in T, \quad Mt_p^j \in Mt_i \tag{5-14}$$

式中,Mt_i 为目标 T_i 待执行任务集合。

6) 约束模型

约束模型是飞行器集群协同关系的具体体现,是动态任务分配建模的基础。飞行器集群协同任务执行过程中,除了满足飞行器平台飞行性能约束,更重要的是相互之间多类协同约束的满足,包括空间协同约束、顺序协同约束和时间协同约束。

定义 5-1(空间协同约束) 飞行器集群动态任务执行过程中,任意时刻各飞行器之间必须满足一定的安全间隔 d_s,设 $\mathbf{pos}_i(t)$ 为飞行器 V_i 在 t 时刻的位置,即

$$\|\mathbf{pos}_i(t) - \mathbf{pos}_j(t)\| \geq d_s \quad i,j = 1,2,\cdots,n, \quad i \neq j \tag{5-15}$$

定义 5-2(任务能力约束) 动态任务分配过程中首要考虑飞行动力学约束,如飞行过载、最小转弯半径和飞行总航程等。在动态任务分配过程中,不同飞行器携带的任务载荷不同,单个飞行器个体能力有限,只能执行自己任务范围内的任务,超出自身能力范围的任务必须通过数据链路交由其他飞行器执行。设 V_i 所能执行的任务类型集合为 MissionKind(V_i),则 V_i 所能够执行任务必须满足如下的能力约束:

$$Mt_p^j = \text{MissionKind}(V_i) \tag{5-16}$$

飞行器执行任务过程中,侦察、封控、评估等任务载荷资源不随时间增长或使用次数增多而减少,打击载荷资源随打击目标次数增多而减少。

定义 5-3(任务时序约束) 任务时序约束通常存在于多种不同类型的任务之间,如对某一目标的定位确认、打击、毁伤评估三类任务之间存在相互的顺序约束,打击任务的执行必须以对目标的定位确认为前提,毁伤评估任务则只有在打击任务执行之后才能执行。如果不同的任务 M_i 和任务 M_j 之间存在特定的先后顺序,则称任务存在时序约束。任务时序约束是一种偏序关系,如果任务 M_i 必须在任务 M_j 之前执行,则称 M_i 为 M_j 的前序任务,记作 prev(M_j),称 M_j 为 M_i 的后序任务,记作 next(M_i),具体表达为

$$\begin{cases} \text{Enforce}[(\{\text{prev}(M_i), M_i\}, \prec)] \\ \text{Enforce}[(\{M_j, \text{next}(M_j)\}, \prec)] \\ i = 1, 2, \cdots, N_M \end{cases} \quad (5\text{-}17)$$

式中，Enforce[{},≺] 表示任务相对时序关系。

定义 5-4(协同任务约束) 对一个目标区域进行搜索或打击的任务可能需要飞行器集合 $V_{\text{need}} = \{V_i, V_{i+1}, \cdots, V_j\}$ 协同完成，为了建模该协同任务约束，设 $x_k \in \{0,1\}$ 为针对任务 M_k 的执行变量，当飞行器集合 V_{need} 被分配执行任务 M_k 时，$x_k = 1$，否则 $x_k = 0$。

定义 5-5(顺序协同约束) 在协同任务中，飞行器集群必须按照特定顺序抵达各自目标执行任务，设 $\forall V_i \in V$ 抵达目标的时间为 AT_i，$P(V_i)$ 为必须于 V_i 前抵达目标 T_j 的飞行器集合，$N(V_i)$ 为于 V_i 后抵达目标 T_j 的飞行器集合，则有

$$\text{AT}_m < \text{AT}_i < \text{AT}_n, \quad \forall V_m \in P(V_i), \quad \forall V_n \in N(V_i) \quad (5\text{-}18)$$

定义 5-6(起始时间约束) 在一些特殊的任务中，集群执行任务的时间往往存在一定的时间窗 $[\text{ET}_i, \text{LT}_i]$ 限制。该时间窗由两方面因素决定：一方面，V_i 抵达目标执行任务的时间必须满足固定时间窗 $[\text{ET}_i^*, \text{LT}_i^*]$；另一方面，$V_i$ 执行任务起始时间还受到与其存在顺序协同关系的其余飞行器执行任务时间的影响。例如，在多波次打击任务中，受前次打击所形成的爆炸烟雾和保持打击持续性等因素的影响，后一波次的打击通常要求在前一波次打击完成后的特定时间段内完成，因此多飞行器时间协同关系可表达为

$$\begin{cases} \text{ET}_{i,j}(\text{AT}_j) = \begin{cases} \max(\text{AT}_j + \Delta t_{\min}^{(i,j)}, \text{ET}_i^*), & V_j \in P(V_i) \\ \max(\text{AT}_j - \Delta t_{\min}^{(i,j)}, \text{ET}_i^*), & V_j \in N(V_i) \end{cases} \\ \text{LT}_{i,j}(\text{AT}_j) = \begin{cases} \min(\text{AT}_j + \Delta t_{\max}^{(i,j)}, \text{LT}_i^*), & V_j \in P(V_i) \\ \min(\text{AT}_j - \Delta t_{\max}^{(i,j)}, \text{LT}_i^*), & V_j \in N(V_i) \end{cases} \\ \text{ET}_i = \max_{j \neq i}(\text{ET}_{i,j}(\text{AT}_j)) \\ \text{LT}_i = \min_{j \neq i}(\text{LT}_{i,j}(\text{AT}_j)) \end{cases} \quad (5\text{-}19)$$

式中，$\text{ET}_{i,j}(\text{AT}_j)$ 和 $\text{LT}_{i,j}(\text{AT}_j)$ 分别为 V_i 满足与 V_j 顺序和时间协同约束时的最早和最晚抵达目标时间；$\Delta t_{\min}^{(i,j)}$ 和 $\Delta t_{\max}^{(i,j)}$ 分别为 V_i 抵达目标时间与 $V_j \in P(V_i)$ 抵达目标时间的最小时间间隔和最大时间间隔。

定义 5-7(任务执行时间约束) 一些特殊的任务往往约束任务执行时间，如为保证对某个动态目标的准确定位，预定侦察任务时间不少于某一时间阈值 Δt_{req}，设任务 M_k 的起始时间为 ST_k，完成时间为 FT_k，任务的执行时间约束可表示为

$$\text{FT}_k - \text{ST}_k \geqslant \Delta t_{\text{req}}^k \quad (5\text{-}20)$$

式中，Δt_{req}^k 为任务 M_k 的最短任务执行时间。

定义 5-8(集群数据链约束) 采用图论来描述飞行器的通信状态，将每个飞行器看作一个节点，飞行器之间的通信关系看作边，则用 $G = (S, E)$ 表示一个集群的无向图，其中

$S=\{s_1,s_2,\cdots,s_n\}$，为节点集合；$E=\{e_{i,j}=(s_i,s_j)\in S\times S, i\neq j\}$，为节点边的集合。对于无向图而言，$V_i$ 和 V_j 可以互相接收对方发出的消息，即 $(s_i,s_j)\in E\Leftrightarrow(s_j,s_i)\in E$。$A=[a_{ij}]_{n\times n}$ 为网络拓扑的邻接权重矩阵，元素定义如下：

$$a_{ij}=\begin{cases}1, & (s_i,s_j)\in E\\ 0, & (s_i,s_j)\notin E\end{cases} \quad (5\text{-}21)$$

7) 指标模型

在动态任务分配过程中，评价效能指标采用集群内飞行器完成任务的总路径长度和规划完成的任务总数两类指标进行衡量。设 V_i 的任务执行计划为

$$\begin{cases}M_{\text{task}}^i=\left\{M_1^i,M_2^i,\cdots,M_{N_i}^i\right\}\\ M_k^i=\left\{Mt_k^i,R_k^i,t_k^i,f_k^i\right\}\end{cases} \quad (5\text{-}22)$$

式中，N_i 为飞行器 V_i 任务执行数目；M_k^i 为 V_i 执行的第 k 个任务；Mt_k^i 为该步骤的任务类型；t_k^i 为该任务执行时间；f_k^i 为完成该任务对应的奖励价值，可表示为

$$f_k^i = F_k \times e^{-\beta_j t_k^i} \quad (5\text{-}23)$$

式中，F_k 为 M_k^i 对应的初始时刻任务价值；β_j 为任务价值衰减系数；t_k^i 为 V_i 完成任务 M_k^i 的时间。V_i 执行任务奖励效能 J_1^i 的计算方法为

$$J_1^i = \sum_{k=1}^{n} f_k^i \quad (5\text{-}24)$$

集群任务分配过程中覆盖任务奖励值直接反映任务的完成程度，集群总任务奖励效能 J_1 为

$$J_1 = \sum_{i=1}^{N_u} J_1^i \quad (5\text{-}25)$$

在约束条件下飞行器集群任务规划的优化评价指标之一就是使得 J_1 最大，即飞行器集群覆盖任务奖励最大化。在实际应用和仿真计算指标中，通常将该指标转换为未完成任务奖励值最小化，对效能指标 J_1 进行归一化处理：

$$J_1^* = \frac{\sum_{k=1}^{N_M} f_k - J_1}{\sum_{k=1}^{N_M} f_k} = 1 - \frac{\sum_{i=1}^{N_u} J_1^i}{\sum_{k=1}^{N_M} f_k} \quad (5\text{-}26)$$

设 L_i 为 V_i 执行完所有任务的预估航程值，$L_{\max}^i$ 为 V_i 的最大航程约束，则集群的飞行航程效能指标 J_2 为

$$J_2 = \frac{\sum_{i=1}^{N_u} L_i}{\sum_{i=1}^{N_u} L_{\max}^i} = \frac{\sum_{i=1}^{N_u} v_i \times t_i}{\sum_{i=1}^{N_u} L_{\max}^i} \quad (5\text{-}27)$$

式中，v_i 为飞行器 V_i 的速度；t_i 为 V_i 执行任务所花费的时间。任务分配的目标是在满足集群各类约束条件下使得效能指标最小化，该问题效能函数为

$$J = \omega_1 J_1^* + \omega_2 J_2 \tag{5-28}$$

式中，ω_1 和 ω_2 分别为两项任务指标的权重系数。通过调整权重系数可以获得不同的任务执行效果。

5.5.2 飞行器集群协同航迹规划的数学模型

无论对于何种飞行器、何种任务场景，集群协同航迹规划问题均包含一些相同的基本要素：航迹表示、规划空间、目标函数、约束条件、规划算法、寻优变量。集群协同航迹规划问题的表示形式：某一个规划空间 Ω 内，为飞行器规划出一条航迹，在满足动力学约束条件下，使得目标函数 W 最小，各构成元素之间的关系如图 5-21 所示，下面详细说明航迹规划的构成要素。

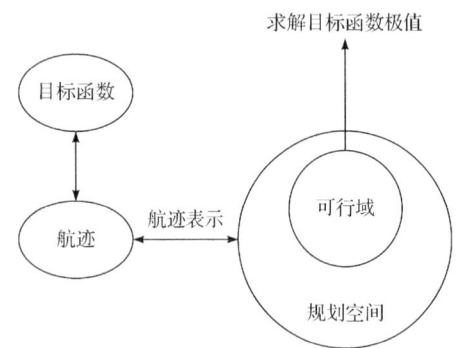

图 5-21 集群协同航迹规划问题构成元素关系

(1) 航迹表示。航迹表示即飞行器在三维空间中航迹的数学表述方式，一般有两种表示方法：基于运动学、动力学描述的连续平滑航迹和基于几何离散航迹点描述的折线航迹。

(2) 规划空间。计算机进行航迹规划计算时将实际物理空间抽象成算法能处理的抽象空间称为规划空间。常用的规划空间有栅格离散空间和图(graph)，规划空间必须包含所有任务区域。

(3) 目标函数(又称性能指标函数、价值函数、性能泛函)。目标函数即航迹规划时需要优化的函数，如航迹总长度、飞行高度、威胁代价等。一般航迹规划问题为多目标优化问题，通过设置各个目标函数的权重将多目标优化问题转为单目标优化问题。

(4) 约束条件。飞行器协同航迹规划是多约束优化问题，需要考虑大量约束，主要约束有飞行器性能约束、任务约束、环境约束和威胁约束。飞行器性能约束有最大/最小速度、最大航程、最大/最小飞行高度、最小转弯半径、最大爬升角/俯冲角等。任务约束有时间/时序约束、终端角度约束、机间避碰约束等。环境约束主要考虑地形约束和复杂气象约束。威胁约束有敌方雷达发现概率、敌方导弹高炮击落概率等。

(5) 寻优变量。寻优变量即目标函数的自变量，是航迹规划优化的目标，不同任务、不同优化的模型寻优变量各不相同。最常用的寻优变量为一整条航迹，直接将航迹作为优化对象。

根据上文的描述可以看出，飞行器的航迹规划在数学本质上是一个多约束的泛函极值问题，因此可以描述为

$$\begin{aligned}J_{\min} &= \min_{p \in \Omega}\{W(p, I, F)\} \\ \text{s.t.} \quad & g(p) \geqslant 0 \end{aligned} \tag{5-29}$$

式中，W 为目标函数，如航程、区域覆盖率等；p 为航迹表示，即航迹的表达方式；I 为航迹规划的参数；F 为航迹规划的算法；Ω 为规划空间；g 为航迹规划的约束条件。

在建立航迹规划模型后便可以根据任务需求选取合适的算法对目标函数进行优化，如何选择合适的航迹规划算法是航迹规划问题的核心部分。

5.6 飞行器集群任务规划技术途径

5.6.1 飞行器集群任务分配求解方法

1) 集中式任务分配方法

集中式任务分配就是集群中飞行器之间的通信、信号的传输和计算均由唯一的一个中心节点来进行，其求解方法又可以分为最优化方法和启发式方法[35]。

典型最优化方法分类如图 5-22 所示，包括穷举法(宽度优先或深度优先)、整数规划(integer programming，IP)法、约束规划(constraint programming，CP)法、图论法等。

穷举法是指为了求得问题的最优解，列举出可行解域内的全部可行解。这种方法适用于离散且问题规模较小的情况，随着问题规模的增加，使用该方法会使问题长时间得不到解决。

整数规划法是根据既定目标和目的，通过建立目标函数和约束条件对规模较小的任务分配问题进行求解的一种最优化方法。单纯形法、匈牙利法、分支定界法等是常见的整数规划法。整数规划法将任务分配问题看作 0-1 整数线性规划问题，模型简单，求解效率高，但只能处理单任务情况，任务增多时，算法的计算量呈指数增长。集中式任务分配问题根据当前环境的动态演化情况，每一个时间步长都需重新进行任务分配，因此整数规划法通常难以满足任务分配问题中计算实时性要求。

约束规划法由变量集和约束集两部分组成。变量集中的每个变量都有其对应的值域，并且变量的取值必须在其值域范围内。约束规划法是一种常用的求解组合优化问题的方法。通过在给定约束条件下搜索变量的最优取值，该方法能够有效地解决复杂的优化问题。

基于图论的任务分配方法将任务和智能体的特征用图示形式表达，并利用图论法建立任务和智能体之间的匹配，从而产生有效的任务分配方案。典型的基于图论的任务分配方法有网络流模型和偶图匹配模型。该方法能够直观地表达任务和执行者之间的结构关系，但对于任务数量和系统成员数量较多的情况不能得到有效的求解，局限性较大。

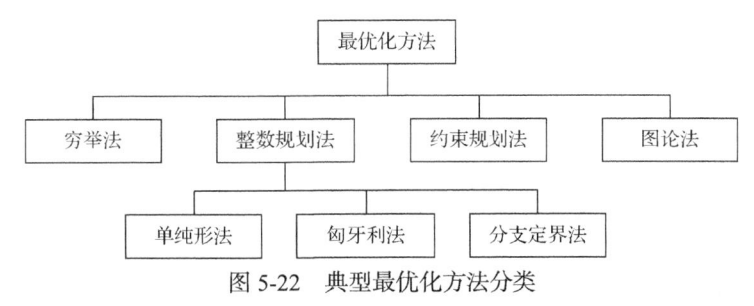

图 5-22 典型最优化方法分类

一般而言，最优化方法具有描述简洁、直接等特点，可以灵活调整约束条件来求解实际问题，具有理论最优解，但规模不宜过大，一般可用于飞行器集群离线式任务分配。

启发式方法的基本思想是在算法时间和求解结果之间进行调节，在能够接受的时间内求得局部最优解或满意解，列表规划(list scheduling，LS)算法、聚类算法和智能类算法是三种常见的启发式方法，如图5-23所示。

在启发式方法中，列表规划算法的步骤是首先建立任务的优先权函数，对任务处理次序进行排列，随后按照求得的任务处理次序将任务分发给系统内各成员。常见的列表规划算法有动态列表规划(dynamic list scheduling，DLS)法、多维动态列表规划(multi-dimensional dynamic list scheduling，MDLS)法等。

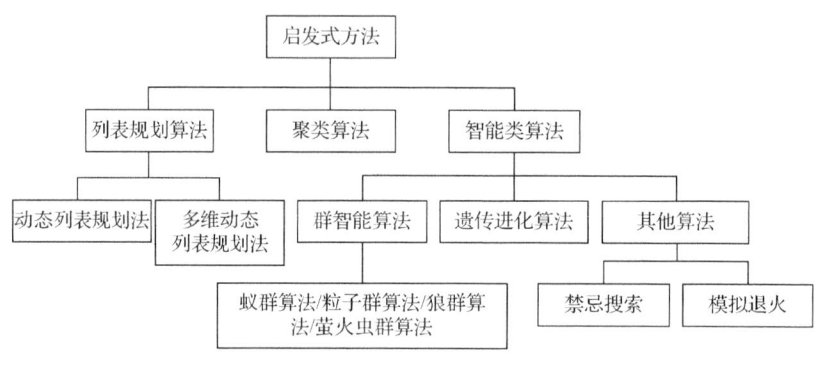

图 5-23 启发式方法分类

聚类算法将每个任务作为一个簇进行聚类，当任务簇与系统成员数量达到一致时停止聚类，从而实现任务分配。将关键路径上的任务进行聚类，然后从任务图中将这些已聚类任务节点移除是一种常见的聚类方法，现有研究结果已经证明聚类算法在处理多机任务规划、资源调度方面有很好的应用前景。

智能类算法是近年来广泛应用的一系列新的启发式方法。此类算法利用智能优化算法对任务分配问题进行优化求解，与精确方法的全局搜索不同的是，其目的是在能够接受的时间范围内求得自己的满意解，在求解的时间和解质量之间进行调节。此类算法的优点是比较容易实现，计算不是很复杂，解质量比较高。在集中式任务分配问题中，智能类算法可分为群智能算法、遗传进化算法和其他算法。

2) 分布式任务分配方法

分布式任务分配系统与集中式任务分配系统不同的是实现信号传输的方式，前者飞行器能够在集群内互相通信，具有较好的灵活性。分布式结构相比于集中式结构，对飞行器的要求更高，要求飞行器具备独立计算、分析和决策的能力。分布式任务分配系统以其更好的实时性、容错性和开放性受到越来越多研究者的重视。基于分布式系统结构的任务分配方法主要包括空闲链方法、多智能体理论、群智能方法、类市场机制(合同网算法、拍卖算法)等，如图5-24所示。

5.6.2 飞行器集群协同航迹规划求解方法

飞行器集群航迹规划一般被处理成一类空间搜索问题，因此必须先构造一个航迹搜索空间(规划空间)。航迹规划通常可抽象为一个多约束的多目标非线性优化问题，采用空

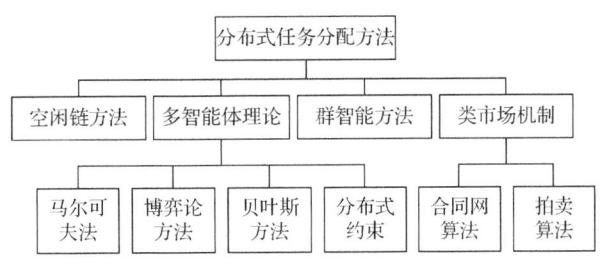

图 5-24 分布式任务分配方法

间搜索算法进行求解。图 5-25 为飞行器集群航迹规划对算法的要求，描述了飞行器集群使用需求、飞行器应具备的能力、航迹规划技术需求和规划算法具体性能之间的关系。人在回路控制要求集群能够在飞行过程中随时响应远端控制中心的指令信息，根据最新指令更新飞行航迹，因此飞行器集群必须具备在线规划能力，对规划算法的实时性要求较高；飞行器集群在执行任务时，当其中一个或若干个飞行器在接收到控制指令或受到外界突发干扰时(如强风等)，如何自动避障及飞行避碰就成为保障集群飞行安全的重要问题，因此对算法应对突变因素的能力要求较高；飞行器集群协同执行任务又要保证集群效能最优性，对航迹规划算法的全局最优性提出了较高要求。

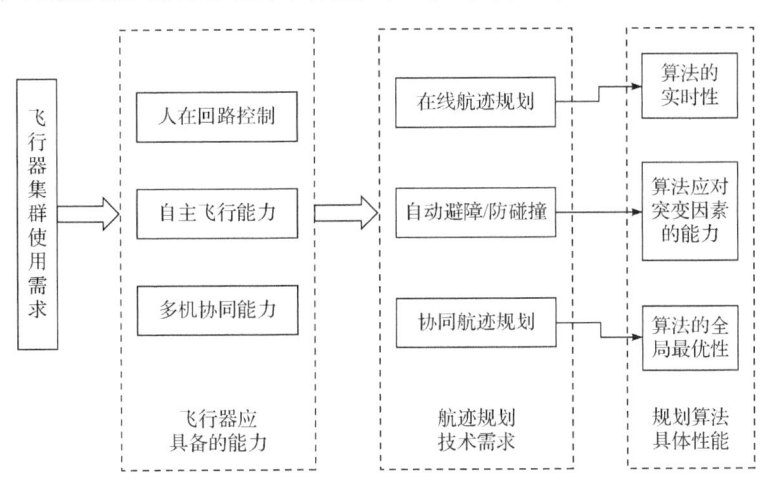

图 5-25 飞行器集群航迹规划对算法的要求

针对以上要求，国内外各领域的学者根据各自的学科背景和专业领域，提出了多种航迹规划算法，一般可分为确定性搜索算法和随机性搜索算法，做法都是将位形空间的寻优问题转化为拓扑空间的搜索问题，算法效率与规划空间的复杂度紧密相关。从航迹规划的发展历程来看，已有的典型航迹规划方法可以分为最优控制法、基于路标图形的航迹规划(路标图形法)和基于栅格的航迹规划等，本小节进行简要概括，具体如图 5-26 所示。

最优控制法是将航迹规划问题看作非线性、带有状态约束和控制约束的控制问题，进而求解得到符合实际飞行要求的规划航迹。最优控制法可分为直接法和间接法，前者的应用更广泛，利用数值优化将最优控制问题转化为非线性规划问题，典型代表方法为伪谱法。

路标图形法本质上是对规划环境的采样，是对规划空间的一种压缩处理，可以结合

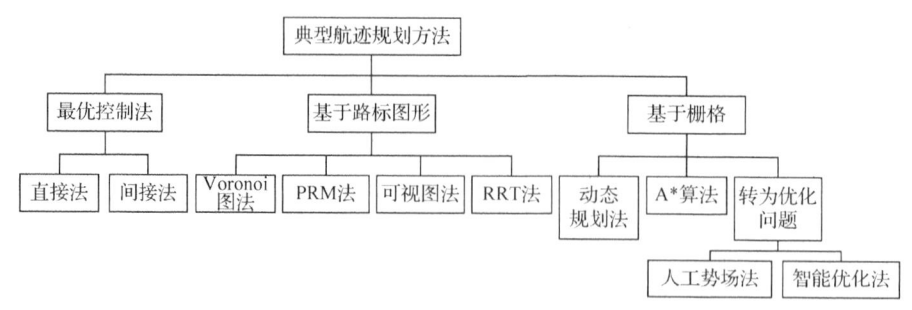

图 5-26 典型航迹规划方法

目标和规划空间威胁等因素构建多类型图形，如 Voronoi 图、概率路标图(probabilistic road map，PRM)、可视图和快速拓展随机树(rapidly-exploring random tree，RRT)等，最后通过搜索算法得到合理路径。

栅格处理同样是对连续规划空间的离散化，由于现代数字地图均是栅格化处理后得到的，因此基于栅格的航迹规划方法得以快速发展。A*算法是典型的基于栅格的启发式搜索算法，将搜索空间表示为网格的形式，将网格内部点或顶点作为航迹点，搜索邻域内代价函数值最小的航迹点，以此逐步从起始点搜索拓展到目标点，最后逆向回溯当前节点的父节点来完成航迹生成。

基于优化求解的航迹规划方法中，人工势场法的算法简单、实时性好、规划速度快，在局部规划和实时规划领域应用广泛，但其主要缺点在于复杂环境中容易产生局部极小值，在威胁区域附近航迹抖动较为明显。基于智能优化的航迹规划方法的优点是算法求解对初始解状态依赖较小，能够渐进收敛至全局最优解。

在实际应用过程中，上述算法可以相互配合应用，以解决协同航迹规划中的速度协调、动态响应以及载荷耦合等问题，针对特定目标或具体任务体现飞行器集群航迹规划的协同性。

5.7 本章小结

本章针对飞行器智能集群的自主决策与智能规划技术，首先介绍了飞行器集群任务自主决策分层框架，梳理飞行器集群典型作战任务组织与实施流程，建立飞行器集群系统任务自主决策求解算法框架；其次介绍了基于模糊认知图、逻辑推理、规则驱动、数值优化等的任务决策方法；最后对集群任务规划的数学模型和求解方法进行了简要介绍。

习　题

[思考题]

(1) 简述飞行器集群决策的架构和流程。
(2) 阐述集中式任务分配方法的优缺点以及如何进行改进。
(3) 阐述分布式任务分配方法的优缺点以及如何进行改进。

(4) 除本章介绍的典型场景之外，试列出飞行器集群分布式任务分配的应用场景。

参 考 文 献

[1] 孙智孝，杨晟琦，朴海音，等. 未来智能空战发展综述[J]. 航空学报，2021, 42(8): 35-49.

[2] 胡晓峰，荣明. 智能化作战研究值得关注的几个问题[J]. 指挥与控制学报，2018, 4(3): 195-200.

[3] 牛轶峰，肖湘江，柯冠岩. 无人机集群作战概念及关键技术分析[J]. 国防科技，2013, 34(5): 37-43.

[4] XU J, DENG Z, SONG Q, et al. Multi-UAV counter-game model based on uncertain information[J]. Applied Mathematics and Computation, 2020, 366: 124684.

[5] 陈军，徐嘉，高晓光. 基于 ABFCM 模型框架的 UCAV 自主攻击决策[J]. 系统工程与电子技术，2017, 39(3): 549-556.

[6] 张婷婷，蓝羽石，宋爱国. 无人集群系统自主协同技术综述[J]. 指挥与控制学报，2021, 7(2): 127-136.

[7] ZHOU Y, RAO B, WANG W. UAV swarm intelligence: Recent advances and future trends[J]. IEEE Access, 2020, 8: 183856-183878.

[8] 沈东，魏瑞轩，祁晓明，等. 基于 MTPM 和 DPM 的多无人机协同广域目标搜索滚动时域决策[J]. 自动化学报，2014, 40(7): 1391-1403.

[9] SANCHEZ-LOPEZ J L, PESTANA J, PALOMA D L P, et al. A reliable open-source system architecture for the fast designing and prototyping of autonomous multi-UAV systems: Simulation and experimentation[J]. Journal of Intelligent & Robotic Systems, 2016, 84(1): 779-797.

[10] BOSKOVIC J, KNOEBEL N, MOSHTAGH N, et al. Collaborative mission planning & autonomous control technology (compact) system employing swarms of uavs[C]. AIAA Guidance, Navigation, and Control Conference, Chicago, USA, 2009: 5653.

[11] BOSKOVIC J D, PRASANTH R, MEHRA R K. A multi-layer autonomous intelligent control architecture for unmanned aerial vehicles[J]. Journal of Aerospace Computing, Information, and Communication, 2004, 1(12): 605-628.

[12] YANG Y, LIAO L, YANG H, et al. An optimal control strategy for multi-UAVs target tracking and cooperative competition[J]. IEEE/CAA Journal of Automatica Sinica, 2021, 8(12): 1931-1947.

[13] CHEN X, WANG Y F. Study on multi-UAV air combat game based on fuzzy strategy[J]. Applied Mechanics and Materials, 2014, 494: 1102-1105.

[14] 陈军，梁晶，程龙，等. 基于 FCM 的多无人机协同攻击决策建模方法[J]. 航空学报，2022, 43(7): 377-394.

[15] BILLIS A S, PAPAGEORGIOU E I, FRANTZIDIS C A, et al. A decision-support framework for promoting independent living and ageing well[J]. IEEE Journal of Biomedical and Health Informatics, 2014, 19(1): 199-209.

[16] ZHEN Z, XING D, GAO C. Cooperative search-attack mission planning for multi-UAV based on intelligent self-organized algorithm[J]. Aerospace Science and Technology, 2018, 76: 402-411.

[17] XU J, GUO Q, XIAO L, et al. Autonomous decision-making method for combat mission of UAV based on deep reinforcement learning[C]. 2019 IEEE 4th Advanced Information Technology, Electronic and Automation Control Conference (IAEAC), Chengdu, China, 2019: 538-544.

[18] MYERSON R B. Game theory: Analysis of conflict[M]. Boston: Harvard University Press, 1997: 3-45.

[19] YUAN Y, WANG Z, GUO L. Event-triggered strategy design for discrete-time nonlinear quadratic games with disturbance compensations: The noncooperative case[J]. IEEE Transactions on Systems, Man, and Cybernetics: Systems, 2017, 48(11): 1885-1896.

[20] ROMANO A R, PAVEL L. Dynamic NE seeking for multi-integrator networked agents with disturbance rejection[J]. IEEE Transactions on Control of Network Systems, 2019, 7(1): 129-139.

[21] FARUQI F A. Differential game theory application to intelligent missile guidance[R]. Defence Science and Technology Organisation Edinburgh (Australia) Weapons Systems Div, 2013.

[22] HUANG C Q, DONG K S, HUANG H Q, et al. Autonomous air combat maneuver decision using Bayesian inference and moving

horizon optimization[J]. Journal of Systems Engineering and Electronics, 2018, 29(1): 86-97.

[23] 国海峰, 侯满义, 张庆杰, 等. 基于统计学原理的无人作战飞机鲁棒机动决策[J]. 兵工学报, 2017, 38(1): 160-167.

[24] 谢建峰, 杨啟明, 戴树岭, 等. 基于强化遗传算法的无人机空战机动决策研究[J]. 西北工业大学学报, 2020, 38(6): 1330-1338.

[25] WANG Y, HUANG C, TANG C. Research on unmanned combat aerial vehicle robust maneuvering decision under incomplete target information[J]. Advances in Mechanical Engineering, 2016, 8(10): 8-10.

[26] CHEN Y, YANG D, YU J. Multi-UAV task assignment with parameter and time-sensitive uncertainties using modified two-part wolf pack search algorithm[J]. IEEE Transactions on Aerospace and Electronic Systems, 2018, 54(6): 2853-2872.

[27] 于全友, 徐止政, 段纳, 等. 基于改进ACO的带续航约束无人机全覆盖作业路径规划[J]. 航空学报, 2023, 44(12): 303-315.

[28] CHENG Z, FAN L, ZHANG Y. Multi-agent decision support system for missile defense based on improved PSO algorithm[J]. Journal of Systems Engineering and Electronics, 2017, 28(3): 514-525.

[29] KHAN A, AFTAB F, ZHANG Z. BICSF: Bio-inspired clustering scheme for FANETs[J]. IEEE Access, 2019, 7: 31446-31456.

[30] LU Y, XU X, ZHANG X, et al. Hierarchical reinforcement learning for autonomous decision making and motion planning of intelligent vehicles[J]. IEEE Access, 2020, 8: 209776-209789.

[31] 梁星星, 冯旸赫, 马扬, 等. 多Agent深度强化学习综述[J]. 自动化学报, 2020, 46(12): 2537-2557.

[32] 茹常剑, 魏瑞轩, 戴静, 等. 基于纳什议价的无人机编队自主重构控制方法[J]. 自动化学报, 2013, 39(8): 1349-1359.

[33] 马晓玉. 突发威胁下无人机航路规划方法研究[D]. 沈阳: 沈阳航空航天大学, 2019.

[34] 游尧. 面向无人机编队空面任务的CNN/BN参数学习与决策方法研究[D]. 长沙: 国防科技大学, 2019.

[35] RASMUSSEN S, CHANDLER P, MITCHELL J, et al. Optimal vs. heuristic assignment of cooperative autonomous unmanned air vehicles[C]. AIAA Guidance, Navigation, and Control Conference and Exhibit, Austin, USA, 2003: 5586.

第 6 章 群体智能算法原理及改进

群体智能算法是当前智能优化领域的一个研究热点，也是前沿交叉学科的研究方向，其应用已渗透到航空航天、兵器等多个领域。本章重点介绍几类常用群体智能算法的基本原理和改进方法。6.1 节介绍鸽群算法的基本原理及改进算法；6.2 节介绍蚁群算法的基本原理及改进算法；6.3 节介绍狼群算法的基本原理及改进算法；6.4 节介绍人工蜂群算法的基本原理及改进算法。

【学习要点】
- 掌握：①蚁群算法的基本原理及改进算法；②蜂群算法的基本原理及改进算法。
- 熟悉：鸽群算法的基本原理及改进算法。
- 了解：狼群算法的基本原理及改进算法。

6.1 鸽群算法原理及改进

6.1.1 鸽群算法的原理

6.1.1.1 仿生机制

鸽群是一种具有优越的长距离飞行能力和导航能力的鸟类，并且鸽群内个体之间可以通过相互学习和记忆来迭代更新飞行状态，以此保证稳定的集群飞行状态。鸽群卓越的导航能力和对环境的识别能力引起了研究人员的关注。

研究发现，鸽群在飞行过程中能够根据自身对地磁的感应判别位置，或者根据自身对地标性建筑物的记忆判别方向，以上两种方式能够帮助鸽群正确分辨方位，即借助当地的地磁与地标信息来对自身的位置进行定位与更新。

受自然界中鸽子归巢行为的启发，段海滨等[1]于 2017 年提出了一种基于鸽子归巢行为的新型群体智能优化算法——鸽群优化(PIO)算法。

6.1.1.2 算法原理

通过模仿鸽子归巢行为，在寻找目标的不同阶段使用不同导航工具，建立鸽群算法的基本模型，该模型分为两个操作阶段，分别为地磁操作阶段和地标操作阶段，两操作阶段相互独立。在地磁操作阶段采用地图和指南针算子模型，在地标操作阶段采用地标算子模型。

(1) 地图和指南针算子(map and compass operator)。鸽子可以使用磁性物体感知地磁场，然后在头脑中形成地图。它们把太阳高度作为指南针来调整飞行方向，当接近目的地的时候，对太阳和磁性物体的依赖性便减弱。

(2) 地标算子(landmark operator)。地标算子用来模拟导航工具中地标对鸽子的影响。当鸽子飞近目的地时，将更多依赖附近的地标。如果鸽子对地标熟悉，将直接飞向目的地。否则，它们将跟随那些对地标熟悉的鸽子飞行。

1) 地图和指南针算子

如图 6-1 所示，在地磁操作阶段，鸽群根据当地磁场等进行判断，同时在脑海中规划出飞行路线，并根据当地太阳的高度来实现对自身方向的实时调整，这种对地磁信息的依赖性会随着鸽群靠近目标点而逐渐减弱。

图 6-1 地图和指南针算子模型

地磁操作阶段的数学描述：在地图和指南针算子作用阶段，将鸽群中的每一个个体 i 都作为一个可行解，其速度和位置分别记为 $V_i = [v_{i1}, v_{i2}, \cdots, v_{iD}]$ 和 $X_i = [x_{i1}, x_{i2}, \cdots, x_{iD}]$，$i = 1, 2, \cdots, N_q$，$D$ 表示维度，N_q 表示种群数，也代表可行解个数。种群中鸽子的速度与位置根据式(6-1)、式(6-2)进行迭代计算：

$$V_i(t) = V_i(t-1) \cdot e^{-Rt} + \text{rand} \cdot \left(X_{\text{gl,best}} - X_i(t-1)\right) \tag{6-1}$$

$$X_i(t) = X_i(t-1) + V_i(t) \tag{6-2}$$

式中，R 是地图和指南针因数，取值范围为[0,1]；rand 是取值在[0,1]的随机数；t 是当前迭代次数；$X_{\text{gl,best}}$ 是 $t-1$ 次迭代循环后通过比较所有鸽子的位置得到的全局最优位置。将地磁操作阶段的最大迭代次数设置为 N_{c1max}，当算法运行至最大迭代次数后，即进入地标操作阶段，将 X_i 值传递给地标操作阶段的地标算子继续进行运算。

2) 地标算子

鸽子的记忆能力很强，能够迅速识别并记住周围环境的地标信息。当鸽子距离目标位置较近时，会依据当地的地标信息在脑海中画出地图，并根据地标调整位置和速度，直到到达目标位置。如图 6-2 所示，算法在每一次迭代过程中，会对鸽群中的所有鸽子计算适应度值并依据适应度值进行排序，淘汰适应度差的后一半鸽子，然后计算剩余鸽子的中心位置 X_{center}，以剩余鸽子的中心位置作为种群的参考方向。

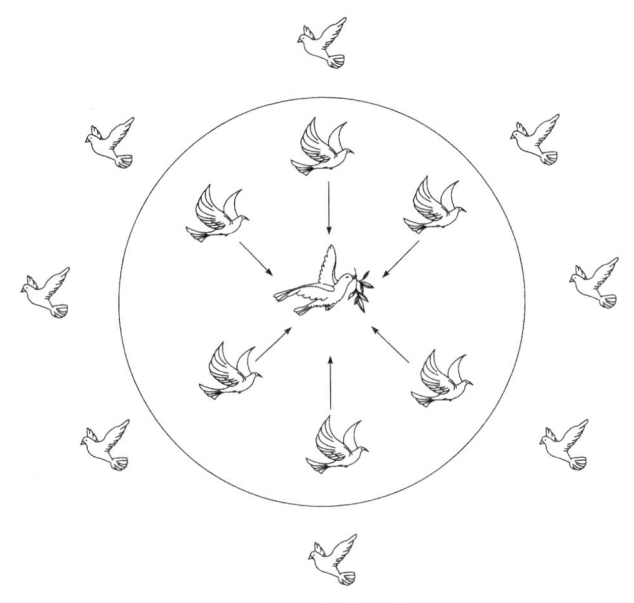

图 6-2 地标算子模型

由此，鸽子在地标操作阶段的迭代公式为

$$N_{\text{q}}(t) = \frac{N_{\text{q}}(t-1)}{2} \tag{6-3}$$

$$X_{\text{center}}(t) = \frac{\sum X_i(t) \cdot \text{fitness}(X_i(t))}{N_{\text{q}}(t) \cdot \sum \text{fitness}(X_i(t))} \tag{6-4}$$

$$X_i(t) = X_i(t-1) + \text{rand} \cdot (X_{\text{center}}(t) - X_i(t-1)) \tag{6-5}$$

式中，fitness(·) 表示适应度函数，根据不同的优化问题确定合适的适应度函数。由于鸽子在地标操作阶段会根据位置较优的个体更新自身位置，因此有利于算法较快地向最优值收敛。选取地标操作阶段的最大迭代次数为 $N_{c2\max}$，当算法运行至最大迭代次数后，输出问题解即得到最优值。

6.1.1.3 算法流程

经典鸽群算法的步骤如下所述，算法流程如图 6-3 所示。

步骤 1 初始化。设置迭代次数 $t=1$，随机生成含有 N_{q} 个个体的鸽群 X_{pigeon}，其中 $X_{\text{pigeon}}(t) = \{X_1(t), X_2(t), \cdots, X_{N_{\text{q}}}(t)\}$。每个个体的速度和位置记为 $\boldsymbol{V}_i = [v_{i1}, v_{i2}, \cdots, v_{iD}]$ 和 $\boldsymbol{X}_i = [x_{i1}, x_{i2}, \cdots, x_{iD}]$，$i=1,2,\cdots,N_{\text{q}}$，$D$ 表示维度。根据问题设置的适应度函数计算出每个个体的适应度函数值，得到适应度函数数组：

$$F(t) = \left\{ F_1(t), F_2(t), \cdots, F_{N_q}(t) \right\} \tag{6-6}$$

$$F_i(t) = \text{fitness}(X_i(t)), \quad i = 1, 2, \cdots, N_q \tag{6-7}$$

初始化个体最优适应度函数数组 $F_{\text{best}}(t)$，记录对应位置数组 $X_{\text{best}}(t)$。搜寻种群中最佳适应度的个体，初始化全局最优适应度数组 $F_{\text{gl,best}}(t)$，记录对应位置数组 $X_{\text{gl,best}}(t)$。

步骤 2 地磁操作阶段。迭代次数 $t = 2, 3, \cdots, N_{\text{c1max}}$ 时，根据式(6-1)、式(6-2)更新个体信息。搜索更新后的数组，更新全局最优适应度数组 $F_{\text{gl,best}}(t)$，记录对应位置数组 $X_{\text{gl,best}}(t)$。更新个体最优适应度数组 $F_{\text{best}}(t)$，记录对应位置数组 $X_{\text{best}}(t)$。

步骤 3 地标操作阶段。迭代次数 $t = N_{\text{c1max}} + 1, N_{\text{c1max}} + 2, \cdots, N_{\text{c1max}} + N_{\text{c2max}}$，根据式(6-3)~式(6-5)更新种群信息。搜索更新后的数组，更新全局最优适应度数组 $F_{\text{gl,best}}(t)$，记录对应位置数组 $X_{\text{gl,best}}(t)$。更新个体最优适应度数组 $F_{\text{best}}(t)$，记录对应位置数组 $X_{\text{best}}(t)$。

步骤 4 当迭代次数达到设定值时，迭代结束。最终的 $X_{\text{gl,best}}(t)$ 即为所求问题的解。

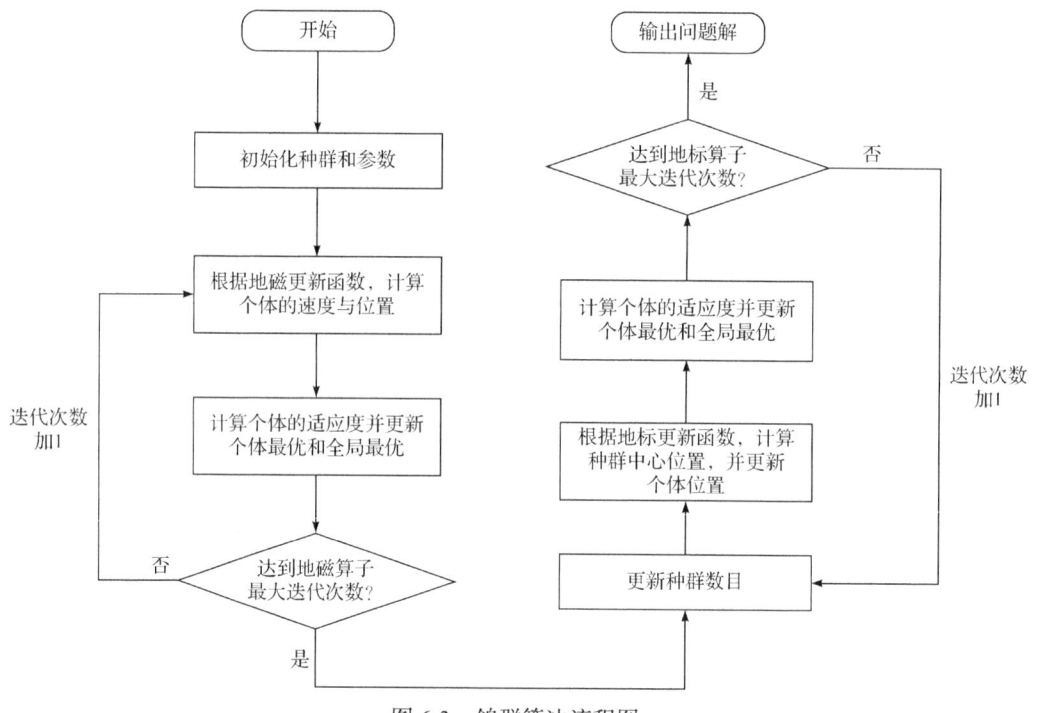

图 6-3 鸽群算法流程图

6.1.2 鸽群算法的改进

鸽群算法具有原理简明、参数较少、易于实现等优点，但存在容易陷入局部最优、收敛速度慢、稳定性差、仍然存在参数优化等缺点。

这里介绍两种改进鸽群算法，分别是基于捕食逃逸机制的鸽群优化算法和基于混合量子理论的鸽群优化(QPIO)算法。

6.1.2.1 基于捕食逃逸机制的鸽群优化算法

在遵循鸽群优化基本思想的基础上,段海滨等[2]针对基本鸽群算法易陷入局部最优的问题,从两方面对基本鸽群优化模型进行改进,引入捕食逃逸机制来改善鸽群优化算法总体性能。

1) 导航工具过渡因子

基本鸽群优化模型采用两个独立的迭代循环,两个算子分别作用于不同的循环中,这里通过导航工具过渡因子 tr 将两个算子的工作合并在一个迭代循环中(图 6-4),具体的更新方式如式(6-8)所示:

$$\begin{cases} N^{Nc} = N^{Nc-1} - N_{dec} \\ V_{ij}^{Nc} = V_{ij}^{Nc-1} \cdot e^{-R \times Nc} \\ \qquad + \text{rand} \cdot \text{tr} \cdot (1 - \lg_{Nc_{max}}^{Nc}) \cdot (X_{gbest} - X_i^{Nc-1}) \\ \qquad + \text{rand} \cdot \text{tr} \cdot \lg_{Nc_{max}}^{Nc} \cdot (X_{center}^{Nc-1} - X_i^{Nc-1}) \\ X_i^{Nc} = X_i^{Nc-1} + V_i^{Nc} \end{cases} \qquad (6-8)$$

式中,N_{dec} 表示每次迭代循环中舍弃的鸽子数;Nc_{max} 表示最大迭代次数;X_{gbest} 表示全局最优适应度对应的位置;X_{center} 表示剩余鸽子的中心位置。随着 Nc 增加,X_{gbest} 对 X_i^{Nc} 的影响逐渐降低,X_i^{Nc} 会更加依赖于 X_{center}^{Nc-1}。在导航工具过渡因子 tr 的作用下,2 个算子间的交接工作得以平稳过渡。

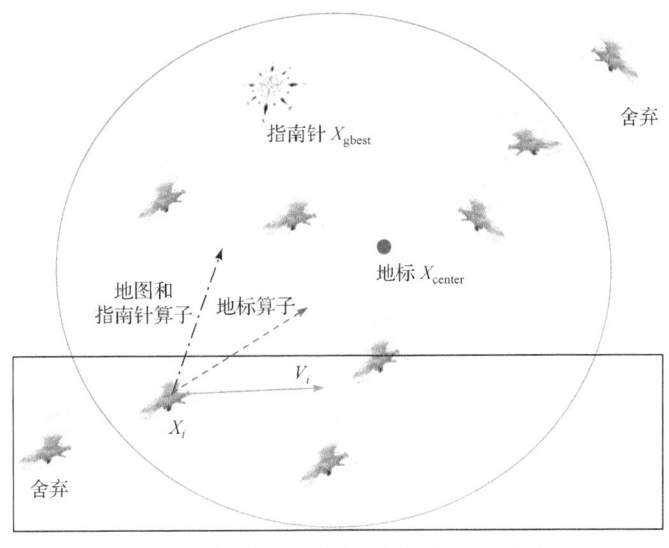

图 6-4 合并算子的鸽群优化算法示意图[2]

2) 捕食逃逸

受动物界中捕食逃逸行为的启发,采用捕食逃逸机制来改进基本鸽群优化模型。在改进后的鸽群优化模型中,鸽群分成两类:捕食鸽子(predator pigeon, PP)和逃逸鸽子(escaping pigeon, EP)。PP 和 EP 的行为将依据各自定义的简单规则加以约束(图(6-5)),其中 PP 追捕 EP 的 X_{gbest}，因而对 EP 做出了不同的捕食奉献，即 X_{gbest} 也可从 PP 获取相应信息，从而实现群体的对称社会认知。当 EP 与 PP 的距离接近逃逸开始距离(flight initiation distance, FID)时产生逃逸，逃逸速度取决于能量状态(适应度值)，能量越大，相应的逃逸能力越强；若 EP 与 PP 的距离小于逃逸开始距离，则需要对 EP 进行确定性变异，变异前后的 EP 优胜劣汰。因而，在进化前期，算法具有很好的全局搜索能力。随着迭代次数的增加，将逐步降低 PP 对 EP 的影响，以强化群体的局部搜索能力。

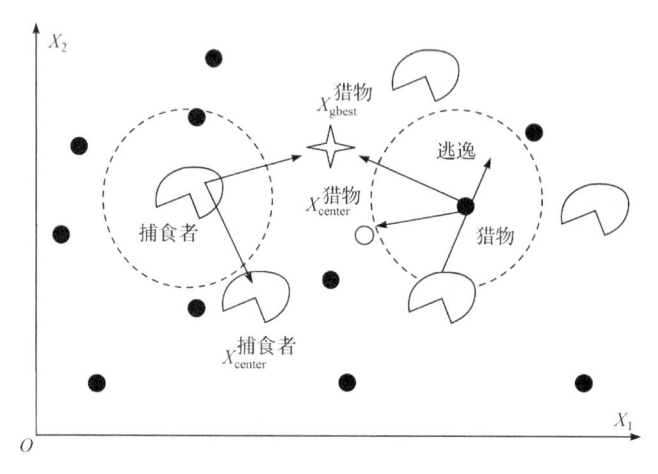

图 6-5　PP 和 EP 二维行为示意图[2]

对每个捕食鸽子 i，按照式(6-9)更新其速度和位置：

$$\begin{cases} N^{\text{PP}}(\text{Nc}) = N^{\text{PP}}(\text{Nc}-1) - N^{\text{PP}}_{\text{dec}} \\ V^{\text{PP}}_{ij}(\text{Nc}) = V^{\text{PP}}_{ij}(\text{Nc}-1) \cdot \mathrm{e}^{-R \times \text{Nc}} \\ \qquad + \text{rand} \cdot \text{tr} \cdot (1 - \lg^{\text{Nc}}_{\text{Nc}_{\max}}) \cdot [X^{\text{EP}}_{\text{gbest}j} - X^{\text{PP}}_{ij}(\text{Nc}-1)] \\ \qquad + \text{rand} \cdot \text{tr} \cdot \lg^{\text{Nc}}_{\text{Nc}_{\max}} \cdot [X^{\text{PP}}_{\text{center}j}(\text{Nc}-1) - X^{\text{PP}}_{ij}(\text{Nc}-1)] \\ X^{\text{PP}}_{ij}(\text{Nc}) = X^{\text{PP}}_{ij}(\text{Nc}-1) + V^{\text{PP}}_{ij}(\text{Nc}) \end{cases} \quad (6\text{-}9)$$

对每个逃逸鸽子 i，若 $\text{distance}_j \geqslant \text{FID}$，按式(6-10)更新其速度和位置：

$$\begin{cases} N^{\text{EP}}(\text{Nc}) = N^{\text{EP}}(\text{Nc}-1) - N^{\text{EP}}_{\text{dec}} \\ V^{\text{EP}}_{ij}(\text{Nc}) = V^{\text{EP}}_{ij}(\text{Nc}-1) \cdot \mathrm{e}^{-R \times \text{Nc}} \\ \qquad + \text{rand} \cdot \text{tr} \cdot (1 - \lg^{\text{Nc}}_{\text{Nc}_{\max}}) \cdot [X^{\text{EP}}_{\text{gbest}j} - X^{\text{EP}}_{ij}(\text{Nc}-1)] \\ \qquad + \text{rand} \cdot \text{tr} \cdot \lg^{\text{Nc}}_{\text{Nc}_{\max}} \cdot [X^{\text{EP}}_{\text{center}j}(\text{Nc}-1) - X^{\text{EP}}_{ij}(\text{Nc}-1)] \\ \qquad + \text{rand} \cdot \text{pr} \cdot \text{sign}(D^{\text{EP}}_j - \text{distance}_j) \cdot E^{\text{EP}}_i(\text{Nc}-1) \cdot X_{\max j} \cdot [1 - P^{\text{EP}}_i(\text{Nc}-1)] \\ X^{\text{EP}}_{ij}(\text{Nc}) = X^{\text{EP}}_{ij}(\text{Nc}-1) + V^{\text{EP}}_{ij}(\text{Nc}) \end{cases} \quad (6\text{-}10)$$

式中，distance_j 表示逃逸鸽子 i 与第 j 维最近捕食鸽子之间的距离；$\text{sign}(\cdot)$ 为 0～1 的阈值函数，当且仅当 $D^{\text{EP}}_j - \text{distance}_j > 0$ 时，$\text{sign}(D^{\text{EP}}_j - \text{distance}_j) = 1$，其余情况下 $\text{sign}(\cdot)$ 的

值均为 0；$X_{\max j}$ 表示第 j 维位置的最大取值；pr 表示捕食影响因子。需要补充定义如下所述。

(1) 警觉距离(alert distance，AD)反映了一种普遍的社群现象——EP 对 PP 的警惕能力，用 D_j^{EP} 表示，其大小随群体规模和群体密度的增加而减小：

$$D_j^{EP} = \text{FID} \cdot \left(1 + \frac{N^{PP}}{\rho \cdot N^{EP}}\right) \tag{6-11}$$

$$\rho = \frac{N^{PP} + N^{EP}}{X_j^{\text{span}}} \tag{6-12}$$

式中，ρ 表示当前群体的局部密度；X_j^{span} 表示第 j 维位置的跨度；N^{PP} 表示捕食鸽子的总数；N^{EP} 表示逃逸鸽子的总数。

(2) 能量状态指 EP 当前的饥饿状态，用该鸽子的适应度(考虑最小化问题)与 EP 平均适应度的比值来表示，即

$$E_i^{EP}(\text{Nc}) = \frac{\text{fitness}_i^{EP}(\text{Nc})}{\text{fitness}_{\text{avg}}^{EP}(\text{Nc})} \tag{6-13}$$

(3) 捕食风险(捕食压力)表示 EP 在一定时间内被捕食的概率，即

$$P_i^{EP}(\text{Nc}) = \exp\left(-\alpha_i k \frac{\text{Nc}_{\max}}{\text{Nc} + \text{Nc}_{\max}}\right) \tag{6-14}$$

$$\alpha_i = \exp\left(-\frac{\text{distance} \cdot \beta}{N^{PP}}\right) \tag{6-15}$$

式中，α_i 表示逃逸鸽子 i 与捕食鸽子相遇的概率；β 表示控制参数；k 表示捕食鸽子攻击逃逸鸽子的概率(固定为 1)。

6.1.2.2 基于混合量子理论的鸽群优化算法

1) 实数编码的量子表示

一个量子可以通过"0"态和"1"态进行表示，即正态与伪态。量子位状态被表示为

$$|\psi\rangle = \alpha|0\rangle + \beta|1\rangle \tag{6-16}$$

式中，α 和 β 分别代表两种状态的线性概率，且满足

$$\alpha_i^2 + \beta_i^2 = 1, \quad i = 1, 2, \cdots, n \tag{6-17}$$

在这里最优解被认为是两个状态概率的线性叠加，即"0"态和"1"态，最优解的量子表示可以更新为

$$\boldsymbol{x}_g^{\text{T}} \triangleq \begin{bmatrix} x_{g,1} & x_{g,2} & \cdots & x_{g,n} \\ \alpha_1 & \alpha_2 & \cdots & \alpha_n \end{bmatrix} \tag{6-18}$$

因此，每只鸽子的收敛方向可以重新被定义为

$$d_{i,c} = \hat{x}_g - x_i \tag{6-19}$$

式中，$\hat{x}_g$ 是最优候选解的观测值。这里通过一个复函数 $\omega(x, y)$，计算其概率密度 $|\omega(x, y)|^2$，

得到最优候选解的观测值：

$$|\omega(x_i)|^2 = \frac{1}{\sqrt{2\pi}\sigma_i}\exp\left(-\frac{(x_i-\mu_i)^2}{2\sigma_i}\right), \quad i=1,2,\cdots,N_q \qquad (6\text{-}20)$$

式中，μ_i 和 σ_i 分别代表期望值和标准差。期望值可以用当前最优候选解 x_{gbest} 表示，标准差可以用下式计算：

$$\sigma_i^2(|\psi_i\rangle) = \begin{cases} 1-|\alpha_i|^2, & |\psi_i\rangle=|0\rangle \\ |\alpha_i|^2, & |\psi_i\rangle=|1\rangle \end{cases} \qquad (6\text{-}21)$$

$$|\psi_i\rangle = \begin{cases} |0\rangle, & \text{rand} \leqslant \alpha_i^2 \\ |1\rangle, & \text{rand} > \alpha_i^2 \end{cases} \qquad (6\text{-}22)$$

由此得到当前最优解的观测值为

$$\hat{x}_g = \text{rand} \cdot |\omega(x_i)|^2 \cdot (x_{i,\max} - x_{i,\min}) \qquad (6\text{-}23)$$

因此，第 i 只鸽子在第 t 次迭代时的速度更新公式改进为

$$V_i(t+1) = e^{-Rt}V_i(t) + d_{i,c} \qquad (6\text{-}24)$$

2) 量子旋转门

在量子遗传算法中，由于量子编码作用下的染色体不再是单一状态，因此遗传操作不能继续采用传统的选择、交叉、变异操作，继而采用量子旋转门作用于量子染色体的基态，使其相互干扰、发生相位变化，从而改变 α_i 的分布域。

这里，使用量子旋转门(quantum rotation gate，QRG)对最优解的概率幅值进行更新，通过增加旋转角度($\Delta\theta$)，提高 α_i 的概率幅值，进而提高个体向全局最优解的收敛速度。算法开始时，α_i 与 β_i 对应的概率幅值均为 $\frac{\sqrt{2}}{2}$。如果全局最优解在迭代结束之后发生改变，则通过量子旋转门增加 α_i；否则，将概率幅值全部重置为初始值，防止算法陷入局部最优。QRG 具体更新策略如下：

$$\alpha_i(t+1) = [\cos(\Delta\theta) - \sin(\Delta\theta)]\left[\frac{\alpha_i(t)}{\sqrt{1-(\alpha_i(t))^2}}\right] \qquad (6\text{-}25)$$

为了防止 $\alpha_i(t+1)$ 在更新中被困在 1 或 0 处，对式(6-25)中的 $\alpha_i(t+1)$ 做出约束：

$$\alpha_i(t+1) = \begin{cases} \sqrt{\varepsilon}, & \alpha_i(t+1) \leqslant \sqrt{\varepsilon} \\ \alpha_i(t+1), & \sqrt{\varepsilon} < \alpha_i(t+1) < \sqrt{1-\varepsilon} \\ \sqrt{1-\varepsilon}, & \alpha_i(t+1) \geqslant \sqrt{1-\varepsilon} \end{cases} \qquad (6\text{-}26)$$

式中，ε 为在 [0,1] 上选定的常数值。

综上所述，基于混合量子理论的鸽群优化(QPIO)算法的优点在于，用最少的个体表达最多的种群特性。因此，QPIO 算法可以用最小的种群数量解决大规模优化问题，这样就减小了算法的时间复杂度。

6.2 蚁群算法原理及改进

6.2.1 蚁群算法的原理

6.2.1.1 仿生机制

生物学家研究发现，自然界中的蚂蚁觅食是一个群体性行为，并非单只蚂蚁自行寻找食物源。蚂蚁在寻找食物源时，会在其经过的路径上释放一种信息素，并能够感知其他蚂蚁释放的信息素。信息素浓度的高低表征路径的远近，信息素浓度越高，表示对应的路径越短。

通常，蚂蚁会以较大的概率优先选择信息素浓度较高的路径，并释放一定量的信息素，以增高该条路径上的信息素浓度，这样会形成一个正反馈。最终，蚂蚁能够找到一条从巢穴到食物源的最优路径，即最短距离。另外，生物学家发现，路径上的信息素浓度会随着时间的推进而逐渐减弱。

蚁群算法是由意大利学者 Colorni 等[3]在 1991 年提出的，他们发现蚁群在寻找食物时，通过分泌一种称为信息素的生物激素来交流觅食信息，从而快速找到目标，据此提出了基于信息正反馈原理的蚁群优化算法(ACO)。蚁群优化算法可根据环境的改变对自身的数据库进行再组织，实现算法求解能力的进化。

6.2.1.2 算法原理

蚁群算法早期用来求解旅行商问题(traveling salesman problem，TSP)。TSP 指旅行家要旅行 n 个城市，要求遍历每个城市且仅经过 1 次，然后回到出发城市，同时需找到在过程中所付出代价最小的路径，即最短的路径。其数学描述：设有一个城市集合 $C=(c_1,c_2,\cdots,c_n)$，其中每对城市之间的距离 $d(c_i,c_j) \in \mathbf{R}^+$，求一组经过 C 中每个城市 1 次的路线 $(c_{m_1},c_{m_2},\cdots,c_{m_n})$，使

$$\min \sum_{i=1}^{n-1} d(c_{m_i},c_{m_{i+1}}) + d(c_{m_n},c_{m_1}) \tag{6-27}$$

式中，$m_1,m_2,\cdots,m_n$ 是 $1,2,\cdots,n$ 的一种排列方式。

TSP 虽然描述起来并不困难，但是要获取其精确解却并不是一件容易的事情，单是其所有可行路径就有 $\dfrac{(n-1)!}{2}$ 条，学术界将其称为 NP-Hard 问题[4]。TSP 是 NP 完全问题(多项式复杂程度的非确定性问题)，若一种算法对解决 TSP 而言表现良好，则其通常在解决其他问题的应用上也可以获得不错的结果，因此以 TSP 来验证算法的有效性是比较可靠的[5]。

以二维平面上 n 个城市的 TSP 为例来说明基本 ACO 模型。设 m 是蚁群中蚂蚁的数量；$d_{ij}(i,j=1,2,\cdots,n)$ 表示城市 i 与城市 j 之间的距离；$\tau_{ij}(t)$ 表示 t 时刻在城市 i 与城市 j 连线上信息素的浓度，初始时刻，各条路径上的信息素浓度相同，设 $\tau_{ij}(0)=c$，c 为常数，蚂蚁 $k(k=1,2,\cdots,m)$ 在运动过程中，根据各条路径上的信息素浓度决定转移方向；$P_{ij}^k(t)$ 表示在 t 时刻蚂蚁 k 从城市 i 转移到城市 j 的概率，其计算公式为

$$P_{ij}^k(t) = \begin{cases} \dfrac{\tau_{ij}^\alpha(t)\eta_{ij}^\beta(t)}{\sum\limits_{s \in \text{allowed}_k} \tau_{is}^\alpha(t)\eta_{is}^\beta(t)}, & j \notin \text{tabu}_k \\ 0, & 其他 \end{cases} \quad (6\text{-}28)$$

式中，$\text{tabu}_k(k=1,2,\cdots,m)$ 表示蚂蚁 k 已走过城市的集合，开始时 tabu_k 中只有 1 个元素，即蚂蚁 k 的出发城市，随着蚂蚁的移动，tabu_k 中的元素不断增加；$\text{allowed}_k = \{1,2,\cdots,n\} - \text{tabu}_k$，表示蚂蚁 k 下一步允许选择的城市；$\eta_{ij}(t)$ 表示能见度，取路径 d_{ij} 的倒数，即 $\eta_{ij}(t) = \dfrac{1}{d_{ij}}$；$\alpha$、$\beta$ 的作用是调节信息素浓度 τ 与能见度 η 的相对重要程度。由式(6-28)可知，$P_{ij}^k(t)$ 与 $\tau_{ij}^\alpha(t)\eta_{ij}^\beta(t)$ 呈正比例关系，因此当蚂蚁选择路径时会优先挑选信息素浓度较高的路径进行转移。

随着时间的推移，之前留在各条路径上的信息素逐渐消失，用参数 $1-\rho$ 表示信息素的挥发程度。经过 w 时间，蚂蚁完成一次循环，各条路径上的信息素浓度可根据下式进行调整：

$$\tau_{ij}(t+w) = (1-\rho)\tau_{ij}(t) + \Delta\tau_{ij}(t), \quad \rho \in (0,1) \quad (6\text{-}29)$$

$$\Delta\tau_{ij}(t) = \sum_{k=1}^{m} \Delta\tau_{ij}^k(t) \quad (6\text{-}30)$$

$$\Delta\tau_{ij}^k(t) = \begin{cases} \dfrac{Q}{L_k}, & 蚂蚁 k 走过的路径包含边(i,j) \\ 0, & 其他 \end{cases} \quad (6\text{-}31)$$

式中，$\Delta\tau_{ij}^k(t)$ 表示第 k 只蚂蚁在本次循环中留在路径 (i,j) 上的信息素浓度；$\Delta\tau_{ij}(t)$ 表示本次循环中所有蚂蚁在路径 (i,j) 上释放的信息素浓度之和。

6.2.1.3 算法流程

基本蚁群算法的具体实现步骤如下所述，流程如图 6-6 所示。

步骤 1 参数初始化。令时间 $t=0$ 和循环次数 $N_C=0$，设置最大迭代次数 $N_{\max}$，将 m 个蚂蚁随机放置于 n 个元素(城市)上，令 n 个城市之间每条边上的初始化信息 $\tau_{ij}(0)=c$，其中 c 为常数，且初始时刻 $\Delta\tau_{ij}(0)=0$。

步骤 2 更新循环次数 $N_C = N_C + 1$。

步骤 3 确定蚂蚁的禁忌表索引号 $k=1$。

步骤 4 计算每只蚂蚁的状态转移概率 P_{ij}^k，按照比例选择算子选择信息素浓度较高的路径向城市 j 前进。

步骤 5 修改禁忌表指针，即将蚂蚁移动到新的元素，并把该元素移动到该蚂蚁个体的禁忌表中。

步骤 6 判断是否所有蚂蚁都已遍历，若 $k<m$，则更新蚂蚁数目 $k=k+1$，跳转至步骤 3；否则，执行步骤 7。

步骤7 记录本次循环中的最优路径。

步骤8 按式(6-32)更新每条路径上的信息素浓度：

$$\tau_{ij}(t+n) = (1-\rho) \cdot \tau_{ij}(t) + \Delta \tau_{ij} \tag{6-32}$$

式中，$\rho(0<\rho<1)$ 表示路径上信息素的蒸发系数；$1-\rho$ 表示信息素的持久性系数；$\Delta \tau_{ij}$ 表示本次循环所有蚂蚁在路径 (i,j) 上所释放的信息素浓度之和。

步骤9 判断是否满足终止条件，若循环次数 $N_C \geq N_{max}$，则循环结束并输出最优结果；否则，清空禁忌表，跳转至步骤2。

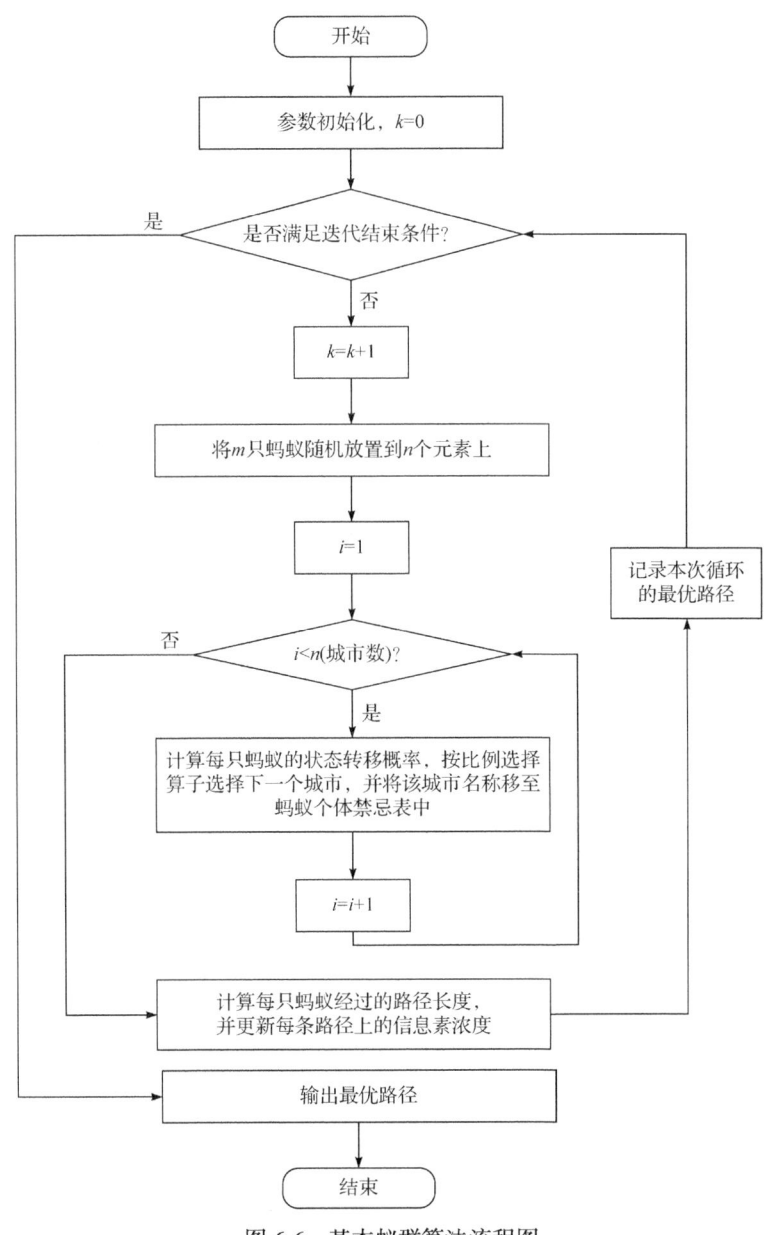

图 6-6 基本蚁群算法流程图

6.2.2 蚁群算法的改进

基本蚁群算法的优点如下所述。

(1) 蚁群算法是一种本质上并行的算法。每只蚂蚁的搜索过程彼此独立,仅通过信息素进行通信。因此,蚁群算法可以看作一个分布式多智能体系统,在问题空间的多个解位置同时开始独立的解搜索,不仅增加了算法的可靠性,而且使算法具有较强的全局搜索能力。

(2) 蚁群算法是一种自组织的算法。组织力或组织命令来自于系统的内部,以区别于其他组织。如果系统在获得空间、时间或者功能结构的过程中,没有外界的特定干预,就可以说系统是自组织的。简而言之,自组织是系统从无序到有序的变化过程。

(3) 蚁群算法具有较强的鲁棒性。相对于其他算法,蚁群算法对初始路线的要求不高,即蚁群算法的求解结果不依赖于初始路线的选择,而且在搜索过程中不需要人工调整。此外,蚁群算法的参数较少,设置简单,因此该算法易于应用到组合优化问题的求解。

(4) 蚁群算法是一种正反馈算法。从真实蚂蚁的觅食过程中不难看出,蚂蚁能够最终找到最优路径,直接依赖于其在路径上信息素的累积,而信息素的累积是一个正反馈过程。正反馈是蚁群算法的重要特征,它使得算法得以进行。

基本蚁群算法的缺陷如下所述。

(1) 蚁群算法一般需要较长的搜索时间。蚁群中多个个体的运动是随机的,当求解问题的规模较大时,要找出一条较好的路径需要较长的搜索时间。

(2) 蚁群算法会出现搜索停滞现象。组织力或组织命令来自于系统的内部,以区别于其他组织。在优化过程中,随着信息素的逐渐积累,信息素浓度最高的路径对每次路径的选择和信息素量的更新起主要作用,强化了最优信息的反馈,这样就可能导致"早熟"的停滞现象。

因此,蚁群算法的改进目的主要在于增强正反馈的同时,应尽可能提高算法的全局收敛能力。这里介绍四种改进蚁群算法,分别是精英蚂蚁系统(EAS)、基于排列的蚂蚁系统(AS_rank)、最大-最小蚂蚁系统(MMAS)和自适应蚁群算法。

6.2.2.1 精英蚂蚁系统

在基本蚁群算法信息素更新原则的基础上,精英蚂蚁系统增加了一个对至今最优路径的强化手段,在每轮信息素更新完毕后,搜索到至今最优路径(T^{bs})的那只蚂蚁将会为这条路径添加额外的信息素。信息素更新公式为

$$\Delta \tau_{ij}(t) = \sum_{k=1}^{m} \Delta \tau_{ij}^k(t) + e \cdot \Delta \tau_{ij}^{bs} \tag{6-33}$$

$$\Delta \tau_{ij}^{bs} = \begin{cases} \dfrac{1}{L_{bs}}, & (i,j) \in T^{bs} \\ 0, & 其他 \end{cases} \tag{6-34}$$

式中,e 是调整 T^{bs} 影响权重的参数;L_{bs} 是已知最优路径 T^{bs} 的长度。

6.2.2.2 基于排列的蚂蚁系统

基于排列的蚂蚁系统(AS_rank)在基本蚁群算法的基础上，给蚂蚁要释放的信息素浓度 $\Delta \tau_{ij}^k$ 加上一个权值，进一步增大各边信息素量的差异。在每次迭代所有蚂蚁遍历结束后，按照每只蚂蚁经过路径的长短进行排名，只有生成了至今最优路径的蚂蚁和排名在前 $\omega-1$ 的蚂蚁才被允许释放信息素，蚂蚁在边 (i, j) 上释放信息素 $\Delta \tau_{ij}^k$ 的权值由蚂蚁的排名决定。信息素更新公式为

$$\Delta \tau_{ij}(t) = \sum_{r=1}^{\omega-1}(\omega-r)\Delta \tau_{ij}^r(t) + \omega \cdot \Delta \tau_{ij}^{bs} \tag{6-35}$$

$$\Delta \tau_{ij}^r(t) = \begin{cases} \dfrac{1}{L_r}, & (i,j) \in T^r \\ 0, & 其他 \end{cases} \tag{6-36}$$

式中，T^r 是排名第 r 位的蚂蚁经过的路径；L_r 是排名第 r 位的蚂蚁经过路径的长度。

6.2.2.3 最大-最小蚂蚁系统

最大-最小蚂蚁系统(MMAS)与基本蚁群算法的差异主要在于以下几点。

(1) 采用精英规则，即在每次蚂蚁构造完解之后，只更新最优解对应路段上的信息素，这个最优解可以是历史最优解，也可以是当前代最优解。如果只使用历史最优解的话，那么有可能会造成算法过早收敛，算法的开发性强，但是探索性较弱，有可能会陷入局部最优，而使用当前代最优解可以在一定程度上避免这种情况的发生。采用混合方式来进行信息素更新可以提高算法的性能。

(2) 将每条边的信息素限制在区间 $[\tau_{min}, \tau_{max}]$，τ_{min} 和 τ_{max} 分别为信息素下界和上界，MMAS 将不在此范围内的信息素强制设置为 τ_{min} 或 τ_{max}，这样可以防止由于信息素浓度差异大而导致算法"早熟"，增加了算法的探索性。

(3) MMAS 将初始信息素设置为 τ_{max}，这样可以增加算法的探索性，避免算法"早熟"。

6.2.2.4 自适应蚁群算法

自适应蚁群算法相比基本蚁群算法的改进如下所述。

(1) 在每次循环结束后求出最优解，将其保留。

(2) 自适应地改变 ρ。当问题规模较大时，由于信息素挥发系数的存在，部分从未被蚂蚁选择过的路径上信息素会减小至接近 0，降低了算法的全局搜索能力。当 ρ 过大时，之前被蚂蚁选择过的路径再次被选择的可能性过大，也会影响到算法的全局搜索能力。通过减小 ρ 虽然可以提高算法的全局搜索能力，但会使算法的收敛速度降低。因此，可以自适应地改变 ρ，ρ 的初始值 $\rho(t_0)=1$，当算法求得的最优值在 N 次循环内没有明显改进时，ρ 的减小策略为

$$\rho(t) = \begin{cases} 0.95\rho(t-1), & 0.95\rho(t-1) \geq \rho_{min} \\ \rho_{min}, & 其他 \end{cases} \tag{6-37}$$

6.3 狼群算法原理及改进

6.3.1 狼群算法的原理

6.3.1.1 仿生机制

严酷的生活环境和千百年的进化，造就了狼群严密的组织系统及精妙的协作捕猎方式。狼过着群居生活且都有明确的社会分工，它们团结协作，为狼群的生存与发展承担着各自的责任[6]。如图 6-7 所示，狼的社会分工有头狼、探狼和猛狼。

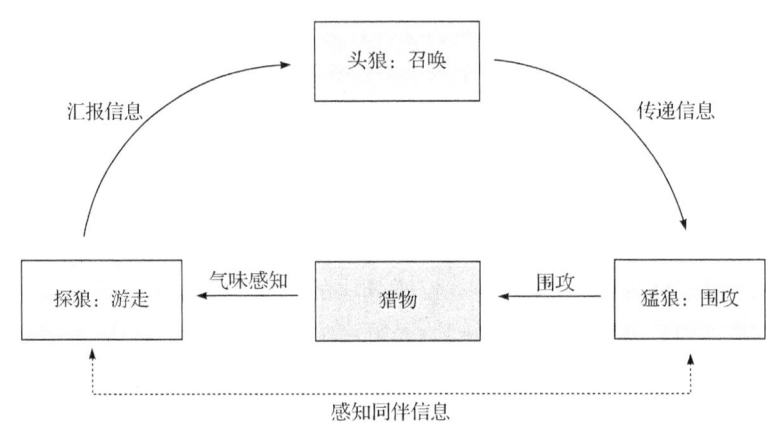

图 6-7 狼群组织分工示意图

(1) 头狼。头狼始终是狼群中最具智慧和最凶猛的，是在"弱肉强食、胜者为王"式的残酷竞争中产生的首领。它不断根据狼群所感知到的信息进行决策，负责整个狼群的指挥和维护，既要避免狼群陷入危险境地，又要指挥狼群尽快地捕获猎物。

(2) 探狼。寻找猎物时，狼群不会全体出动，而是派出少数精锐的探狼在猎物的可能活动范围内游猎。探狼根据空气中猎物留下的气味进行自主决策，气味越浓表明离猎物越近，探狼始终朝着气味最浓的方向搜寻。

(3) 猛狼。一旦探狼发现猎物踪迹，就会立即向头狼报告，头狼视情况通过嚎叫召唤周围的猛狼来对猎物进行围攻。周围的猛狼闻声则会自发地朝着该探狼的方向奔袭，向猎物进一步逼近。

(4) 猎物分配规则。捕获猎物后，狼群并不是平均分配猎物，而是按"论功行赏、由强到弱"的规则分配，即先将猎物分配给最先发现、捕到猎物的强壮的狼，再分配给弱小的狼。尽管这种近乎残酷的食物分配方式会使少数弱狼由于缺乏食物而饿死，但此规则可保证有能力捕到猎物的狼获得充足的食物，进而保持其强健的体质，在下次捕猎时仍可顺利地捕到猎物，从而维持狼群主体的延续和发展。

狼群优化(wolf pack optimization，WPO)算法采用基于人工狼主体的自下而上的设计方法和基于职责分工的协作式搜索路径结构。如图 6-8 所示，通过狼群个体对猎物气味、环境信息的探知，人工狼相互间的信息共享和交互以及人工狼基于自身职责的个体行为决策，最终实现了狼群捕猎的全过程。

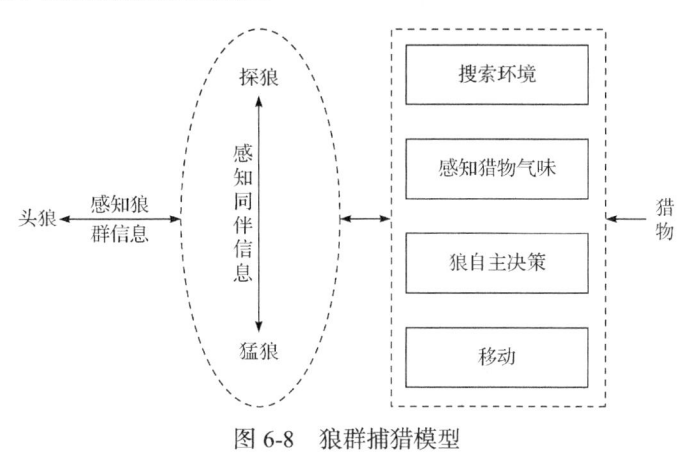

图 6-8 狼群捕猎模型

6.3.1.2 算法原理

设狼群的猎场空间为一个 $N \times D$ 维的欧氏空间，其中 N 为狼群中人工狼总数，D 为待寻优的变量数。某一人工狼 i 的状态可表示为 $X_i = (x_{i1}, x_{i2}, \cdots, x_{iD})$。其中，$x_{id}$ 为第 i 匹人工狼在欲寻优的第 $d(d=1,2,\cdots,D)$ 维变量空间中所处的位置。人工狼感知到的猎物气味浓度为 $Y = f(X)$，其中 Y 就是目标函数值。人工狼 p 和 q 之间的距离定义为其状态向量间的曼哈顿(Manhattan)距离 $L(p,q) = \sum_{d=1}^{D}|x_{pd} - x_{qd}|$。另外，由于实际中极大值与极小值问题之间可相互转换，为论述方便，以下皆以极大值问题进行讨论。

针对狼群的整个捕猎活动，WPO 算法从中抽象出 3 种智能行为(游走、召唤和围攻)、"胜者为王"的头狼产生规则以及"强者生存"的狼群更新机制。

(1) 头狼产生规则。初始解空间中，具有最优目标函数值的人工狼即为头狼；在迭代过程中，将每次迭代后最优狼的目标函数值与前一代中头狼的最优目标函数值进行比较，若更优，则对头狼位置进行更新，若此时存在多匹狼的情况，则随机选一匹成为头狼。头狼不执行 3 种智能行为而直接进入下次迭代，直到它被其他更强的人工狼替代。

(2) 游走行为。将解空间中除头狼外最佳的 S_num 匹人工狼视为探狼，在解空间中搜索猎物，S_num 随机取 $\left[\dfrac{n}{\alpha+1}, \dfrac{n}{\alpha}\right]$ 的整数，α 为探狼比例因子。探狼 i 首先感知空气中的猎物气味，即计算该探狼当前位置的猎物气味浓度 Y_i。若 Y_i 大于头狼所感知的猎物气味浓度 Y_{lead}，表明猎物离探狼 i 已相对较近且该探狼最有可能捕获猎物。因此，$Y_{lead} = Y_i$，探狼 i 替代头狼并发起召唤行为；若 $Y_i < Y_{lead}$，则探狼先自主决策，即探狼向 h 个方向分别前进一步(此时的步长称为游走步长 $step_a$)，并在记录每前进一步后所感知的猎物气味浓度后退回原位置，向第 p 个方向前进后 $(p=1,2,\cdots,h)$，探狼 i 在第 d 维空间中所处的位置为

$$x_{id}^p = x_{id} + \sin\left(\dfrac{2\pi p}{h}\right) \cdot step_a^d \tag{6-38}$$

此时，探狼所感知的猎物气味浓度为 Y_{ip}，选择气味最浓的且大于当前位置气味浓度 Y_{i0} 的方向前进一步，更新探狼的状态 X_i，重复以上游走行为，直到某匹探狼感知到的猎物气味浓度 $Y_i > Y_{lead}$ 或游走次数 T 达到最大游走次数 T_{max}。

需要说明的是，由于每匹探狼的猎物搜寻方式存在差异，h 的取值是不同的，实际中可依据情况取 $[h_{min}, h_{max}]$ 区间的随机整数，h 越大，探狼搜寻得越精细，但同时速度也相对较慢。

(3) 召唤行为。头狼通过嚎叫发起召唤行为，召集周围的 M_num 匹猛狼向头狼所在位置迅速靠拢，其中 $M\_num = n - S\_num - 1$；听到嚎叫的猛狼都以相对较大的奔袭步长 $step_b$ 快速逼近头狼所在的位置。猛狼 i 第 $k+1$ 次迭代时，在第 d 维变量空间中所处的位置为

$$x_{id}^{k+1} = x_{id}^k + \frac{step_b^d \cdot (g_d^k - x_{id}^k)}{|g_d^k - x_{id}^k|} \tag{6-39}$$

式中，g_d^k 为第 k 代群体中头狼在第 d 维空间中的位置。式(6-39)由两部分组成，前者表示人工狼当前位置，体现狼的围猎基础；后者表示人工狼逐渐向头狼位置聚集的趋势，体现头狼对狼群的指挥。

奔袭途中，若猛狼 i 感知到的猎物气味浓度 $Y_i > Y_{lead}$，则 $Y_{lead} = Y_i$，该猛狼转化为头狼并发起召唤行为；若 $Y_i < Y_{lead}$，则猛狼 i 继续奔袭，直到其与头狼 s 之间的距离 d_{is} 小于判定距离 d_{near} 时，加入对猎物的攻击行列，即转入围攻行为。设待寻优的第 d 个变量的取值范围为 $[min_d, max_d]$，则判定距离 d_{near} 可由式(6-40)估算得到：

$$d_{near} = \frac{1}{D \cdot w} \cdot \sum_{d=1}^{D} |max_d - min_d| \tag{6-40}$$

式中，w 为距离判定因子，其不同取值将影响算法的收敛速度，一般而言，w 增大会加速算法收敛，但 w 过大会使得人工狼很难进入围攻行为，缺乏对猎物的精细搜索。

召唤行为体现了狼群的信息传递与共享机制，并融入了社会认知观点，通过狼群中其他个体对群体优秀者的"追随"与"响应"，充分显示出算法的社会性和智能性。

(4) 围攻行为。当经过奔袭的猛狼已离猎物较近时，要联合探狼对猎物进行紧密的围攻，以期将其捕获。这里将离猎物最近的狼(头狼)的位置视为猎物的移动位置。具体地，对于第 k 代狼群，设猎物在第 d 维空间中的位置为 G_d^k，则狼群的围攻行为可表示为

$$x_{id}^{k+1} = x_{id}^k + \lambda \cdot step_c^d \cdot |G_d^k - x_{id}^k| \tag{6-41}$$

式中，λ 为 $[-1,1]$ 区间均匀分布的随机数；$step_c^d$ 为人工狼 i 执行围攻行为时的攻击步长。若实施围攻行为后人工狼感知到的猎物气味浓度大于其原位置状态所感知的猎物气味浓度，则更新此人工狼的位置，否则，人工狼位置不变。

设待寻优的第 d 个变量的取值范围为 $[min_d, max_d]$，则 3 种智能行为所涉及游走步长 $step_a$、奔袭步长 $step_b$、攻击步长 $step_c$ 在第 d 维空间中的步长存在如下关系：

$$step_a^d = \frac{step_b^d}{2} = 2 \cdot step_c^d = \frac{|max_d - min_d|}{S} \tag{6-42}$$

式中，S 为步长因子，表示人工狼在解空间中搜寻最优解的精细程度。

(5) "强者生存"的狼群更新机制。猎物按照"论功行赏、由强到弱"的原则进行分配，导致弱小的狼会饿死，即在算法中去除目标函数值最差的 R 匹人工狼，同时随机产生 R 匹人工狼。R 越大，则新产生的人工狼越多，有利于维护狼群个体的多样性，但若 R 过大算法就趋近于随机搜索；若 R 过小，则不利于维护狼群的个体多样性，算法开辟新的解空间的能力减弱。实际捕猎中，捕获猎物的大小、数量是有差别的，进而导致不等数量的弱狼饿死。因此，这里 R 取 $\left[\dfrac{n}{2\beta}, \dfrac{n}{\beta}\right]$ 区间的随机整数，β 为群体更新比例因子。

6.3.1.3 算法流程

狼群算法的具体步骤如下所述，流程如图 6-9 所示。

步骤 1 数值初始化。初始化狼群中人工狼位置 X_i 及其数目 N、最大迭代次数 $k_{\max}$、探狼比例因子 α、最大游走次数 $T_{\max}$、距离判定因子 w、步长因子 S、群体更新比例因子 β。

步骤 2 选取最优人工狼为头狼，除头狼外最佳的 S_num 匹人工狼为探狼并执行游走行为，直到某只探狼 i 侦察到的猎物气味浓度 Y_i 大于头狼所感知的猎物气味浓度 Y_{lead} 或达到最大游走次数 $T_{\max}$，转步骤 3。

步骤 3 人工猛狼依据式(6-39)向猎物奔袭，若途中人工猛狼感知的猎物气味浓度 $Y_i \geqslant Y_{\text{lead}}$，则 $Y_{\text{lead}} = Y_i$，人工猛狼替代头狼并发起召唤行为；若 $Y_i < Y_{\text{lead}}$，则人工猛狼继续奔袭，直到 $d_{is} \leqslant d_{\text{near}}$，转步骤 4。

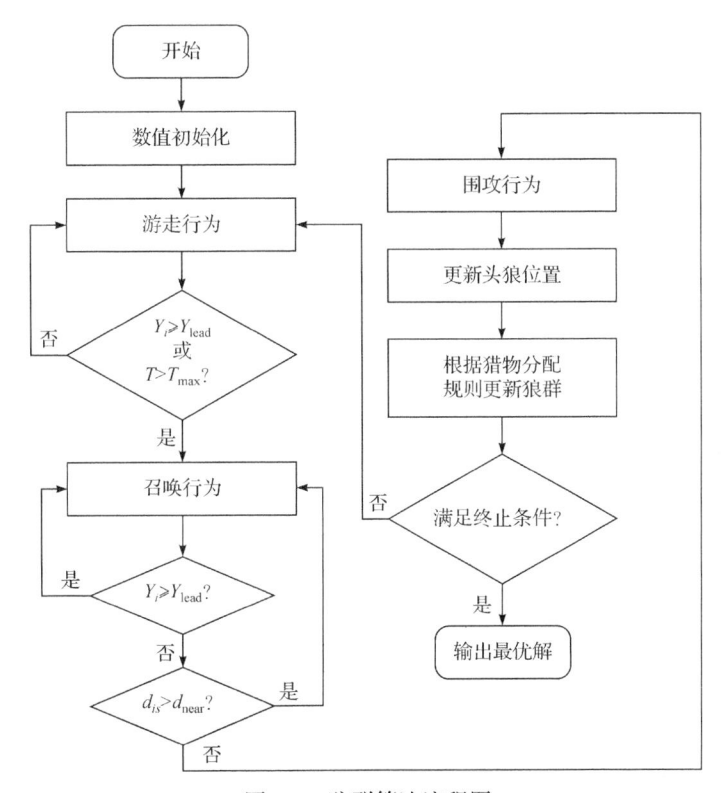

图 6-9 狼群算法流程图

步骤 4 按式(6-41)对参与围攻行为的人工狼的位置进行更新,执行围攻行为。

步骤 5 先按照"胜者为王"的头狼产生规则对头狼位置进行更新;再按照"强者生存"的狼群更新机制进行群体更新。

步骤 6 判断是否达到优化精度要求或最大迭代次数 $k_{\max}$,若达到,则输出头狼的位置,即所求问题的最优解,否则转步骤2。

6.3.2 狼群算法的改进

6.3.2.1 自适应和变游走方向狼群算法

1. 自适应法

在基本 WPO 算法中,游走行为位置变动主要依靠游走步长 step_a,由式(6-42)得到,对于每一个固定的 d 维空间,相应的 $[\min_d,\max_d]$ 是固定的,因而 step_a 是固定的,每一次迭代、每一次游走和每一个方向的游走对应的步长都是固定的。若 step_a 过大,则影响算法寻优的精确度;若 step_a 过小,则影响算法的收敛速度,即达到最大迭代次数时,还未找到最优解。

因此,有学者提出采用自适应步长[7],即

$$\text{stap} = \text{rand} \cdot \|x_i - x_{\text{lead}}\|_2 \tag{6-43}$$

式中,rand 表示[0,1]区间的随机数。自适应步长以头狼位置和狼当前位置为参考,当狼离头狼较远时,以较大步长逼近头狼;当狼离头狼较近时,以较小步长逼近头狼,加快收敛速度。

1) 自适应游走行为

在游走行为中,按照游走次数的奇偶性,搜索方向在 h 和 $h+1$ 两者之间变动(详见本小节变游走方向法)。当游走次数为奇数次时,朝第 p 个方向前进后 $(p=1,2,\cdots,h)$,探狼 i 在第 d 维空间中所处的位置为

$$x_{id}^p = x_{id} + \sin\left(\frac{2\pi p}{h}\right) \cdot \text{step} = x_{id} + \sin\left(\frac{2\pi p}{h}\right) \cdot \text{rand} \cdot \text{norm}(x(i,:) - x_{\text{lead}}) \tag{6-44}$$

当游走次数为偶数次时,朝第 $p(p=1,2,\cdots,h,h+1)$ 个方向前进后,探狼 i 在第 d 维空间中所处的位置为

$$x_{id}^p = x_{id} + \sin\left(\frac{2\pi p}{h+1}\right) \cdot \text{step} = x_{id} + \sin\left(\frac{2\pi p}{h+1}\right) \cdot \text{rand} \cdot \text{norm}(x(i,:) - x_{\text{lead}}) \tag{6-45}$$

在游走行为中,不必担心某些狼因步长过大而错过全局最优解,游走行为中向 h 或 $h+1$ 个方向试探的方法保证了搜索的全面覆盖。

2) 自适应召唤行为

不同于基本 WPO 算法,在此改进算法中,参与召唤行为的猛狼不再只是头狼附近的狼,而是在除头狼外的全部狼群中随机选取 M_num 只狼作为猛狼。经历长时间的游走行为后,头狼的位置发生多次更迭,如果只召唤头狼附近的狼向头狼逼近,会使算法陷入局部最优。在除头狼外的狼群中随机选取猛狼,让它们只朝着头狼前进,使算法的搜

索范围更广。在奔袭过程中，当某只猛狼感知到其所在位置猎物浓度更大时，会替代头狼，重新选取猛狼进行召唤，直到其所在位置的猎物浓度小于头狼位置的猎物浓度。同时，召唤行为也采取与游走行为相同的自适应步长法(式(6-43))，则猛狼 i 根据式(6-46)更新当前位置：

$$x_{id}^{k+1} = x_{id}^k + \frac{\text{step} \cdot (x_{\text{lead}d}^k - x_{id}^k)}{|x_{\text{lead}d}^k - x_{id}^k|} = x_{id}^k + \text{rand} \cdot \left\| x_i^k - x_{\text{lead}}^k \right\|_2 \frac{(x_{\text{lead}d}^k - x_{id}^k)}{|x_{\text{lead}d}^k - x_{id}^k|}, \quad d = 1, 2, \cdots, D$$

(6-46)

3) 自适应围攻行为

猛狼联合探狼对猎物进行紧密围攻以期将其捕获，移动步长采用自适应步长法(式(6-43))。狼群围攻行为由式(6-47)表示：

$$x_{id}^{k+1} = x_{id}^k + \lambda \cdot \text{step} \cdot |G_d^k - x_{id}^k| = x_{id}^k + \lambda \cdot \text{rand} \cdot \left\| x_i^k - G^k \right\|_2 \cdot |G_d^k - x_{id}^k|, \quad d = 1, 2, \cdots, D \quad (6-47)$$

2. 变游走方向法

在基本 WPO 算法中，虽然文献[10]提到每只探狼的猎物搜寻方式存在差异，h 的取值是不同的，实际中可依据情况取 $[h_{\min}, h_{\max}]$ 区间的随机整数，但是在文献[6]的试验中，参数 h 固定设置为 10，而不是其所称 h 是随机的，从而导致搜索方向固定，搜索不精细。具体分析如下所述。

假如约定方向 h 为 8 个，一次移动后找到的最优方向如图 6-10 所示。下次寻找最优方向时，每个方向都与该方向产生平行关系，并且之后都会沿着平行方向搜索，从而大大降低了搜索效率。因此，文献[7]通过改进游走行为中 h 个方向的选取方法，根据游走次数 T 的奇偶性，搜索方向在 h 和 $h+1$ 两者间变动，提高了搜索的精细程度[7]。变游走方向法如图 6-11 所示。

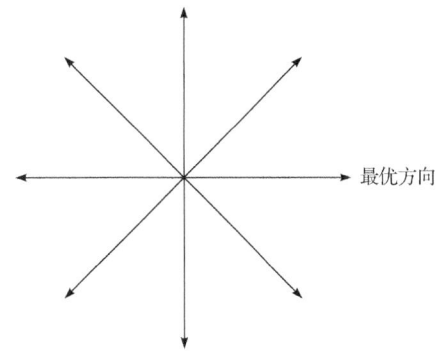

图 6-10 基本 WPO 算法的游走方向

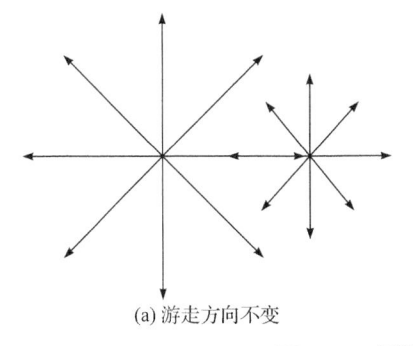

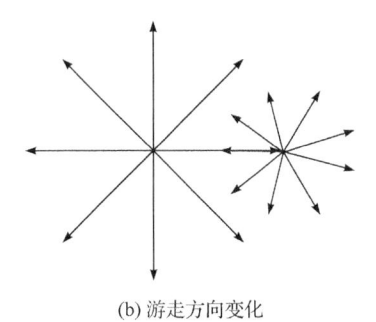

(a) 游走方向不变　　　　(b) 游走方向变化

图 6-11 变游走方向法示意图

对比图 6-11(a)与(b)可以看出，第 $T+1$ 次游走和第 T 次游走选取的方向不再呈平行关系，丰富了搜索方向，进而扩大了搜索范围。

6.3.2.2 改进搜索策略的狼群算法

1) 交互游走行为

WPO 算法中，探狼向 h 个方向进行探索，h 越大，探索越精细，寻优精度越高，但算法寻优速度将会下降，易陷入局部寻优；h 过小，探狼搜索过于粗糙，造成算法寻优不精确，甚至出现不收敛的情况。有学者认为出现上述情况的原因在于探狼间缺少必要的信息交互，探狼根据式(6-38)对探索空间进行搜索，不能及时了解"同伴"的信息，这会影响探狼的全局搜索能力[8]。为了增强探狼间的交互性及提高探狼寻优能力，文献[8]改进搜索方式如下：

$$v_{id} = x_{id} + \varphi_{id}(x_{\text{rand},d}^{\text{best}} - x_{id}) + \phi_{id}(x_{id} - x_{kd}) \tag{6-48}$$

式中，φ_{id} 为[0,1]区间的随机数；ϕ_{id} 为[-1,1]区间的随机数；$k \neq i$。式(6-48)前半段增强了狼群的局部寻优能力，后半段增强了狼群的全局搜索能力，很好地平衡了狼群的全局搜索能力与局部寻优能力，既体现了狼群中头狼的领导能力，又保持了狼群间信息的密切交流。

游走行为中，探狼 i 根据式(6-38)进行一次游走之后，随机选择探狼 k、j。根据式(6-48)得到新的猎物 v_i，随后探狼 i 感知搜索到的猎物源气味浓度 $Y_i'(h+1)$（一次游走共探寻到 h 个猎物源和一次交互探寻到的猎物源 v_i），选取气味最浓的且大于当前位置气味浓度 Y_i 的方向前进一步，更新探狼位置 x_i，重复以上游走行为，直到某匹探狼 j 感知到的猎物气味浓度 $Y_j' > Y_{\text{lead}}$，则探狼 j 成为新的头狼并发起召唤行为，否则，探狼继续下一轮游走，直至游走次数 T 达到最大游走次数 $T_{\max}$。

2) 交互召唤行为

在召唤行为中，猛狼要不断地奔袭，直至 $d_{is} \leq d_{\text{near}}$。基本召唤行为能够使猛狼全面探索搜索空间，但会造成算法过于复杂且易陷入局部极值。通过分析狼群捕猎过程，发现狼群是在不同路线上对猎物进行围捕，因此文献[8]提出采用猛狼奔袭一次就对猎物进行围捕的召唤策略。

在猛狼奔袭过程中，猛狼间依然缺少必要的信息交互，不能及时了解"同伴"信息，这限制了猛狼的搜索能力。因此，文献[8]中猛狼在执行每一轮式(6-40)所示搜索时再进行一次式(6-48)所示搜索过程，选取猎物气味最浓的且大于当前位置猎物气味浓度 Y_i 的方向前进，更新猛狼位置 x_i，选取猎物气味浓度 Y_i 最大的猛狼作为头狼。

3) 自适应围攻行为

围攻行为要求猛狼具有较强的局部寻优能力。猛狼按式(6-41)进行搜索，λ 在[-1,1]随机取值，具有随机性与不确定性，随着算法的不断进化，当前最优解越趋近全局最优解，猛狼开采能力应越强，使算法快速收敛至全局最优解。式(6-41)不能很好地适应猛狼的局部寻优要求。因此，文献[8]认为在算法中加入调节机制是一种较好的改进方向，为了使围攻行为具备自适应的调节能力，将随机步长 λ 改为随着算法迭代次数 t 增加而线性变化的自适应步长，如式(6-49)所示：

$$x_{id}^{k+1} = x_{id}^k + \mu\left(1 - \frac{\varepsilon t}{t_{\max}}\right) \cdot \text{step}_c^d \cdot |G_d^k - x_{id}^k| \tag{6-49}$$

式中，ε 为因子，取 $(0,1)$ 的随机数；μ 为 $[-1,1]$ 的随机整数。ε 取值在 $(0,1)$ 的目的是保证在算法迭代后期避免 $\mu\left(1-\dfrac{\varepsilon t}{t_{\max}}\right)$ 趋近于零，导致寻优无变化。μ 的作用是保证搜索范围不局限于 $|G_d^k - x_{id}^k|$ 的方向，能够更全面地搜索 x_{id} 的附近区域。若实施围攻行为后人工狼感知到的猎物气味浓度大于其在原位置所感知的猎物气味浓度，更新人工狼的位置；否则，人工狼位置不变。

6.4 人工蜂群算法原理及改进

6.4.1 人工蜂群算法的原理

6.4.1.1 仿生机制

人工蜂群(artificial bee colony，ABC)算法是 2005 年由 Karaboga 教授提出的，主要仿照了蜜蜂群体的智能采花蜜行为，如蜜蜂依照自己的分工进行活动，并完成彼此之间的信息交流和共享，从而找到最好的食物源。人工蜂群算法的主要特点是不需要了解问题的特殊信息，只需要对问题进行优劣比较，通过各人工蜜蜂个体的局部寻优行为，最终在群体中使全局最优值突显出来，有较快的收敛速度。

蜜蜂主要以群居生存。为了生存，每个蜜蜂都有不同的分工，单个蜜蜂的动作非常简单，而整个蜂群家庭的互动觅食行为却是一个有条不紊且极其复杂的过程。一个蜂群能够在任何环境下，以高效的方法从食物源(花朵)中采集花蜜，并且可以通过改变觅食方式来适应环境的改变。蜜蜂很勤劳，它们根据不同的工作任务分工，从事寻找食物源、采食、酿蜜、保卫蜂群等工作。蜜蜂之间传递信息的主要载体有接触、声音、舞蹈动作、信息素等。蜜蜂的采蜜行为是一种群体智能化的活动。

在蜂群觅食过程中，主要有三个要素：食物源、雇佣蜂和未雇佣蜂。

(1) 食物源。蜜蜂选择什么样的食物源采蜜由很多因素决定，如食物源离蜂巢的远近、包含花蜜的多少和获得花蜜的难易等。用适应度值的高低来表征上面的因素，蜜蜂会选择适应度值高的食物源，淘汰适应度值低的食物源。

(2) 雇佣蜂。雇佣蜂也称引领蜂，与食物源是一一对应的，即有多少个食物源就有多少个雇佣蜂。雇佣蜂储存食物源的相关信息(相对于蜂巢的距离、方向和食物源的丰富程度等)并把这些信息以一定的概率与其他蜜蜂分享，以保证优胜劣汰。

(3) 非雇佣蜂。非雇佣蜂分为侦察蜂和跟随蜂。侦察蜂是在一定情况下进行随机搜索新食物源的蜜蜂；跟随蜂负责在舞蹈区从雇佣蜂处获取食物源相关信息，利用一种选择策略以一定的选择概率选择食物源并对其进行开采。

在群体智慧形成过程中，蜜蜂间交换信息是最重要的一个环节。舞蹈区是蜂巢中最为重要的信息交换地。蜜蜂的舞蹈也称摇摆舞，食物源信息在舞蹈区通过摇摆舞的形式与其他蜜蜂共享。雇佣蜂通过摇摆舞的持续时间等来表现食物源的收益率，故跟随蜂可以观察到大量的舞蹈并依据收益率来选择到哪个食物源采蜜。收益率与食物源被选择的可能性成正比，因而蜜蜂被招募到一个食物源的概率与食物源的收益率成正比[9]。蜂群采蜜行为如图 6-12 所示。

初始时刻，蜜蜂以侦察蜂的方式进行搜索，其搜索可以由系统的先验知识决定，也可以完全随机。经过多次搜索后，若蜜蜂找到合适的食物源，就会存储食物源的参数信息并开始采蜜，这时的蜜蜂称为"雇佣蜂"。雇佣蜂在食物源采蜜后回到卸蜜房卸下蜂蜜，此时雇佣蜂面临以下三种选择。

(1) 放弃食物源而成为非雇佣蜂。如图 6-12 中的 UF 所示，卸蜜后的雇佣蜂不再传递记录的食物源信息，变成闲置蜜蜂并飞到摇摆舞区域等待其他雇佣蜂传递信息。

(2) 在舞蹈区跳摇摆舞，引来大量观察蜂，把食物源的参数信息传递给观察蜂，然后回到食物源采蜜。如图 6-12 中的 EF1 所示，卸蜜后的雇佣蜂飞到摇摆舞区域去分享记录的食物源信息，随后带领部分在摇摆舞区域等待的闲置蜜蜂返回食物源附近继续采蜜。

(3) 继续在同一个食物源采蜜而不进行招募。如图 6-12 中的 EF2 所示，卸蜜后的雇佣蜂直接返回食物源附近采集新的蜂蜜。

对于非雇佣蜂(如图 6-12 中的"蜜蜂"标记)，其有以下两种选择。

(1) 如图 6-12 中的 S 所示，成为侦察蜂并搜索蜂巢附近的食物源，其搜索可以由先验知识决定，也可以完全随机。

(2) 如图 6-12 中的 R 所示，运动到蜂巢内的摇摆舞区域等待雇佣蜂返回，在观察完雇佣蜂的摇摆舞后获得食物源信息，成为跟随蜂，开始搜索对应食物源领域并采蜜。

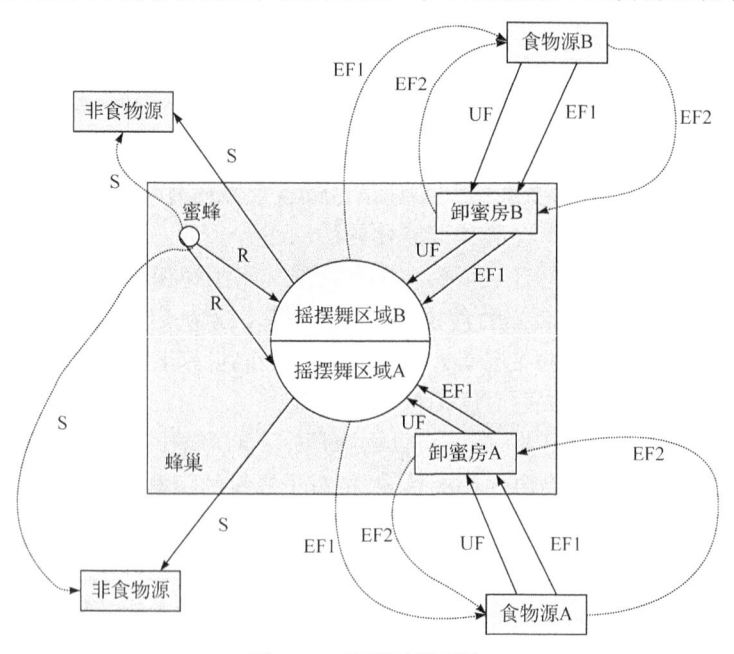

图 6-12 蜂群采蜜行为

6.4.1.2 算法原理

在 ABC 算法中，人工蜂群包含三个组成部分：雇佣蜂、观察蜂和侦察蜂。群体的一半由雇佣蜂构成，另一半由观察蜂构成，侦察蜂是由雇佣蜂或观察蜂转变而成的，雇佣蜂的个数与食物源的个数相等。每种类型蜜蜂的作用如下：

(1) 雇佣蜂在指定区域内搜索并记录发现的食物源位置和数量信息。

(2) 观察蜂在舞蹈区观察所有雇佣蜂的信息后，根据比例选择算子选择食物源去采蜜。

(3) 当雇佣蜂或观察蜂发现的食物源连续多代质量没有提升时，重新在执行区域进行随机搜索，此时蜜蜂转变为侦察蜂。

首先，人工蜂群算法在解空间内随机生成含有 N 个个体的种群，每个解用 $X_i = (x_{i,1}, x_{i,2}, \cdots, x_{i,D})$ 表示，其中 D 代表解空间的维数。种群会随进化过程的改变而发生改变，用 $G = 1, 2, \cdots, G_{\max}$ 表示进化代数，$G_{\max}$ 表示最大进化代数。搜索空间中每个维度的上下界分别由 $X_{\max} = (x_1^{\max}, x_2^{\max}, \cdots, x_D^{\max})$ 和 $X_{\min} = (x_1^{\min}, x_2^{\min}, \cdots, x_D^{\min})$ 表示。

一般情况下，初始种群在整个解空间是均匀分布的，即随机产生一组表示优化问题可能解的食物源位置。种群初始化的方程为

$$x_{i,j} = x_j^{\min} + \text{rand}(0,1) \cdot (x_j^{\max} - x_j^{\min}) \tag{6-50}$$

式中，$i = \{1, 2, \cdots, N\}$；$j = \{1, 2, \cdots, D\}$；$x_j^{\max}$ 和 $x_j^{\min}$ 分别为解空间每个维度的上界和下界。

在种群初始化后进入雇佣蜂阶段，雇佣蜂负责在相应的食物源附近随机搜索更好的食物源，然后将食物源信息传递给观察蜂。每只雇佣蜂占据一个食物源的位置，雇佣蜂根据式(6-51)寻找食物源，并比较更新前和更新后食物源的优劣。

$$v_{i,j} = x_{i,j} + \text{rand}(-1,1) \cdot (x_{i,j} - x_{k,j}) \tag{6-51}$$

式中，$v_{i,j}$ 是更新后食物源位置的第 j 维分量；个体 k 和维度 j 都是随机选择的，且 $k \neq i$；$\text{rand}(-1,1)$ 是 $[-1,1]$ 区间的随机数，是用来控制位置更新步长的参数。如果更新后的食物源位置 v_i 优于 x_i，那么 x_i 将被 v_i 代替；否则，x_i 将被保留。

在观察蜂阶段，观察蜂在收到所有雇佣蜂的信息后，将根据比例选择算子选择食物源去采蜜，每个食物源被选择的概率如式(6-52)所示：

$$P_i = \frac{\text{fitness}_i}{\sum_{i=1}^{N} \text{fitness}_i} \tag{6-52}$$

式中，fitness_i 为第 i 个食物源的适应度值。理论上，适应度值越大，食物源被选择的概率越大。通过这种方式，雇佣蜂与观察蜂分享自己食物源位置的信息。

一般情况下，考虑最小化问题时，食物源的适应度值定义如下：

$$\text{fitness}_i = \begin{cases} \dfrac{1}{1+f_i}, & f_i \geq 0 \\ 1+|f_i|, & f_i < 0 \end{cases} \tag{6-53}$$

式中，fitness_i 和 f_i 分别为食物源 x_i 的适应度值和目标函数值。一旦观察蜂选择了对应的食物源，即按照式(6-51)进行位置更新操作。

在侦察蜂阶段，一旦某种食物源的位置(解)不能在规定次数(limit)内被更新，那么该食物源就会被雇佣蜂抛弃，这个雇佣蜂就会变成侦察蜂，开始寻找一个新的随机食物源，

新食物源位置根据式(6-50)随机生成。

在人工蜂群算法中，雇佣蜂和观察蜂在算法刚运行时数量一致且为食物源数量的一半，随着两者出现向侦察蜂转变的情况后，三种蜜蜂的数量在算法运行时是实时变化的。在算法中，雇佣蜂主要负责算法的探索，观察蜂主要负责算法的开发能力，侦察蜂则负责跳出局部最优，使算法在探索和开发两方面达到了一定的平衡。

6.4.1.3 算法流程

人工蜂群算法的具体步骤如下所述，流程如图 6-13 所示。

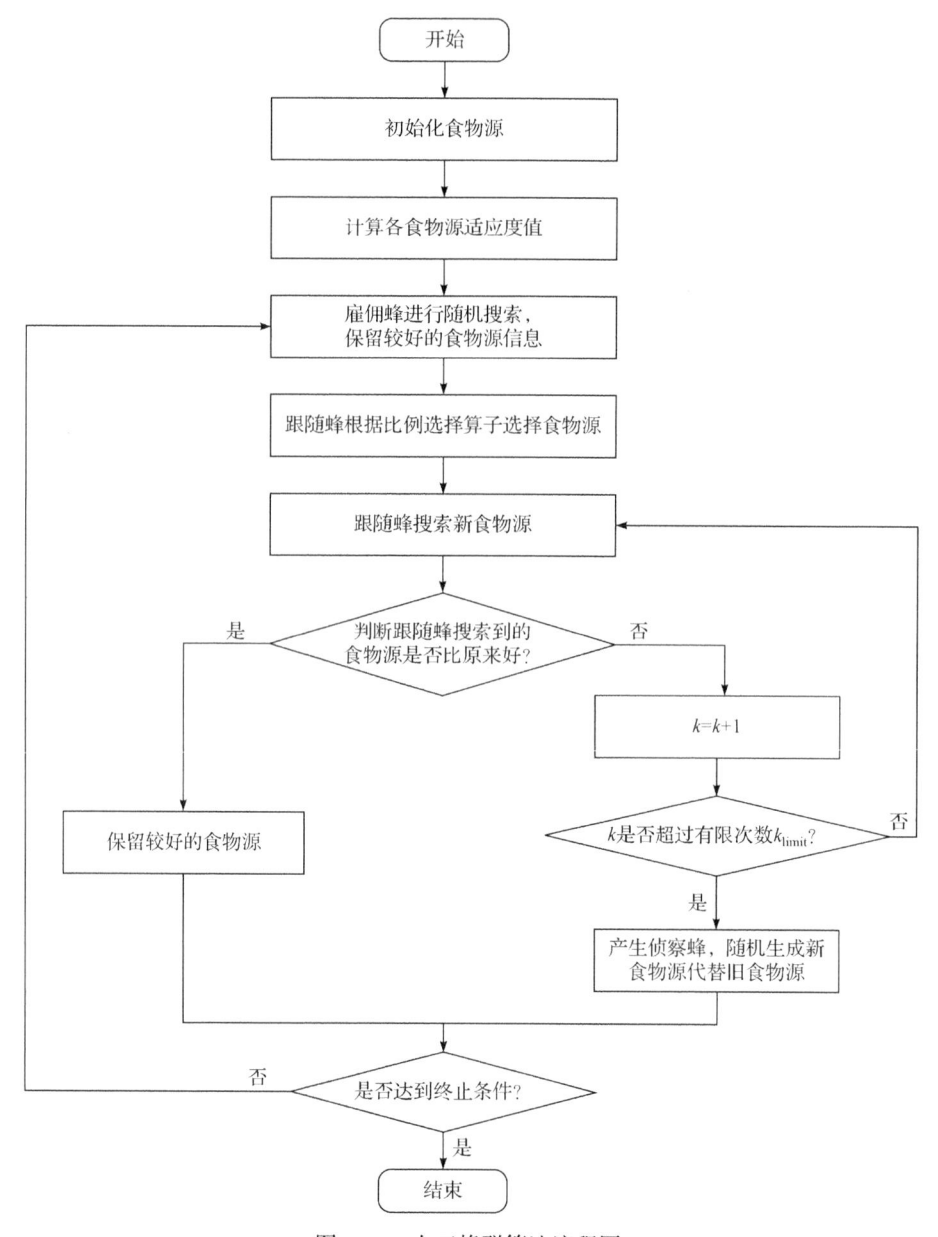

图 6-13 人工蜂群算法流程图

步骤1 初始化。设定蜜蜂的数量和初始解，在ABC算法中，蜜蜂数量一般为一定的常数，初始解则可以随机生成或者根据先验知识设定。

步骤2 雇佣蜂阶段。雇佣蜂根据式(6-51)在搜索空间中更新位置，然后计算新位置的适应度值，比较旧解和新解的优劣，保存较优的位置。

步骤3 跟随蜂阶段。跟随蜂在收到所有雇佣蜂的信息后，根据比例选择算子选择食物源，然后同样按照式(6-51)产生新的可行解，比较两个可行解的适应度，保留较优的可行解。

步骤4 侦察蜂阶段。如果通过有限次数 k_{limit} 的循环搜索后，可行解没有好的更新，则利用式(6-50)随机产生新的可行解来代替旧的可行解。

步骤5 判断是否满足终止条件。如果满足终止条件，算法结束，输出最优解；否则，返回步骤2。

6.4.2 人工蜂群算法的改进

人工蜂群算法的优点包括：

(1) 具有全局寻优能力。ABC算法通过信息共享和局部搜索等策略，可以有效地避免陷入局部最优解，从而具有全局寻优能力。

(2) 参数设置简单。ABC算法只需要设置蜜蜂数量和终止条件等少量参数，使得算法应用更加简单。

(3) 适用范围广。ABC算法不依赖于被优化问题的具体形式，可以应用于不同类型的优化问题。

(4) 鲁棒性强。ABC算法能够处理具有噪声和非线性特性的优化问题，具有较强的鲁棒性。

同时，人工蜂群算法具有以下缺点：

(1) 收敛速度慢。ABC算法需要进行大量的随机搜索和信息交流，收敛速度相对较慢。

(2) 精度较低。ABC算法采用了随机搜索的策略，因此可能会出现局部最优解较多的情况，导致精度较低。

(3) 对参数敏感。虽然ABC算法参数较少，但是这些参数对算法的性能影响较大，需要根据不同的问题进行调整。

这里介绍两种改进人工蜂群算法，分别是具有二次插值搜索策略的蜂群优化算法、基于精英解和随机个体邻域信息的人工蜂群算法。

6.4.2.1 具有二次插值搜索策略的蜂群优化算法

为了使陷入局部最优的雇佣蜂逃离束缚，文献[10]结合算法的特性，把简化的三点二次插值算法作为一种局部搜索算子引入基本人工蜂群算法的侦察蜂阶段，以产生一个更好的食物源替代原食物源，并且在侦察蜂附近引入对称扰动来构造三点二次插值，为侦察蜂探索新食物源提供充足的活力。同时，在跟随蜂选择食物源阶段采用锦标赛选择策略，在一定程度上避免算法发生停滞和过早收敛。改进算法有效地结合了基本人工蜂群算法的全局搜索能力和二次插值算法的局部搜索能力，从而提高蜂群的整体寻优能力[9]。

以下称这种改进的蜂群优化算法为具有二次插值搜索策略的蜂群优化(QABC)算法。

1) 局部搜索算子

简化的三点二次插值法是一种简单有效的直接搜索方法,不需要目标函数的导数信息,适用范围广且计算量小,适合作为启发式的搜索算子。

设 $\boldsymbol{x}^a = (x_1^a, x_2^a, \cdots, x_n^a)^T$,$\boldsymbol{x}^b = (x_1^b, x_1^b, \cdots, x_n^b)^T$,$\boldsymbol{x}^c = (x_1^c, x_1^c, \cdots, x_n^c)^T$,计算这三点的目标函数值,分别记为 f_a、f_b、f_c。假设 $f_a > f_b, f_c > f_b$,则由下式可得到近似的极小值点:

$$\bar{x}_i = \frac{A}{2B}, \quad i=1,\cdots,n \tag{6-54}$$

式中,$A = [(x_i^b)^2 - (x_i^c)^2]f_a + [(x_i^c)^2 - (x_i^a)^2]f_b + [(x_i^a)^2 - (x_i^b)^2]f_c$;$B = (x_i^b - x_i^c)f_a + (x_i^c - x_i^a) \cdot f_b + (x_i^a - x_i^b)f_c$。

文献[9]将简化的三点二次插值法作为局部搜索算子插入基本人工蜂群算法的侦察蜂阶段,具体操作:设经过 k_{limit} 次跟随蜂循环搜索之后未改进的解为 x,在 x 附近由对称扰动产生如下两个新解:

$$x_i^0 = x_i - R_i, \quad i=1,\cdots,n \tag{6-55}$$

$$x_i^1 = x_i + R_i, \quad i=1,\cdots,n \tag{6-56}$$

式中,R_i 为随机扰动半径,为 n 维[0,1]区间的随机向量。把以上三个解的目标函数值从小到大排列,依次记为 f_b、f_a、f_c,将所对应的解记为 x_b、x_a、x_c,使其满足两头大、中间小的关系,即 $x_a \leq x_b \leq x_c$ 且 $f_a \geq f_b, f_c \geq f_b$。若对某些 $i \in \{1, 2, \cdots, n\}$,$B < \varepsilon (\varepsilon = 10^{-6})$,令 $\bar{x} = x^b$,则 $f(\bar{x}) = f_b$;否则,由式(6-54)计算出 $\bar{x}$,并计算目标函数值 $f(\bar{x})$,若 $f(\bar{x}) \leq f_b$,则将 $\bar{x}$ 作为侦察蜂所搜索到的新解替换陷入局部最优的解。

由于在侦察蜂附近只做一次简化的二次插值,对近似极小点只评估一次,因此算法的计算量增加不多,而且数值试验结果表明,在侦察蜂阶段,引入简化的二次插值算子对提高算法的收敛速度及改善解的精度确实有效[9]。

2) 选择策略的确定

在 QABC 算法中,观察蜂选择食物源的策略采用锦标赛方法,锦标赛选择策略使得适应度值较好的个体具有较大的"生存机会",而且它只把适应度值的相对值作为选择的标准,从而减弱了超级个体对算法的影响,在一定程度上避免了算法过早收敛和停滞现象的发生。

QABC 算法的实现步骤如下所述。

步骤 1 随机产生 N(蜂群规模)个初始解,将其中一半与雇佣蜂对应,并计算各个解的适应度值,将最优解记录下来;

步骤 2 雇佣蜂根据式(6-51)进行邻域搜索产生新解 $v_{i,j}$,计算其适应度值,并对 $v_{i,j}$ 和 $x_{i,j}$ 进行贪婪选择;

步骤 3 根据锦标赛选择策略,计算与 x_i 相关的选择概率 P_i;

步骤 4 跟随蜂根据比例选择算子以概率 P_i 选择食物源,并根据式(6-51)进行邻域搜索产生新解 $v_{i,j}$,计算适应度值,并对 $v_{i,j}$ 和 $x_{i,j}$ 进行贪婪选择;

步骤 5 判断是否存在要放弃的解，如果存在，则采用三点二次插值局部搜索算子进行搜索，产生一个新解替换旧解；

步骤 6 记录迄今为止最好的解；

步骤 7 判断是否满足终止条件，若满足，则输出最优结果，否则转步骤2。

6.4.2.2 基于精英解和随机个体邻域信息的人工蜂群算法

在 ABC 算法中，每一代蜜蜂都在独立地搜索，但在自然界中，当一只雇佣蜂找到高质量的食物源时，它会用摇摆舞来通知周围的同伴。因此，在雇佣蜂阶段，搜索方程可用一些其他有用的信息指导搜索，这样可以加快收敛速度，同时也避免陷入局部最优。文献[10]设计了一种新的搜索方程，用到了精英解的有益信息和随机选择的个体及其邻域最优解的信息。在 ABC 算法中，跟随蜂可以飞到任何食物源的位置进一步探索，然而，为了减小选择的压力和运行时间，省去比例选择算子过程，在跟随蜂阶段直接对精英解进行进一步的搜索。此外，对跟随蜂的搜索还可以由整个种群的全局信息来指导[10]。综上所述，改变雇佣蜂和跟随蜂的搜索方程，以期提高人工蜂群算法的优化性能。

1) 雇佣蜂的搜索方程

在 ABC 算法中，雇佣蜂在自己的食物源位置附近盲目地寻找最优解。为了在不影响种群多样性的前提下加快收敛速度，将目标函数值从小到大排序，并将排在前 $T(T = p \cdot N, p \in (0,1))$ 名的目标函数值对应的食物源作为精英解，在雇佣蜂阶段用到精英解的有益信息和随机选择的个体 k 及其邻域的信息。精英解的作用是加快收敛，k 的引入可以加强探索能力，同时避免陷入局部最优。新的雇佣蜂搜索方程为

$$v_{i,j} = \frac{x_{knbest,j} + x_{e,j}}{2} + \text{rand}(-1,1) \cdot (x_{knbest,j} - x_{k,j}) \tag{6-57}$$

式中，j 为随机选择的下标，$j \in \{1,2,\cdots,D\}$；x_e 为随机选择的一个精英解，且 $e \neq i$；x_k 为从种群中随机选择的一个解，$k \in \{1,2,\cdots,N\}$，且 $k \neq e \neq i$；$x_{knbest,j}$ 为第 k 个体的邻域范围内目标函数值最小的最佳食物源位置。

如果 x_{knbest} 为空，则用 ABC 算法的搜索方程(6-51)进行搜索。

2) 跟随蜂的搜索方程

在 ABC 算法中的观察蜂阶段，每只跟随蜂根据食物源位置的概率用比例选择算子选择一个食物源位置进行开发，虽然比例选择算子选到高质量食物源的概率较大，但仍有一定的概率选到质量比较差的食物源，浪费了一定的评价次数，收敛速度较慢。因此，在跟随蜂阶段省去比例选择算子环节，直接对精英解进行更新[10]。新的跟随蜂搜索方程为

$$v_{e,j} = \frac{x_{best,j} + x_{e,j}}{2} + \text{rand}(-1,1) \cdot (x_{knbest,j} - x_{k,j}) \tag{6-58}$$

式中，x_e 为随机选择的一个精英解，且 $k \neq e$；x_{best} 为当代最优解。

如果 x_{knbest} 为空，则用 ABC 算法的搜索方程(6-51)进行搜索。

3) 邻域范围

文献[10]中，将平均欧氏距离 md 作为个体的邻域范围。特别地，对于第 i 个个体，其邻域范围计算公式为

$$\mathrm{md}_i = \frac{\sum_{j=1}^{N} d_{i,j}}{N-1} \tag{6-59}$$

式中，N 为种群数；$d_{i,j}(i \neq j)$ 为食物源位置 x_i 与 x_j 之间的欧氏距离。如果 x_i 与 x_j 之间的欧氏距离小于平均欧氏距离 md_i，则食物源位置 x_j 位于第 i 个食物源的邻域范围内。

6.5 本章小结

本章主要介绍了几类典型的群体智能算法，给出了算法的基本原理、实现流程以及改进措施，便于学者结合实际问题开展应用研究。

习 题

[思考题]

(1) 鸽群算法的优缺点是什么，有哪些改进的策略？
(2) 狼群算法的优缺点是什么，有哪些改进的策略？
(3) 试列举其他群体智能算法，说明该优化算法的原理以及应用场景。

[程序设计题]

(1) 采用鸽群算法求解 Rastrigin 函数的极值。

$$\min f(x) = 10n + \sum_{i=1}^{n}[x_i^2 - 10 \cdot \cos(2\pi x_i)], \quad x_i \in [-50, 50], \quad i = 1, 2, \cdots, n$$

(2) 采用蚁群算法求解 TSP。
(3) 采用狼群算法求解下列函数的极值。

$$\min f(x) = x_1^2 + x_2^2 - 10\cos(2\pi x_1) - 10\cos(2\pi x_2) + 20, \quad x_1, x_2 \in [-5, 5]$$

参 考 文 献

[1] 段海滨, 叶飞. 鸽群优化算法研究进展 [J]. 北京工业大学学报, 2017, 43(1): 1-7.
[2] 段海滨, 邱华鑫, 范彦铭. 基于捕食逃逸鸽群优化的无人机紧密编队协同控制 [J]. 中国科学: 技术科学, 2015, 45(6): 559-572.
[3] COLORNI A, DORIGO M, MANIEZZO V. Distributed optimization by ant colonies[C]. Proceedings of the First European Conference on Artificial Life, Paris, France, 1991: 134-142.
[4] 高海昌, 冯博琴, 朱利. 智能优化算法求解 TSP 问题 [J]. 控制与决策, 2006, 21(3): 241-247,252.
[5] 刘子墨. 基于改进蚁群算法在 TSP 问题中的应用 [J]. 科技与创新, 2023, 10(23): 166-168, 171.
[6] 吴虎胜, 张凤鸣, 吴庐山. 一种新的群体智能算法: 狼群算法 [J]. 系统工程与电子技术, 2013, 35(11): 2430-2438.
[7] 郭立婷. 基于自适应和变游走方向的改进狼群算法 [J]. 浙江大学学报(理学版), 2018, 45(3): 284-293.
[8] 李国亮, 魏振华, 徐蕾. 基于改进搜索策略的狼群算法 [J]. 计算机应用, 2015, 35(6): 1633-1636, 1687.
[9] 银建霞. 人工蜂群算法的研究及其应用 [D]. 西安: 西安电子科技大学, 2013.
[10] 孟红云, 位冰可. 基于精英解和随机个体邻域信息的改进人工蜂群算法 [J]. 控制与决策, 2020, 35(9): 2169-2174.

第 7 章

飞行器智能集群的控制技术

飞行器智能集群的控制技术是飞行器集群的重点和核心技术，主要根据集群执行任务的需求，在整个飞行过程中控制编队队形保持不变或者在允许的误差范围内变化，以及集群间协同配合共同完成追击、防御或避障任务。本章首先介绍三种不同飞行器集群的控制技术，最后进行小结。其中，7.1 节介绍导弹的编队控制与博弈控制方法；7.2 节介绍无人机的编队控制与博弈控制方法；7.3 节介绍航天器的编队控制与博弈控制方法。

【学习要点】
- 掌握：①典型导弹编队控制结构和方法；②典型无人机编队控制方法。
- 熟悉：典型航天器编队控制方法。
- 了解：典型飞行器博弈控制方法。

7.1 导弹的编队控制与博弈控制

在现代战争中，单一导弹的作用和功能是有限的，因此多导弹协同编队作战至关重要。多枚导弹组成的编队系统能够通过信息交互，在作战过程中共同完成目标搜索、突防和饱和攻击等任务，这将极大地提高导弹的突防能力和打击效果，从而提高目标摧毁概率。因此，研究多弹编队飞行对现代战争具有非常重要的实际意义。导弹集群的博弈控制在于深入理解导弹系统在复杂战场环境中的相互作用和竞争关系，在博弈控制的框架下，更好地理解导弹之间的战略协同和竞争关系，以优化整体战略部署和作战决策。本节将分别介绍导弹编队和导弹博弈的相应控制方法，为其完成协同突防、拦截等任务提供理论支持和技术保障。

7.1.1 导弹的编队控制

导弹编队飞行是指一组导弹在耦合动力状态下共同飞行，通过编队飞行控制建立并保持个体间的特定空间结构或者几何形态，同时还需满足个体自身条件限制与外界干扰等条件。下面从导弹编队飞行的任务场景、导弹编队飞行的控制结构、导弹编队飞行的控制方法三个方面进行介绍。

7.1.1.1 导弹编队飞行的任务场景

导弹编队飞行的任务场景主要是以多导弹协同飞行作为主要样式的。如图 7-1 所示，导弹集群系统是由多枚同/异构的导弹通过空间信息联网组成的一种弹群网络，通过系统内各个节点之间的信息交互，可以实现时间、空间和功能等多维度的协同。

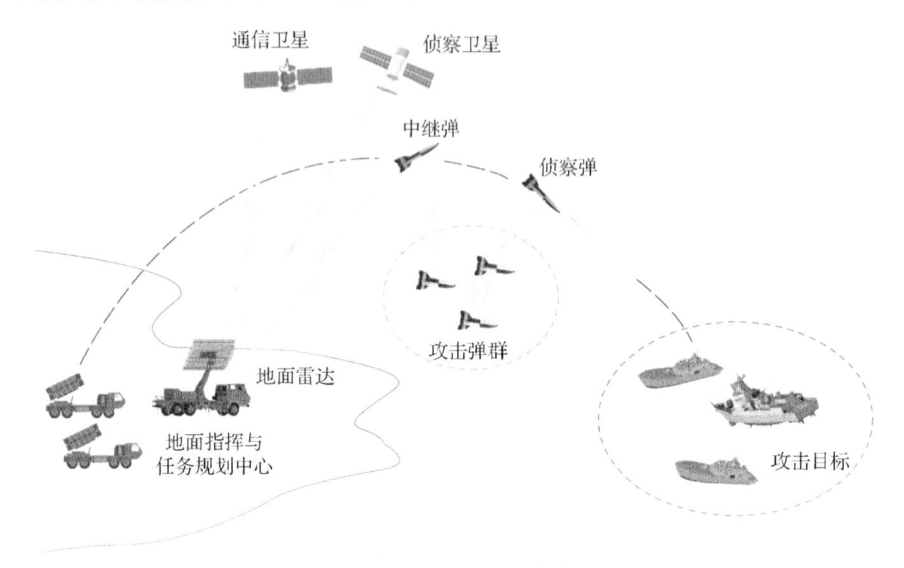

图 7-1 导弹编队飞行的任务场景

目前，多弹集群协同攻击方式主要有以下几种[1]。

1) 多弹突防

多弹突防是指在攻击过程中，多枚导弹通过在空间上多角度、时间上同时刻实施突防，从而提高导弹集群的杀伤力，降低被反导防空系统拦截的概率。这种协同作战不仅仅是导弹个体间的简单合作，更是基于对抗情景下的智能决策与行动的集体展现。

2) 多弹齐射

多弹齐射是指在攻击过程中，多枚导弹在同一时间以不同的攻击角度对目标实施打击。由于反导系统难以同时拦截从不同方向来袭的导弹，多弹齐射成为摧毁战略目标的有效手段。这种战术打击方式在执行过程中需要精密的协同控制和通信系统的支持，以确保导弹之间的有效协作和打击目标的准确性。

3) 侦察弹与攻击弹的协同作战

导弹集群编队采取不同类型的导弹承担不同作战任务的战术，可以实现作战任务的功能协同。例如，侦察弹负责收集战场信息并传递至负责精确打击目标的攻击弹，同时吸引目标注意力，实现战场中攻击弹的战术隐身。这种侦察弹与攻击弹的协同作战模式能提高战场态势感知的精准度和速度，增强了导弹编队的作战效能。

上述几种多弹集群协同攻击方式理论基础较为成熟，有些已在实际的武器系统中得到应用。随着科技进步和工业发展，新的导弹集群协同攻击方式将不断涌现。一些学者提出了更加新颖的协同攻击方式，如利用干扰弹干扰敌方电磁设备以保护攻击弹有效打击目标，或通过弹道导弹和飞航导弹的协同来提高远程打击精确度和突防能力。这些创新将为未来导弹编队作战提供更多可能性，推动导弹技术的发展和应用。

7.1.1.2 导弹编队飞行的控制结构

在导弹集群编队控制中，各参战导弹相互配合，其核心是各导弹间以离线或者在线的方式进行通信，以交换各导弹的信息，达到整体配合的目的。根据各参战导弹间在线、离线交流方式的不同，可将控制结构分为集中式与分布式两类[2]。

1) 集中式控制结构

集中式控制结构中，一个主控单元集中掌握了环境中全局信息和所有导弹的信息，进行集中式任务处理与资源分配。这种结构通常由所有参战导弹将协调必需的状态信息发送到有集中协调功能的单元上，经统一处理后形成一致的协调信息，再由主控单元合理分配给每一个导弹。每个导弹只需负责数据的输入和输出，数据的存储和控制处理由主控单元执行。其中集中协调功能可以由弹载计算机、地面站等实现。如图7-2(a)所示，集中式控制的目的在于协调信息，其信息汇集程度高、结构较为简单、系统管理方便。但实际作战过程中，导弹运动速度较大，集中协调单元与各弹间通信难度较大且不利于静默攻击。当集中协调单元只存在于一枚导弹时，该导弹一旦故障，整体协同将失效，因此鲁棒性较差。

2) 分布式控制结构

在分布式控制结构中，系统不存在集中收集信息的要求，各弹只与邻近的导弹进行信息交流，不需要获取所有导弹的信息。每个导弹自主处理实时数据并根据数据规划出一条路径，因而可以避免集中式协同存在的通信问题。分布式编队控制的结构如图7-2(b)所示。与集中式控制方法相比，分布式控制方法具有更高的灵活性和鲁棒性，能够更好地适应复杂多变的环境，同时可以增加系统的规模和节点数量。此外，分布式控制方法还能够有效地减小系统的通信负担，提高系统的抗干扰能力。然而，协调信息中包含的信息不够全面，导致导弹之间的协调合作变得困难，从而影响整个编队的性能和效率。另外，分布式控制下导弹状态的收敛速度较慢，通常需要无限时间才能趋于一致，这意味着在实际应用中，导弹编队的稳定性和可靠性可能会受到影响。

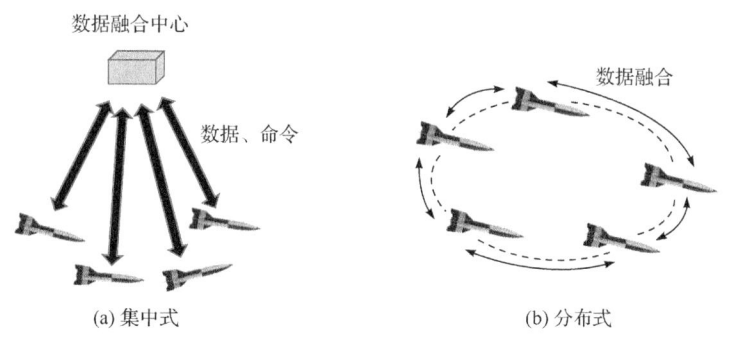

(a) 集中式　　　　　　　　　　　(b) 分布式

图 7-2　基于控制结构的编队控制方法

7.1.1.3 导弹编队飞行的控制方法

在实际作战场景中，导弹编队系统需要应对复杂多变的战场环境，编队控制方法的选择和设计是确保编队稳定性、协同性和作战效能的关键。为满足导弹编队系统的不同需求和应用场景,目前存在多种导弹编队飞行的控制方法,其中主流控制方法包括领队-跟随控制法、行为控制法、虚拟结构控制法和一致性控制法[3],本小节将分别对上述方法的基本原理和优缺点进行介绍。

1) 领队-跟随控制法

领队-跟随控制法是目前研究成果最多、发展最成熟的一种编队控制方法。其基本思想是,首先指定编队系统中的一个或多个导弹为领队,其余导弹为跟随个体,然后对领队个体的行为状态设计期望值,跟随个体设计控制器跟踪领队个体的参考状态并保持一定的空间和角度位置,避免碰撞和发生冲突,从而实现整体的一致性。

如图 7-3 所示,按照控制形式可以将领队-跟随控制法分为两种:第一种是所有跟随者只有一个领队;第二种是编队中有多个领队,跟随者仅跟随邻近指定的领队。按照队形跟随方式可以将领队-跟随控制法分为三类:第一类是将领队和跟随者看作质点,保持一定的相对距离,跟随者只跟踪领队的参考轨迹;第二类是跟随者不仅要和领队保持距离关系,还要保持一定的角度关系,这样可以形成更复杂的编队;第三类是前两种形式的混合应用。

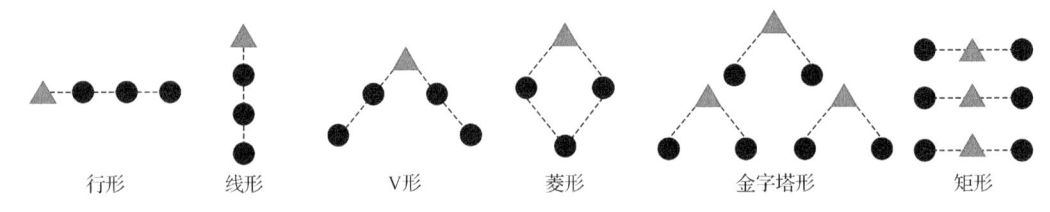

图 7-3 不同的领队-跟随编队控制形式
▲ 表示领队;● 表示跟随者

领队-跟随控制法的优点:领队作为控制整个导弹编队系统运动的主导,仅凭给定的运行轨迹便可以控制整个导弹集群的行为,从而大大简化了控制作用。领队-跟随控制法的缺点主要体现在:系统中不存在明确的反馈控制作用,一旦系统中领队发生错误行为,会直接导致跟随者行为的紊乱,进而让整个系统陷入崩溃状态。

2) 行为控制法

行为控制法由 Balch 等在 1998 年提出,其基本思想是导弹能够根据当前状态,在预先设定导弹编队系统的行为机制中自主选择相应的行为策略,如一般的编队保持、避障飞行、队形变换、目标侦察等,行为模型设计如图 7-4 所示[3]。这些行为机制可以基于规

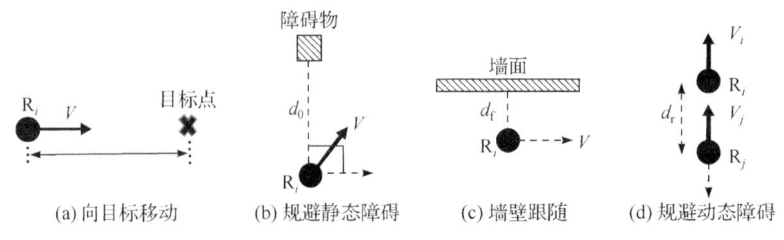

图 7-4 行为模型设计
● 表示被控导弹;R_i 和 R_j 分别表示第 i 个导弹和第 j 个导弹;V、V_i、V_j 表示导弹速度大小;d_0、d_f、d_r 分别表示被控导弹与静态障碍物、墙面、动态障碍物之间的距离

则、逻辑或数学模型制定,以实现在不同情境下的智能行为决策。当导弹遇到特定情况时,根据事先设定的行为机制进行判断,并根据评价方案或评价指标调整自身的位置、速度和角度等状态量,最终实现整体的行为协调。

行为控制法的优点:个体可兼顾多种行为规则,实现多种行为功能;对于时变多导弹系统,更有利于实现实时控制;基于行为规则"库函数",易于得出控制方案;存在信息反馈。其主要缺点:对于行为规则的模糊定义增加了系统不稳定性风险;复杂环境下各子行为融合难度增大,易导致无法达到预期控制要求。

3) 虚构结构控制法

虚构结构控制法中,导弹群体的队形被视为一种特殊的状态,称为虚拟结构。在虚拟结构给定的情况下,各个体会产生相应的控制指令,以跟踪虚拟结构的状态。也就是说,每个个体的期望状态是根据虚拟结构的状态而确定的。编队控制可以通过反馈机制并最小化每个飞行器相对于虚拟结构点的位置误差来实现。

虚拟结构控制法与传统的领队-跟随控制法相似,都需要维持一定的队形。然而,两者之间存在一些区别。虚拟结构控制法将飞行器系统视为一个刚性结构或其他形式的虚拟结构,每个飞行器都跟随虚拟结构上对应的虚拟点进行运动,而不是依赖于特定的队形形状。因此,任意形状的队形都可以通过虚拟结构控制法来实现编队控制,如图 7-5 所示。此外,虚拟结构控制法没有领队和跟随者之分,因此具有一定的容错性。即使编队中的个体发生故障,其他个体仍然可以继续跟踪虚拟结构点的运动,不会受到影响。

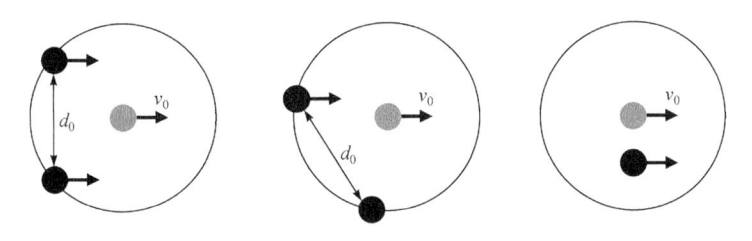

图 7-5 虚拟结构下的编队形式
● 表示虚拟点;● 表示被控导弹;v_0 表示虚拟结构中虚拟点的速度

虚拟结构控制法的优点:易于得出编队控制策略;具有较高的系统稳定性;存在系统信息的反馈控制。其缺点和局限性包括:由于此种方法是将所期望的编队队形看作一个固定的刚体结构,因此在障碍环境下,缺乏避障控制所需要的系统灵活性和对环境变化的适应性。

4) 一致性控制法

一致性控制法与前述三种分析编队队形结构的方法有所不同,其关注点主要集中在系统一致性和通信拓扑结构的研究上,包括时间一致性、速度一致性、通信时延等方面。这种算法为编队控制带来了显著的优势和广泛的应用潜力。与传统方法不同,一致性控制法不直接要求或控制编队的队形,而是通过建立通信拓扑结构来实现分布式编队控制。该方法基于图论原理构建通信拓扑结构,只需确定导弹之间的通信协议和信息流规则,然后设计相应的一致性控制算法即可实现编队控制。这种方法不依赖于特定的编队队形,而是依靠导弹之间的协调与通信来实现整体的一致性控制,从而提高了编队控制的灵活性和适用性。

目前，一致性控制问题的研究已经较为全面和深入，许多协同控制问题都可以转化为一致性控制问题。假设导弹的运动特性可近似为一阶微分模型：

$$\dot{x}_i(t) = u_i, \quad i = 1, 2, \cdots, n \tag{7-1}$$

式中，n 表示编队中导弹个数；$\dot{x}_i(t)$ 和 u_i 分别为第 i 个导弹 a_i 的状态变量和控制输入变量。状态量 x_i 的一致性问题的定义：当 $t \to \infty$ 时，对于任意导弹 a_i 和 a_j，有 $\|x_i(t) - x_j(t)\| \to 0$。下面给出了典型的一致性控制算法形式：

$$u_i(t) = \sum_{j=1}^{n} a_{ij}(t) \left[x_j(t) - x_i(t) \right] \tag{7-2}$$

式中，$x_j(t)$ 表示 t 时刻导弹 a_j 的状态；$a_{ij}(t)$ 表示 t 时刻对应系数的取值。由于一致性控制通常基于图论模型，因此这里的 $a_{ij}(t)$ 可由各导弹之间的通信拓扑结构确定。

一致性理论在发展过程中逐渐与领队-跟随控制法、虚拟结构控制法和行为控制法等进行组合应用，通过其他三种方法构建编队队形，采用一致性理论设计控制算法，从而实现综合控制。

5) 各类导弹编队控制方法优缺点对比

表 7-1 对各类导弹编队控制方法优缺点进行了总结。

表 7-1　各类导弹编队控制方法优缺点

编队控制方法	优点	缺点
领队-跟随控制法	群体信息交流实时性强 控制结构较简单	鲁棒性与可靠性差
行为控制法	编队队形变换伸缩性好 可实现实时控制	不稳定性风险高 不适用于复杂环境
虚拟结构控制法	控制精度高、稳定性好 容错能力较强	虚拟点选取较单一、复杂 不适用于避障环境
一致性控制法	系统自适应容错性好 与其他算法结合时鲁棒性和稳定性强	通信需求较高 计算资源消耗大 环境适应能力较差

7.1.2　导弹的博弈控制

导弹的博弈控制是指在复杂多变的战场环境中，导弹通过制定和实施合适的决策策略，应对敌方威胁和竞争对手的行动，以最大程度地提高生存能力和任务完成效能的控制方法。导弹的博弈控制算法以敌我双方构成的态势信息作为输入，结合己方的机动性能、打击范围和作战目标等参数，通过数学建模求解、在线推理、规则匹配、智能优化、深度神经网络等手段对博弈问题进行求解，得到最优博弈控制策略。

导弹的博弈控制是导弹作战中的重要环节，其研究可以提高导弹作战的灵活性和适应性，增强导弹的自主能力和生存能力，为战场指挥决策提供支持和保障。本小节将对现有研究中的导弹博弈控制方法进行总结和概述,将其分为基于博弈论的方法和基于优化理论的方法两大类,接下来将分别针对这两类博弈控制方法的原理、适用范围以及优缺点进行详细介绍[4]。

7.1.2.1 基于博弈论的导弹博弈控制方法

基于博弈论的导弹博弈控制方法主要包括基于微分对策的方法、基于矩阵对策的方法和基于影响图的方法等,各类方法的主要研究分支如图7-6所示。

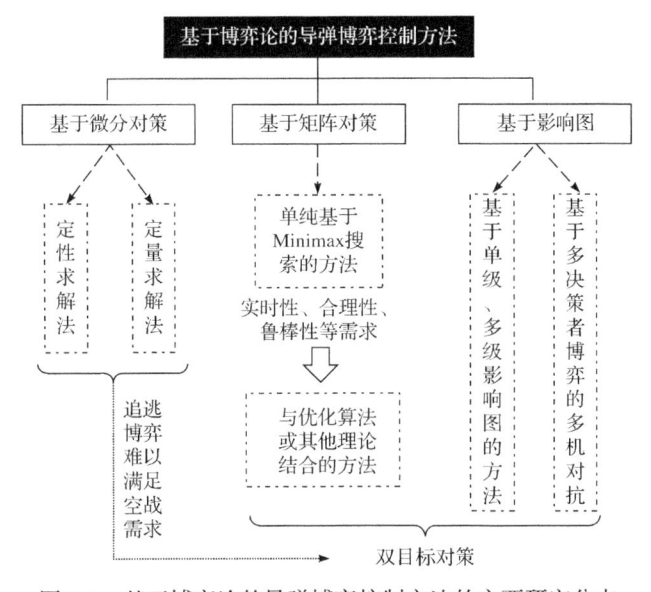

图7-6 基于博弈论的导弹博弈控制方法的主要研究分支

1) 基于微分对策的博弈控制方法

微分对策的概念源于Isaacs对"追逃博弈"的研究。由于该类问题的求解基于博弈论框架,且所涉及的动力学模型常由微分方程描述,因此将这类方法称为微分对策或微分博弈。微分对策在导弹的博弈控制领域具有重要的应用价值。

微分对策的基本原理是通过建立描述博弈双方状态转移和控制规律的微分方程,利用动态博弈理论来求解博弈控制策略。这类方法主要应用于一对一博弈中的追逃问题,其中一方扮演追击者,另一方扮演逃跑者,在对抗过程中角色不发生改变。通常,可以将微分对策问题转化为单边或双边优化问题,利用数值优化算法求解。

微分博弈理论应用于导弹博弈控制时,需要把导弹或导弹动力学描述为形如式(7-3)所示的一组微分方程,然后根据所需满足的控制目标用如式(7-4)所示的目标函数进行阐述,优化该目标函数,以确定在给定博弈情景下的控制策略。

$$\dot{x}_{ij}(t) = Fx_{ij}(t) + Gu_i(t) - Gu_j(t) \tag{7-3}$$

$$J(t_f) = \frac{1}{2}x_{ij}^T(t_f)Sx_{ij}(t_f) + \frac{1}{2}\int_{t_0}^{t_f}\left(x_{ij}^T Q x_{ij} + u_i^T R_i u_i - u_j^T R_j u_j\right)dt \tag{7-4}$$

式中,$x_{ij}(t)$为两导弹的状态量之差;F为系统矩阵;G为输入矩阵;S和Q均为半正定矩阵；S 为衡量博弈结束时刻两航天器相对状态之差的权重矩阵；Q 为衡量博弈过程中两航天器相对状态之差的权重矩阵；R_i 和 R_j 为正定矩阵，分别表示追击者和逃跑者能量消耗在支付函数中所占权重。

基于微分对策的博弈控制具有以下优缺点。

● 优点：数学描述清晰、建模和求解直观易懂。微分方程作为机动过程的数学描述方法，能够清晰地表达飞行器的动态行为和控制策略。

● 缺点：计算量大、具有局部属性。求解微分对策常需要进行复杂的数值计算，计算量较大，往往只能得到数值解，因此只适用于简单的博弈场景；微分对策方法往往使用微分或梯度搜索定位解的具体位置，因此具有一定的局部性，难以全局优化。

2) 基于矩阵对策的博弈控制方法

随着导弹和战斗机技术的不断发展，微分对策方法的局限性逐渐暴露，特别是在复杂多目标空战环境中的应用受到限制。为了更好地满足实际博弈对抗的需要，基于双目标对策的自主博弈控制研究逐渐开始发展。其中，基于矩阵对策的方法作为双目标对策的重要分支，在博弈决策中展现了其独特的优势。

矩阵对策可以看作微分对策的离散形式，属于静态博弈的范畴。其基本思路包括以下几个步骤。

步骤 1 构建态势评价函数。首先，选取影响博弈决策的指标参数，如敌我双方的位置、速度、能量状态等，构建态势评价函数。这个函数将综合考虑各项指标参数的重要性和相互关系，用于评估当前战场态势的优劣。

步骤 2 构建支付矩阵。在每个决策时刻，双方机动动作的选择空间被离散化，并遍历所有可用的机动动作。针对每一种可能的机动动作组合，根据态势评价函数构建双方的支付矩阵。支付矩阵描述了双方在不同决策情况下的收益和损失，反映了双方的决策偏好和对局势的判断。

步骤 3 最优决策求解。基于 Minimax 原理，通过在支付矩阵中寻找最小值、最大值，求解一段时间内的最优博弈控制序列。这个最优序列将是双方在当前战场态势下最理想的机动行为方案，旨在最大化自身利益和最小化对手损失。

基于矩阵对策的博弈控制方法具有以下优缺点。

● 优点：适应能力强、扩展性好，便于与其他理论或算法结合。

● 缺点：策略较为保守、局部最优性、实时性差、决策过度依赖态势评价函数。Minimax 算法求解纳什均衡时，对敌我双方采用最保守的机动动作，难以有效应对采取复杂策略的敌机；矩阵对策方法仅保证局部最优性，在动作集较大或规划周期较长时，无法满足实时性要求；决策质量高度依赖于特定的态势评价函数，缺乏普适性和实用性。

3) 基于影响图的博弈控制方法

基于影响图的博弈控制是指在博弈、空战中，将影响图作为决策模型的一种方法，是双目标对策的另一重要研究分支。影响图是由节点集合和弧集合构成的有向无环图，用于描述各种因素之间的影响关系，被广泛应用于求解带有不确定性的复杂问题。在博弈控制中，影响图被用来建立决策者、环境和决策动作之间的关联，并据此进行决策制定。如果用一张影响图同时表示博弈的红蓝双方决策问题，就是影响图对策。其基本步骤如下。

步骤1 首先确定影响图的结构，即确定哪些因素对决策结果产生影响。

步骤2 通过对这些因素之间的影响关系进行建模，构建出完整的影响图。

步骤3 根据具体的决策目标和条件，利用影响图对不同的决策动作进行评估和比较，找出最优的决策策略。

基于影响图的博弈控制具有以下优缺点。

● 优点：决策关系清晰、可扩展性好、评估模型影响直观、可靠性高。该方法将问题的结构表示与决策者的意见相分离，使得决策过程更客观；影响图通过图形化的方式清晰表示各决策量之间的相互关系，同时可以融合飞行员和专家的先验知识，使得决策过程更具实践性和适应性，能够灵活应对不同的决策场景。

● 缺点：计算量大、求解困难，模型结构主观性强，决策实时性难以保证。

7.1.2.2 基于优化理论的导弹博弈控制方法

基于优化理论的导弹博弈控制方法主要包括基于遗传算法的方法、基于近似动态规划的方法、基于粒子群优化算法的方法、基于共生生物搜索算法的方法和基于人工免疫系统的方法等，各类方法的主要研究分支如图7-7所示。

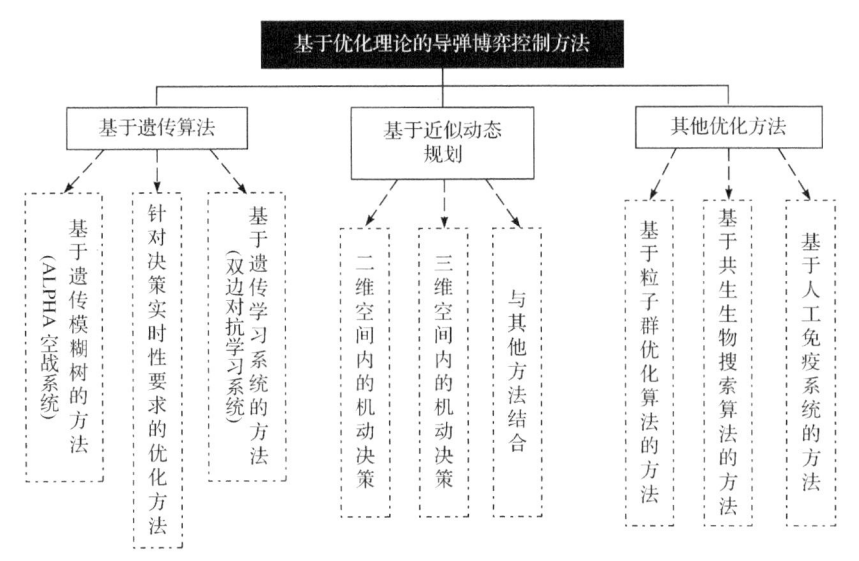

图7-7 基于优化理论的导弹博弈控制方法主要研究分支

1) 基于遗传算法的博弈控制方法

遗传算法是一种受到自然进化理论启发的优化算法，被广泛应用于空战博弈控制的研究。其基本原理是模拟生物进化过程中的遗传、变异和选择机制来搜索优化问题的解空间。通过初始化种群、选择、交叉、变异和替换等步骤，遗传算法不断演化种群中的个体，以期在解空间中寻找到问题的最优解或近似最优解。

基于遗传算法的博弈控制方法的优缺点如下。

- 优点：对搜索空间约束少、鲁棒自适应能力强、扩展性好。遗传算法易于与其他算法结合，能够灵活应用于不同领域的问题，并且支持并行计算，提高了求解效率。
- 缺点：依赖专家先验知识、实时性差。遗传算法强烈依赖于专家的先验知识，在复杂多变的博弈环境下，态势评估模型的完备性和准确性难以保证，同时快速响应能力不佳。

2) 基于近似动态规划的博弈控制方法

近似动态规划克服了动态规划应用于高维离散或连续状态空间任务中出现的"维度灾难"问题，其基本原理是通过对状态值函数或策略函数进行近似建模，来降低计算复杂度和存储需求。它通过采用函数拟合等方法，将原始的动态规划问题转化为连续函数的优化问题，从而实现对状态空间的有效建模和求解。

基于近似动态规划的博弈控制方法的优缺点如下。
- 优点：具有在线学习能力和泛化性能。
- 缺点：可迁移性和泛化性较差，决策准确率和实时性较低。

3) 其他优化方法

博弈决策中常用的优化方法还包括基于共生生物搜索算法和人工免疫系统的方法等。这些方法在空战决策中的应用已经得到了广泛的关注和研究。下面对相关算法进行简要介绍。

共生生物搜索算法是一种模拟生物种群间交互关系的优化算法，通过互利共生、共栖和寄生等算子来实现种群的进化和逼近最优解。共生生物搜索算法能够有效地应对复杂多变的环境，具有良好的适应性和搜索能力。然而，其计算复杂性较高，且可能陷入局部最优解。

人工免疫系统是一种模拟生物免疫系统中抗原和抗体关系的优化算法，被视为一种能够处理各种扰动和不确定性的鲁棒自适应系统。人工免疫系统能够有效地应对复杂的态势评估和决策问题，具有较强的鲁棒性和适应性。然而，其需要依赖专家先验知识进行问题描述，且算法的参数调节可能影响其性能。

除以上具有代表性的算法之外，应用于博弈决策的优化算法还包括差分进化算法、蚁群算法、一致性拍卖算法、狼群算法等。

7.2 无人机的编队控制与博弈控制

本节介绍合作无人机之间的编队控制方法，以及非合作无人机之间的博弈控制方法。

7.2.1 无人机的编队控制

无人机编队是指多架无人机通过控制方法实现某种特定队形的飞行过程。无人机编队控制主要包含编队形成、编队保持、协同避障、编队重构和飞行安全等关键问题。无人机集群飞行控制经过长久的发展，已经形成一套完整的理论体系。

如图 7-8 所示，本小节将从编队队形、控制架构和典型任务三个方面对无人机编队控制理论进行介绍。

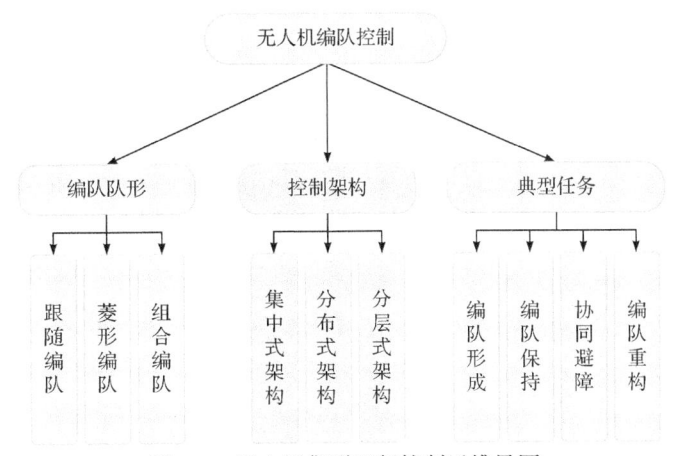

图 7-8 无人机集群飞行控制思维导图

7.2.1.1 无人机编队队形

无人机编队队形的设计、保持以及重构是无人机集群飞行控制的重要问题[5]。一般而言，无人机集群编队队形的基础构形包括跟随编队和对角形编队，如图 7-9 所示，复杂的集群编队队形都是依据这两种结构进行组合和演化的。常见的无人机集群复杂编队队形如图 7-10 所示。

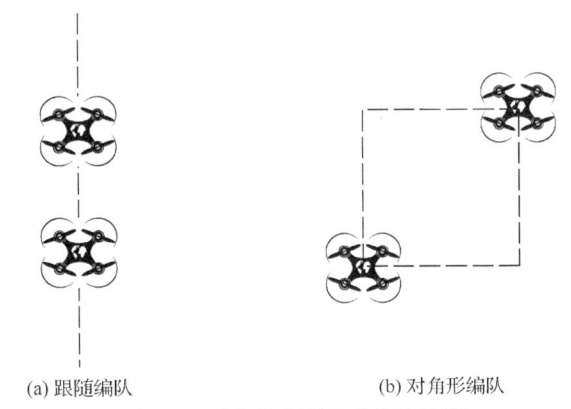

(a) 跟随编队　　(b) 对角形编队

图 7-9　无人机集群基础编队构形

(a) 十字形编队　　(b) 箭形编队　　(c) 菱形编队

图 7-10　无人机集群复杂编队队形

不同的集群编队队形各有优缺点，针对不同任务环境，选取不同的集群编队队形可以很好地提高飞行半径，减小能源消耗。为了设计出更加满足集群功能的队形结构，设计者需要根据实际任务的真实需要来设计不同的队形结构。

7.2.1.2 无人机编队控制架构

为了保证无人机集群能够在空域内安全飞行，顺利完成侦察、搜索、打击等作战任务，无人机集群应当采用合理的控制架构，将飞行平台和任务载荷等资源有机地整合起来，并最大程度地实现无人机集群的作战效能。目前，有集中式、分布式和分层式 3 种典型的无人机集群控制架构类型[6]，如图 7-11 所示。

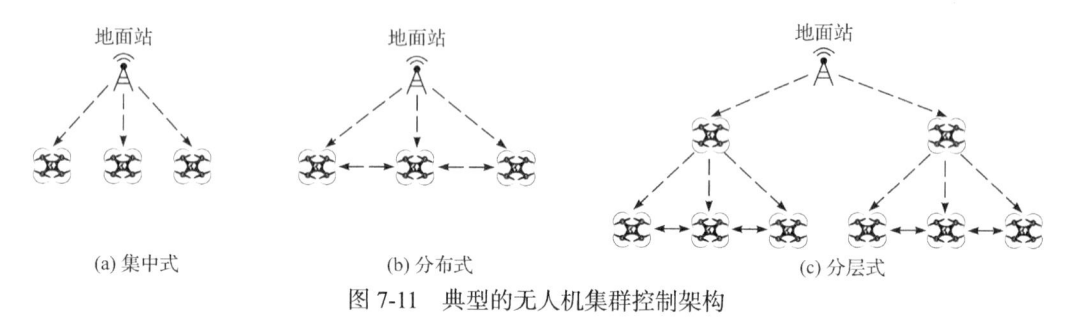

(a) 集中式　　　　(b) 分布式　　　　(c) 分层式

图 7-11　典型的无人机集群控制架构

1. 集中式控制架构

集中式控制系统存在唯一的中心控制节点，该节点负责无人机集群整体任务规划，将系统内其他无人机搜集的信息进行汇总，通过对全局信息进行归纳分析，做出有利于集群任务执行的决策，指挥集群内其他无人机执行任务。集中式控制系统有易于实现、结构简单的优点，但是对中心控制节点的要求较高，系统的鲁棒性和容错率都较低，适合小规模的无人机集群控制，控制方式本身的缺陷限制了集群的规模。

2. 分布式控制架构

分布式控制系统中各无人机之间地位平等，每架无人机都有一定的自主性，具有独立的计算、决策能力，无人机间存在通信拓扑结构，通过无人机间的信息交互，协商完成对作战任务的规划。分布式控制系统的优点在于鲁棒性较好，系统的整体抗干扰能力强，不会因为某一架无人机损毁而发生整个系统瘫痪，但对系统内部通信网络要求较高，高度依赖实时的信息共享。

3. 分层式控制架构

分层式无人机集群控制架构中，对无人机集群进行了编组，在各编组中的每一架无人机也被赋予了不同级别的自主决策能力。在各编组中，通常会选定一架无人机作为长机，该长机在其编队中具有最高的自主决策水平，中心地面站直接与各长机进行信息交互。各编组内的无人机与邻近无人机之间进行信息交互，完成自主任务规划与决策。分层式无人机集群控制架构综合了集中式与分布式的特点，适合于多无人机集群的自主任务规划与控制，也是目前的研究热点。

7.2.1.3 典型无人机编队控制任务

前文介绍了无人机集群的控制架构，无人机集群的控制方法与导弹编队飞行控制方法类似，也包括领队-跟随控制法、行为控制法、虚拟结构控制法、一致性控制法等，这里不再赘述。本小节将从无人机集群编队形成、编队保持、协同避障和编队重构四个方面分别介绍各类控制方法的应用情况。

1. 无人机集群编队形成控制

1) 编队形成场景与问题描述

无人机集群编队形成是将初始时刻四散分布的不同位置、速度和航向角的无人机，通过一定的控制作用集结到一起，并形成某种特定的编队队形的过程。如图 7-12 无人机集群编队形成场景所示，在不同位置的无人机具有不同的航向角，本小节研究的问题描述是如何控制无人机，在保证安全的情况下，使得这几架无人机同时到达虚线框内所示的位置，组成期望的编队队形，并且组成队形时所有无人机的航向角、速度均一致。

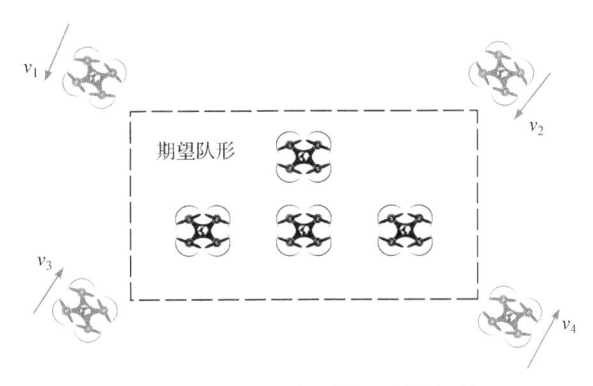

图 7-12 无人机集群编队形成场景

研究多无人机同时到达一般需要基于以下假设。

(1) 本小节考虑采用二维的协同航迹规划来解决同时到达和最终速度矢量相同的问题。

(2) 进行航迹规划时，每个无人机到达编队所在的位置所需飞行路径的差异不显著，即以固定速度飞行时各无人机的估计到达时间的差距在一定范围内。

(3) 指定的编队构建完成时间 T_d 一般需满足如下的约束条件：

$$T_d \geq \max\{T_i\}, \quad i \in \{1, 2, \cdots, n\} \tag{7-5}$$

式中，i 是参与编队构建的无人机数量；T_i 是第 i 个无人机的预测到达时间。指定的完成时间 T_d 大于等于飞行器预测完成时间 T_i 的最大值，否则受限于无人机的机动能力，无法同时完成编队构建。无人机航路不应该互相重叠，并且相互距离应该大于安全距离。

2) 编队形成控制流程

为了使得无人机能够精确到达期望队形所在的位置，并且路径满足一定条件下的最优，本小节采用 Dubins 航迹对编队形成的流程进行介绍，如图 7-13 所示，初始时刻无人机位于 P_0 处，以速度 V_0 向 P_5 靠近，

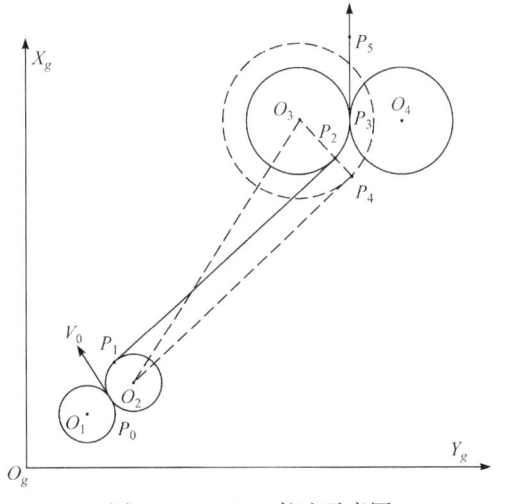

图 7-13 Dubins 航迹示意图

要进行航迹规划使得该无人机能够与其他无人机同时到达。

具体控制流程如下：

步骤 1 采用欧几里得几何法求解 Dubins 航迹，生成起始圆和结束圆，两个起始圆和两个结束圆的圆心可以根据起始点和终点位置计算得到。分别计算 4 组起始圆与终点圆圆心的连接长度，其中最短的 1 组成为起始圆和结束圆，计算其圆心距 $D_{\min}$。

步骤 2 生成切线，求出路径中间点 P_1、P_2、P_3 的坐标。

步骤 3 分别计算各段曲线 $\widehat{P_0P_1}$、$\widehat{P_2P_3}$ 和直线 P_1P_2、P_3P_5 的长度，相加得到 Dubins 航迹的长度。

步骤 4 计算编队形成时间。第 i 架无人机需要的时间为

$$T_i = \frac{\widehat{P_0P_1} + P_1P_2 + \widehat{P_2P_3} + P_3P_5}{V_i} \tag{7-6}$$

设无人机编队队形形成给定时间为 T_d，若 $T_d > T_i$，则无人机需要在直线段减速飞行；若 $T_d < T_i$，则无人机需要在直线段加速飞行，补偿落后的时间。

步骤 5 航迹跟踪控制。采用比例-积分-微分(PID)控制方法进行轨迹跟踪，控制结构如图 7-14 所示。

图 7-14 无人机集群编队形成控制结构

P_{if} 和 P_i 分别表示无人机期望位置和无人机当前位置；L_i 和 V_i 分别表示航迹长度和无人机当前速度；V_{ic} 和 φ_{ic} 分别表示无人机速度指令和航向角指令

2. 无人机集群编队保持控制

1) 编队保持场景与问题描述

无人机编队保持是指在完成编队形成后，考虑各种环境影响和发动机状态变化影响后可能出现的队形扰动，保持编队坐标系下僚机与长机的相对位置不变。编队保持是无人机编队飞行中极其重要的一环，有如下几个原因：①编队保持是确保编队形成效果持续存在的重要手段，如果编队形成后很短时间内再次分散，编队形成就失去了意义；②编队保持能够确保编队队形的气动环境稳定，避免空气的剧烈变化导致无人机失控而产生编队内部的碰撞；③编队保持是保证无人机编队内通信正常的必要前提。

无人机编队保持场景如图 7-15 所示。

图 7-15 无人机编队保持场景

2) 编队保持控制流程

下面介绍一种基于 PID 控制的无人机编队保持控制流程。编队保持要求僚机接收长机的状态信息，与自身状态信息做差，得到相对位置误差，通过队形保持控制器给出控制指令，使僚机修正自身速度、高度和航向角，具体步骤如下。

步骤 1 计算编队中僚机与长机的相对位置误差，可以表示为

$$\begin{cases} e_X = d_X - d_{Xc} \\ e_Y = d_Y - d_{Yc} \\ e_H = d_H - d_{Hc} \end{cases} \tag{7-7}$$

式中，d_X、d_Y、d_H 分别为当前时刻僚机与长机在纵向、侧向和高度方向的距离；d_{Xc}、d_{Yc}、d_{Hc} 分别为期望队形下僚机和长机在纵向、侧向和高度方向的期望相对距离。进一步求导可得

$$\begin{bmatrix} \dot{e}_X \\ \dot{e}_Y \\ \dot{e}_H \end{bmatrix} = \begin{bmatrix} \cos\varphi_L & \sin\varphi_L & 0 \\ -\sin\varphi_L & \cos\varphi_L & 0 \\ 0 & 0 & 1 \end{bmatrix} \begin{bmatrix} V_X - V_{LX} \\ V_Y - V_{LY} \\ V_H - V_{LH} \end{bmatrix} \tag{7-8}$$

式中，V_X、V_Y、V_H 为僚机在编队坐标系下的速度分量；V_{LX}、V_{LY}、V_{LH} 为长机在编队坐标系下的速度分量。

步骤 2 设计队形保持控制器的输出指令。使用 PID 控制结构分别根据僚机的速度、航向角和高度设计反馈控制律：

$$\begin{cases} V_c = V + k_p e_X + k_i \int_0^t e_X \mathrm{d}t + k_d \dot{e}_X \\ \varphi_c = \varphi + k_p e_Y + k_i \int_0^t e_Y \mathrm{d}t + k_d \dot{e}_Y \\ H_c = H + k_p e_H + k_i \int_0^t e_H \mathrm{d}t + k_d \dot{e}_H \end{cases} \tag{7-9}$$

式中，k_p、k_i、k_d 为 PID 系数。

步骤 3 将队形保持控制器输出的控制指令发送至无人机的自动驾驶仪，使得其按照期望飞行状态调整发动机推力大小、方向舵和升降舵的舵偏角。

综上所述，无人机集群编队保持控制流程可以用如图 7-16 所示的控制结构表示。

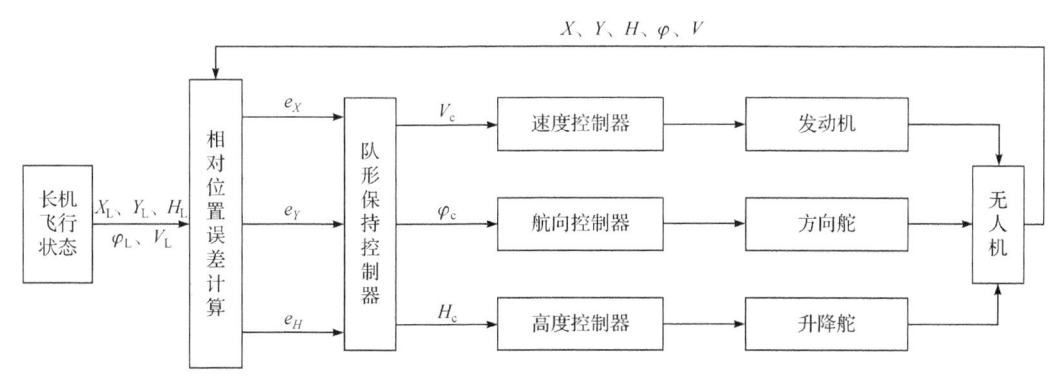

图 7-16 无人机集群编队保持控制结构

3. 无人机集群协同避障控制

1) 协同避障场景与问题描述

无人机在存在障碍物的环境中飞行时，尽管可以通过航迹规划来合理设计航线，避开静态障碍物，但是在编队飞行过程中如果出现突发障碍物时，则单纯的提前航迹规划不能躲避障碍物。因此，需要设计一种能够应对突发障碍物的协同避障控制方法来保证无人机集群的正常安全飞行，同时要保证障碍物尽可能对原有编队队形不产生影响，如图 7-17 所示。

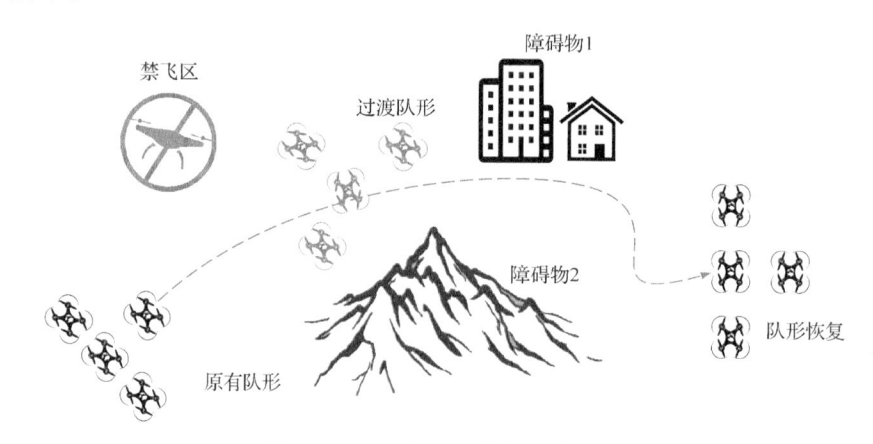

图 7-17 无人机集群协同避障场景

2) 协同避障控制流程

在避障控制策略中，人工势场法一般是首选的算法，由于原理简单、计算量小，在无人驾驶车、无人驾驶飞行器和无人船等智能体上得到了广泛应用。人工势场法将障碍物的分布、形状、大小等信息记录在空间中各点的势场值中，无人机根据势场值的大小决定飞行速度和航向。下面介绍一种基于人工势场法的协同避障控制流程[7]。

步骤 1 确定障碍物势场函数。在编队避障控制问题中，采用虚拟结构法控制编队队形，以虚拟长机作为编队参考点，只在需要避障时，采用人工势场法进行障碍物的规避。由于势场函数不用于组织队形，只用于避障，因此只需要有斥力势场函数即可。构造势场函数为

$$U_i(\boldsymbol{\rho}_{i0}) = \begin{cases} [1+k(V_0)]\dfrac{b_0}{\mathrm{e}^{\frac{\|\boldsymbol{\rho}_{i0}\|}{c_0}} - \mathrm{e}^{\frac{\|\boldsymbol{\rho}_{i0}\|_{\min}}{k_0}}}, & \|\boldsymbol{\rho}_{i0}\| \in E \\ 0, & \|\boldsymbol{\rho}_{i0}\| \notin E \end{cases} \tag{7-10}$$

式中，

$$k(V_0) = \begin{cases} \mathrm{e}^{\frac{1}{V_0}}, & V_0 > 0, \ \|\boldsymbol{\rho}_{i0}\| \in E \\ 0, & 其他 \end{cases} \tag{7-11}$$

b_0 和 c_0 为常数，分别用于确定斥力势大小和变化率；$E = (\|\boldsymbol{\rho}_{i0}\|_{\min}, \|\boldsymbol{\rho}_{i0}\|_{\max})$，决定了无人

机与障碍物间势场的作用范围，将无人机与障碍物之间的安全距离记为 $\|\boldsymbol{\rho}_{i0}\|_{\min}$，$\|\boldsymbol{\rho}_{i0}\|_{\max}$ 为无人机开始执行避障控制指令的作用范围。引入 V_0 来描述障碍物相对于无人机的速度，当两者靠近时 $V_0>0$，当无人机背离障碍物时 $V_0<0$。

步骤 2 基于势场函数得到避障控制指令。由于本书中无人机一般以速度、航向和高度指令作为控制量，因此可以直接从障碍物势场函数负梯度中求出航向角改变指令，将势场负梯度直接作为速度场，根据速度的三轴分量可以求出航向角控制指令：

$$\begin{cases} V_{xi}^{\mathrm{d}} = \left(1+\mathrm{e}^{-\frac{1}{V_0}}\right)\cdot\dfrac{b_0}{c_0}\cdot\dfrac{1}{\left(\mathrm{e}^{\frac{\|\rho_{i0}\|}{c_0}}-\mathrm{e}^{\frac{\|\rho_{i0}\|_{\min}}{c_0}}\right)^2}\mathrm{e}^{\frac{|\rho_i|}{c_0}}\cdot\dfrac{x_i-x_0}{\|\boldsymbol{\rho}_{i0}\|}+V_{xi} \\[2ex] V_{yi}^{\mathrm{d}} = \left(1+\mathrm{e}^{-\frac{1}{V_0}}\right)\cdot\dfrac{b_0}{c_0}\cdot\dfrac{1}{\left(\mathrm{e}^{\frac{\|\rho_{i0}\|}{c_0}}-\mathrm{e}^{\frac{\|\rho_{i0}\|_{\min}}{c_0}}\right)^2}\mathrm{e}^{\frac{|\rho_i|}{c_0}}\cdot\dfrac{y_i-y_0}{\|\boldsymbol{\rho}_{i0}\|}+V_{yi} \\[2ex] V_{zi}^{\mathrm{d}} = \left(1+\mathrm{e}^{-\frac{1}{V_0}}\right)\cdot\dfrac{b_0}{c_0}\cdot\dfrac{1}{\left(\mathrm{e}^{\frac{\|\rho_{i0}\|}{c_0}}-\mathrm{e}^{\frac{\|\rho_{i0}\|_{\min}}{c_0}}\right)^2}\mathrm{e}^{\frac{|\rho_i|}{c_0}}\cdot\dfrac{z_i-z_0}{\|\boldsymbol{\rho}_{i0}\|}+V_{zi} \end{cases} \quad (7\text{-}12)$$

式中，V_{xi}、V_{yi}、V_{zi} 为上一时刻无人机速度 V_i 的三轴分量；V_{xi}^{d}、V_{yi}^{d}、V_{zi}^{d} 为 V_i^{d} 的三轴分量，其可以转化为避障所需的速度指令 V_i^{d}、航向指令 χ_i^{d} 和高度指令 h_i^{d}，具体形式如下：

$$\begin{cases} V_i^{\mathrm{d}} = \sqrt{\left(V_{xi}^{\mathrm{d}}\right)^2 + \left(V_{yi}^{\mathrm{d}}\right)^2 + \left(V_{zi}^{\mathrm{d}}\right)^2} \\[2ex] \chi_i^{\mathrm{d}} = \arctan\left(\dfrac{V_{yi}^{\mathrm{d}}}{V_{xi}^{\mathrm{d}}}\right) \\[2ex] h_i^{\mathrm{d}} = \int_0^t V_{zi}^{\mathrm{d}} \mathrm{d}t \end{cases} \quad (7\text{-}13)$$

步骤 3 设计编队保持和协同避障的联合控制。将编队保持和基于人工势场的协同避障控制相结合，加强避障过程中的队形保持，避障结束后，能够迅速恢复原有队形，联合控制框图如图 7-18 所示。

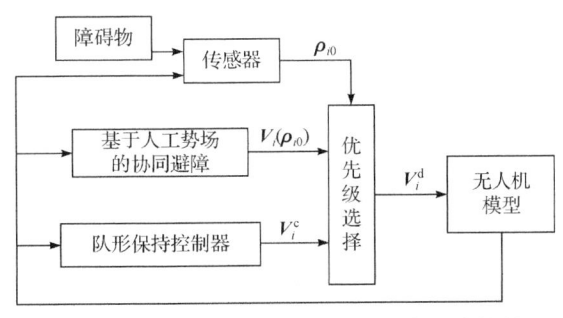

图 7-18 人工势场避障和编队保持的联合控制

4. 无人机集群编队重构控制

1) 编队重构场景与问题描述

无人机集群编队在执行任务的过程中，需要根据任务情况将任务分解成不同阶段，且在不同阶段中无人机编队的队形需要进行改变以便于适应任务的需要。此外，在无人机编队飞行过程中，也有可能出现某些无人机因故障退出编队或某些新的无人机加入编队，在这些情况下无人机集群的编队都要进行调整。把出于各种原因无人机编队队形受控改变的过程称为无人机集群编队重构，其场景如图 7-19 所示。

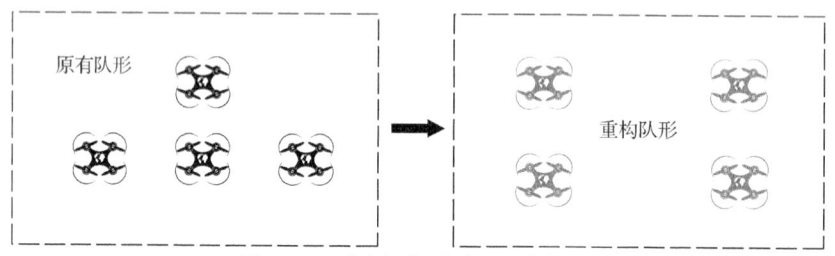

图 7-19 无人机集群编队重构场景

2) 编队重构控制流程

无人机集群编队重构一般有队形重新设计、路径重新规划、控制指令生成和控制指令执行等过程。下面介绍一种基于二阶一致性算法的无人机编队重构控制的流程[8]。

步骤 1 编队重构后虚拟长机期望状态确定。无人机进行编队重构时，原有队形发生变化，使用虚拟结构法在一致性控制策略中引入一个具有期望状态值的虚拟长机，预先设计其速度和航迹。

步骤 2 编队重构控制策略设计。根据二阶一致性算法，基于具有期望状态值的虚拟长机的编队重构策略表示为

$$\begin{cases} \dot{V}_{Hi} = -b_i[(V_{Hi}-V_{H0})+\gamma_{V_H}(X_i-X_0-S_{RX})] - \sum_{j \in N_i} a_{ij}[(V_{Hi}-V_{Hj})+\gamma_{V_H}(X_i-X_j-S_{RX})] \\ \dot{\varphi}_i = -b_i[(\varphi_i-\varphi_0)+\gamma_{\varphi}(Y_i-Y_0-S_{RY})] - \sum_{j \in N_i} a_{ij}[(\varphi_i-\varphi_j)+\gamma_{\varphi}(Y_i-Y_j-S_{RY})] \\ \ddot{H}_i = -b_i[(V_{Vi}-V_{V0})+\gamma_H(H_i-H_0-S_{RH})] - \sum_{j \in N_i} a_{ij}[(V_{Vi}-V_{Vj})+\gamma_H(H_i-H_j-S_{RH})] \end{cases}$$

(7-14)

式中，等式右边的第一项和第二项分别为第 i 个无人机与虚拟长机、第 i 个无人机与相邻无人机在水平速度通道、航向角通道、高度通道下的一致性控制；S_{RX}、S_{RY}、S_{RH} 为队形变换后的编队位置关系。

步骤 3 求解一致性算法的控制指令。将式(7-15)所示无人机水平速度通道、航向角通道和高度通道的控制模型代入式(7-14)可得编队重构的控制指令 V_{Hic}、φ_{ic}、H_{ic}。

$$\begin{cases} \dot{V}_{Hi} = k_{V_{Hi}}(V_{Hic}-V_{Hi}) \\ \dot{\varphi}_i = k_{\varphi_i}(\varphi_{ic}-\varphi_i) \\ \ddot{H}_i = -k_{\dot{H}}V_{Vi} + k_{\ddot{H}i}(H_{ic}-H_i) \end{cases}$$

(7-15)

步骤 4 将一致性算法输出的控制指令发送至无人机的自动驾驶仪，使得其按照期望飞行状态调整发动机推力大小、方向舵和升降舵的舵偏角。无人机集群编队重构控制流程可以用如图 7-20 所示的控制结构表示。

图 7-20 无人机集群编队重构控制结构

7.2.2 无人机的博弈控制

无人机不仅可以作为完成合作任务的工具，也可以作为未来空中战场高度智能化作战兵器。在多无人机处于合作状态时，通常考虑的是前文所述的编队控制方法；当不同无人机处于非合作或敌对状态时，需要考虑无人机的博弈控制方法。

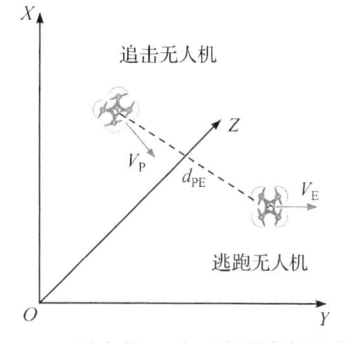

7.2.2.1 无人机一对一追逃博弈控制

1. 无人机一对一追逃博弈问题描述

无人机一对一追逃博弈问题是指处于敌对的两架无人机之间存在对抗关系，其中追击无人机希望追上逃跑无人机，以便对其展开侦察或打击；逃跑无人机希望尽可能远离追击无人机以保证自身的安全。无人机一对一追逃博弈如图 7-21 所示。

2. 无人机一对一追逃博弈模型与控制方法

微分对策是在博弈中最常用的方法之一，自提出以来在各种博弈场景中得到了广泛的应用，尤其是飞机、导弹和航天器领域的追逃博弈。其本质是一种多边优化问题，具有清晰的数学结构，博弈的

图 7-21 无人机一对一追逃博弈示意图

参与者都有各自需要优化的代价函数，在博弈过程中尽量达到自身代价函数最小而对方代价函数最大的目的。

针对无人机一对一追逃博弈问题，基于微分对策方法的建模与求解过程如下所述。

步骤 1 确定博弈模型的各个构成要素，包括局中人，即参与博弈的无人机，可以用 P 和 E 表示；状态集，指局中人的状态向量构成的集合；控制集，指局中人的控制向量构成的容许控制集，无人机的控制向量一般由速度和航向角组成；状态方程，指局中人状态演化满足的微分方程；代价函数，指在微分对策中每个局中人对应的优化指标。

步骤 2 设计博弈模型的代价函数。考虑到博弈双方无人机的博弈目标是对距离的争夺，因此代价函数需要贴合这一需求进行设计，一般可以设计为如下形式：

$$J_P = -J_E = \int_0^\infty \left((X_E - X_P)^T Q (X_E - X_P) + u_P^T R_P u_P - u_E^T R_E u_E \right) dt \quad (7-16)$$

式中，X_P、X_E 为追逃双方的状态量；u_P、u_E 为追逃双方的控制量；Q、R_P、R_E 为权

重矩阵。

步骤3 求解博弈模型的纳什均衡策略。纳什均衡是指博弈双方的策略都达到最优时的一种均衡状态。如果一方使用了纳什均衡策略，那么对方只有在同样使用纳什均衡策略的情况下才能保证自身的代价函数最小，否则就一定会更大。从数学角度来说，纳什均衡策略 $(\boldsymbol{u}_P^*, \boldsymbol{u}_E^*)$ 满足以下不等式：

$$J(\boldsymbol{u}_P^*, \boldsymbol{u}_E) \leq J(\boldsymbol{u}_P^*, \boldsymbol{u}_E^*) \leq J(\boldsymbol{u}_P, \boldsymbol{u}_E^*) \tag{7-17}$$

实际求解时一般采用庞特里亚金极小值原理，其必要条件如下：

$$\begin{cases}
\dot{\boldsymbol{x}}^*(t) = f(t, \boldsymbol{x}^*(t), \boldsymbol{u}_P^*(t), \boldsymbol{u}_E^*(t)), \quad \boldsymbol{x}^*(0) = \boldsymbol{x}_0 \\
\min_{\boldsymbol{u}_P} \max_{\boldsymbol{u}_E} H(t, \boldsymbol{\lambda}, \boldsymbol{x}^*, \boldsymbol{u}_P, \boldsymbol{u}_E) = H(t, \boldsymbol{\lambda}, \boldsymbol{x}^*, \boldsymbol{u}_P^*, \boldsymbol{u}_E^*) \\
\dot{\boldsymbol{\lambda}}(t) = -\dfrac{\partial}{\partial \boldsymbol{x}} H(t, \boldsymbol{\lambda}(t), \boldsymbol{x}^*(t), \boldsymbol{u}_P^*(t), \boldsymbol{u}_E^*(t)) \\
H(t, \boldsymbol{\lambda}, \boldsymbol{x}, \boldsymbol{u}_P, \boldsymbol{u}_E) \triangleq g(t, \boldsymbol{x}, \boldsymbol{u}_P, \boldsymbol{u}_E) + \boldsymbol{\lambda} f(t, \boldsymbol{x}, \boldsymbol{u}_P, \boldsymbol{u}_E) \\
\boldsymbol{\lambda}(T) = \dfrac{\partial}{\partial \boldsymbol{x}} \phi(\boldsymbol{x}^*(T)) \\
\varPhi(T, \boldsymbol{x}(T)) = \phi(T, \boldsymbol{x}(T)) + \boldsymbol{\nu}^T \varphi \\
\boldsymbol{\lambda}(T) = \dfrac{\partial \varPhi(T, \boldsymbol{x}(T))}{\partial \boldsymbol{x}(T)} \\
H(T, \boldsymbol{\lambda}(T), \boldsymbol{x}^*(T), \boldsymbol{u}_P^*(T), \boldsymbol{u}_E^*(T)) = -\dfrac{\partial}{\partial t} \varPhi(T, \boldsymbol{x}^*(T))
\end{cases} \tag{7-18}$$

式中，$\boldsymbol{x}$ 为追逃双方的相对状态量；$\boldsymbol{x}_0$ 为追逃双方的相对状态量初值；$\boldsymbol{u}_P$、$\boldsymbol{u}_E$ 为追逃双方的控制量；T 为终端时刻；$H(\cdot)$ 为哈密顿函数；$g(\cdot)$ 为代价函数积分项；$\boldsymbol{\lambda}(\cdot)$ 为代价函数积分项对应的协态变量；$\varPhi(\cdot)$ 为终端约束函数；$\phi(\cdot)$ 为代价函数的终端项；$\boldsymbol{\nu}(\cdot)$ 为代价函数终端项对应的协态变量；φ 为终端集合。

步骤4 得到纳什均衡策略下的双方轨迹。通过步骤3中的必要条件可以求得纳什均衡策略控制律，将该控制律代入状态方程可以得到双方的博弈轨迹。

7.2.2.2 无人机集群对抗博弈控制

1. 无人机集群对抗博弈问题描述

无人机集群对抗问题的研究早期在博弈论中的疆土防御与追逃博弈问题中展开，其典型场景如图7-22所示。在集群对抗过程中，无人机集群系统通过个体间相互作用的分布式自主决策涌现出复杂的集群行为与协同战术，根据战场环境实时态势、敌方集群策略与实际对抗任务需求，实现战场快速响应与集群作战目标[9]。在集群系统中包含大量无人机，每架无人机观测环境能力有限，且在真实战场中无人机间交互信息不完全。无人机集群对抗系统模型是一种分散的、部分可观测的马尔可夫决策过程。

2. 无人机集群对抗博弈模型与控制方法

在无人机集群对抗环境中，无人机需在尽可能少人为干预下自主分析环境态势，实

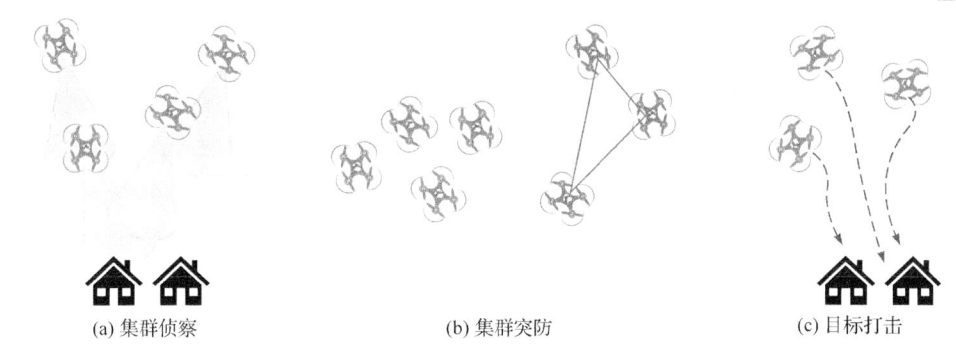

(a) 集群侦察　　　　　　(b) 集群突防　　　　　　(c) 目标打击

图 7-22　无人机集群对抗典型场景

时自适应决策。无人机集群作战性能与无人机集群的决策与控制方法高度相关。当前，主流的无人机集群决策与控制方法有基于专家系统、基于群体智能、基于神经网络和基于强化学习 4 种[10]。

1) 基于专家系统的集群对抗博弈方法

无人机集群对抗决策与控制方法十分复杂，但有人机集群对抗的案例十分丰富，在长期指挥有人机集群对抗中，诞生了一批集群对抗的指挥专家。通过对这些专家知识进行推理和整理得到专家知识库，建立专家系统，能够在小规模、环境较简单和静态的无人机集群对抗系统中获得较好表现。

基于专家系统的多无人机机动决策相关方法研究较早，目前技术较成熟。专家系统基于专家知识库决策，制定的决策可解释性强，出现错误后易于分析原因。但专家系统给出的决策常常并非最优决策，且当新问题和新场景出现后，专家系统经常不再适用，需重新反复调试。专家系统应用于大规模的场景动态复杂的无人机集群系统时，调试过程漫长，难以调试出较优决策。

2) 基于群体智能的集群对抗博弈方法

群体智能方法起源于对蚂蚁和蜜蜂等具有社会性结构昆虫的群体行为研究，研究者发现集群中生物个体通过简单的信息交互与合作，能表现出远超个体能力的群体智能。目前常用的群体智能方法有蚁群算法、粒子群优化算法、人工蜂群算法、萤火虫算法、鸟群算法、鱼群算法和狼群算法等。

无人机集群希望无人机个体通过简单通信实现协作，分布式控制无人机个体能够根据自身得到的对环境的部分观测进行决策，在集群层面上表现出复杂行为和强作战能力。这与群体智能的思想非常接近，因此群体智能的思想和方法广泛应用于无人机集群对抗的决策和控制。

3) 基于神经网络的集群对抗博弈方法

人工神经网络具有自学习能力、联想存储能力和万用逼近性，很适用于实现无人机集群决策与控制。

神经网络可以和专家知识进行结合，通过专家知识总结出的一系列规则对神经网络进行训练，利用神经网络的自学习能力和联想存储能力对专家知识进行拓展，实现了鲁棒性强、适应性优的无人机决策控制方法。此外，利用模糊逻辑系统将输入信息模糊化，并用神经网络实现模糊信息到决策控制的映射,可以弥补专家系统难以满足实时性要求的缺陷,实现基于模糊神经网络的无人机决策控制系统。神经网络中的误差逆传播算法(BP),可以用来建立无人机决策模型,以每架无人机获取的过去和当前的环境局部观测量为输入,以机动决策动作为输出,很好解决了无人机机动决策问题。增强拓扑神经网络(NEAT)可以有效弥补复杂无人机集群对抗场景中模型预测控制(MPC)短视的缺陷,结合形成的模型预测路径积分(MPPI)控制器,可以实现对无人机集群的灵活控制。

4) 基于强化学习的集群对抗博弈方法

强化学习是一种可以不依赖模型和任何先验信息,通过在环境中不断试错,根据获取的奖励对自身行为策略进行优化的方法。通过将深度神经网络与强化学习方法相结合,智能体可以在仿真环境中不断迭代优化无人机集群策略,非常适用于解决无人机集群决策控制这类建模困难、决策复杂多变的问题。

在处理无人机集群对抗博弈问题中,一种基本的强化学习方法是假定存在一个统一的顶端智能体,该智能体掌握所有无人机的状态和操作信息,将多无人机问题转变成单智能体问题。另一类方法是将每架无人机视为独立的个体,每架无人机仅处理自己获得的信息,无人机间完全独立。近年来,随着强化学习方法的研究与深入,基于强化学习的无人机集群对抗方法得到了进一步发展,多智能体强化学习、分层强化学习、基于模型的强化学习和逆强化学习等多种强化学习方法都在集群对抗问题中得到了广泛应用。

7.3 航天器的编队控制与博弈控制

7.3.1 航天器的编队控制

航天器编队控制是实现编队中多个航天器协同运动的关键技术之一,涵盖了航天器编队从初始化、保持到重构的各个阶段。在初始化阶段,需要确定航天器的初始状态和相对位置,为编队构形的形成奠定基础。一旦编队形成,保持阶段则着重于控制编队成员的相对位置和运动状态,以确保编队的稳定运行和任务执行。在编队运行过程中,可能会面临任务需求变化或者环境条件变化,这时就需要进行编队重构,以适应新的情况。因此,深入了解航天器编队控制的概念和方法,对于实现复杂航天任务具有重要意义。

7.3.1.1 航天器编队初始化控制

航天器的编队飞行在内涵上涵盖两个主要方面:首先,航天器的相对运动应在一定的时间范围内保持在有限的范围内,即航天器相对运动的有界性。这意味着在某个坐标系下,航天器的位置坐标应在特定的范围内保持稳定,这是编队飞行的基础。其次,航天器的相对运动在几何上应呈现出一定的规律,即航天器相对运动的构形。这要求航天器的相对位置坐标满足特定的闭合曲线方程。因此,对于编队初始化控制,其重点包含两点内容:一是航天器编队飞行条件,二是航天器编队控制方法,其中编队飞行条件又更具有特色且更为重要。本小节将重点介绍编队飞行条件下的构形形成条件,并同时简要给出一些初始化控制方法。

1. 编队构形形成条件

由于CW方程的周期解具备良好的几何性质,因此编队构形的形成条件通常基于CW的周期解来进行构造。式(7-19)给出了CW方程的周期解形式,可以看出其具有以下几何特性:相对运动的运动周期与主星的运动周期相同;垂直于主星轨道平面(z方向)的相对运动是独立的且为简谐运动;主星轨道平面(xoy平面)内的相对运动构形为离心率$e=\sqrt{3}/2$的椭圆。根据目标构形的几何特征,推导出的一组有关相对初始状态的数学关系即为编队构形形成条件。

$$\begin{cases} x = \dfrac{\dot{x}_0}{n}\sin(nt) + x_0\cos(nt) = A_2\sin(nt+\varphi_2) \\ y = -2\dot{x}_0\sin(nt) + 2\dfrac{\dot{x}_0}{n}\cos(nt) + y_0 - \dfrac{2\dot{x}_0}{n} = 2A_2\sin(nt+\varphi_2) + y_0 - \dfrac{2\dot{x}_0}{n} \\ z = \dfrac{\dot{z}_0}{n}\sin(nt) + z_0\cos(nt) = A_1\sin(nt+\varphi_1) \end{cases} \quad (7\text{-}19)$$

本小节给出以下5类基本编队构形及其形成条件以供参考。

1) 定点悬停构形

如图7-23所示,定点悬停构形是指从星在某一点处相对主星保持相对状态不变的构形,该构形形成条件:$x_0 = \dot{x}_0 = z_0 = \dot{z}_0 = 0$,$\dot{y}_0 = -2nx_0$,$y_0 = d$。其中,$d$表示从星定点悬停的位置,沿LVLH坐标系的$y$轴分布。

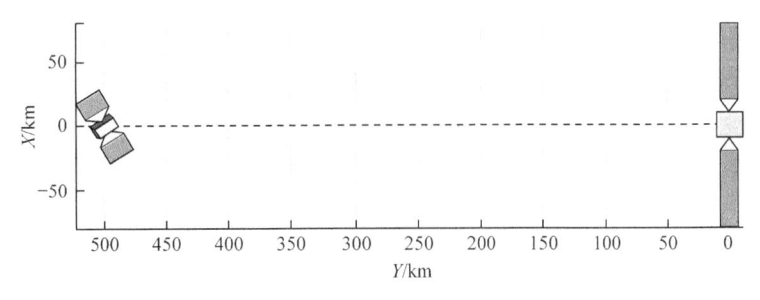

图 7-23 定点悬停构形

2) 直线振荡构形

如图7-24所示,直线振荡构形是指从星在一条垂直于xoy面的直线上做简谐运动,该构形形成条件:$x_0 = \dot{x}_0 = 0$,$\dot{y}_0 = -2nx_0$,$y_0 = d$。其中,z_0和$\dot{z}_0$的取值共同决定了简谐运动的振幅和初始相位,d则表示直线所处的位置。

3) 空间椭圆构形

如图7-25所示,空间椭圆构形是指以主星为中心或以LVLH坐标系y轴上一点为中心所形成的空间椭圆,该构形形成条件:$x_0 = 1/2 \cdot r\cos(\alpha)$,$\dot{x}_0 = 1/2 \cdot nr\sin(\alpha)$,$\dot{y}_0 = -2nx_0$,$y_0 = 2\dot{x}_0/n + d$,$z_0 = \pm k \cdot x_0$,$\dot{z}_0 = \pm k \cdot \dot{x}_0$。其中,$r$表示空间椭圆的短半轴,$d$表示空间椭圆中心的位置,$k$表示椭圆平面与$xoy$面夹角的斜率。特殊地,当$k=\sqrt{3}$时,空间椭圆退化为空间圆;当$k=2$时,空间椭圆在$yoz$面的投影为圆形。

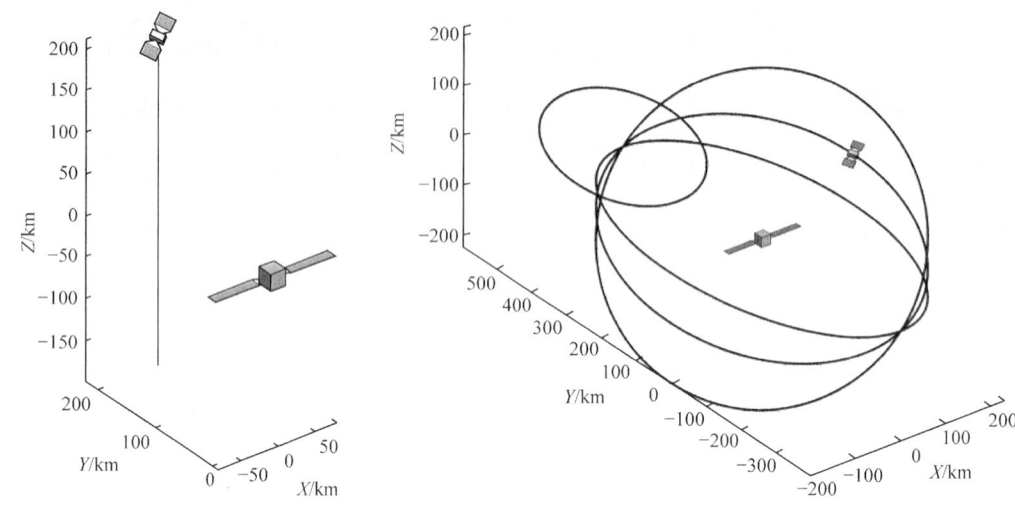

图 7-24 直线振荡构形　　　　图 7-25 空间椭圆构形

4) 多边形框架构形

若在正多边形顶点处放置航天器，同时在边上均匀分布航天器，则此种分布方式可称为多边形框架编队(图 7-26(a))。航天器分布在多边形顶点处的编队可称为多边形顶点编队(图 7-26(b))。在多边形框架编队的基础上增加编队层数，形成一种多层框架"嵌套"的形式，此种航天器分布方式称为多边形网格编队(图 7-26(c))。多边形框架构形的形成依赖于空间圆形构形，其形成条件如式(7-20)和式(7-21)所示。

$$\begin{cases} r_j = d\sqrt{\dfrac{1}{2\left(1-\cos\left(\dfrac{2\pi}{M}\right)\right)}}, \quad \theta_j = \dfrac{2\pi(j-1)}{M \cdot N} \\ x_j = \dfrac{1}{2}r_j \cdot \cos\theta_j, \quad \dot{x}_j = \dfrac{1}{2}nr_j \cdot \sin\theta_j \\ y_j = r_j \cdot \sin\theta_j, \quad \dot{y}_j = -nr_j \cdot \cos\theta_j \\ z_j = \dfrac{\sqrt{3}}{2}r_j \cdot \cos\theta_j, \quad \dot{z}_j = \dfrac{\sqrt{3}}{2}nr_j \cdot \sin\theta_j \end{cases} \quad (7\text{-}20)$$

式(7-20)描述了位于多边形顶点航天器的构形形成条件，其中 j 表示航天器编号，M 表示多边形框架的边数，N 表示多边形每条边上的平均航天器个数。式(7-21)描述了位于多边形边上航天器的构形形成条件，其中 i 和 $i-1$ 均表示航天器编号。

$$\begin{cases} r_i = \sqrt{r_{i-1}^2 + \left(\dfrac{d}{N}\right)^2 - \dfrac{2dr_{i-1}}{N}\cos t} \\ \theta_i = \theta_{i-1} + \arccos\left(\dfrac{r_{i-1}^2 + r_i^2 - \left(\dfrac{d}{N}\right)^2}{2r_i r_{i-1}}\right) \end{cases}$$

第 7 章 飞行器智能集群的控制技术

$$\begin{cases} t = \dfrac{M-2}{2M}\pi + \theta_{i-1} - \dfrac{2}{M}\pi\left(\left\lceil\dfrac{i-1}{N}\right\rceil - 1\right) \\ x_i = \dfrac{1}{2}r_i\cdot\cos\theta_i, \qquad \dot{x}_i = \dfrac{1}{2}nr_i\cdot\sin\theta_i \\ y_i = r_i\cdot\sin\theta_i, \qquad \dot{y}_i = -nr_i\cdot\cos\theta_i \\ z_i = \dfrac{\sqrt{3}}{2}r_i\cdot\cos\theta_i, \qquad \dot{z}_i = \dfrac{\sqrt{3}}{2}nr_i\cdot\sin\theta_i \end{cases} \qquad (7\text{-}21)$$

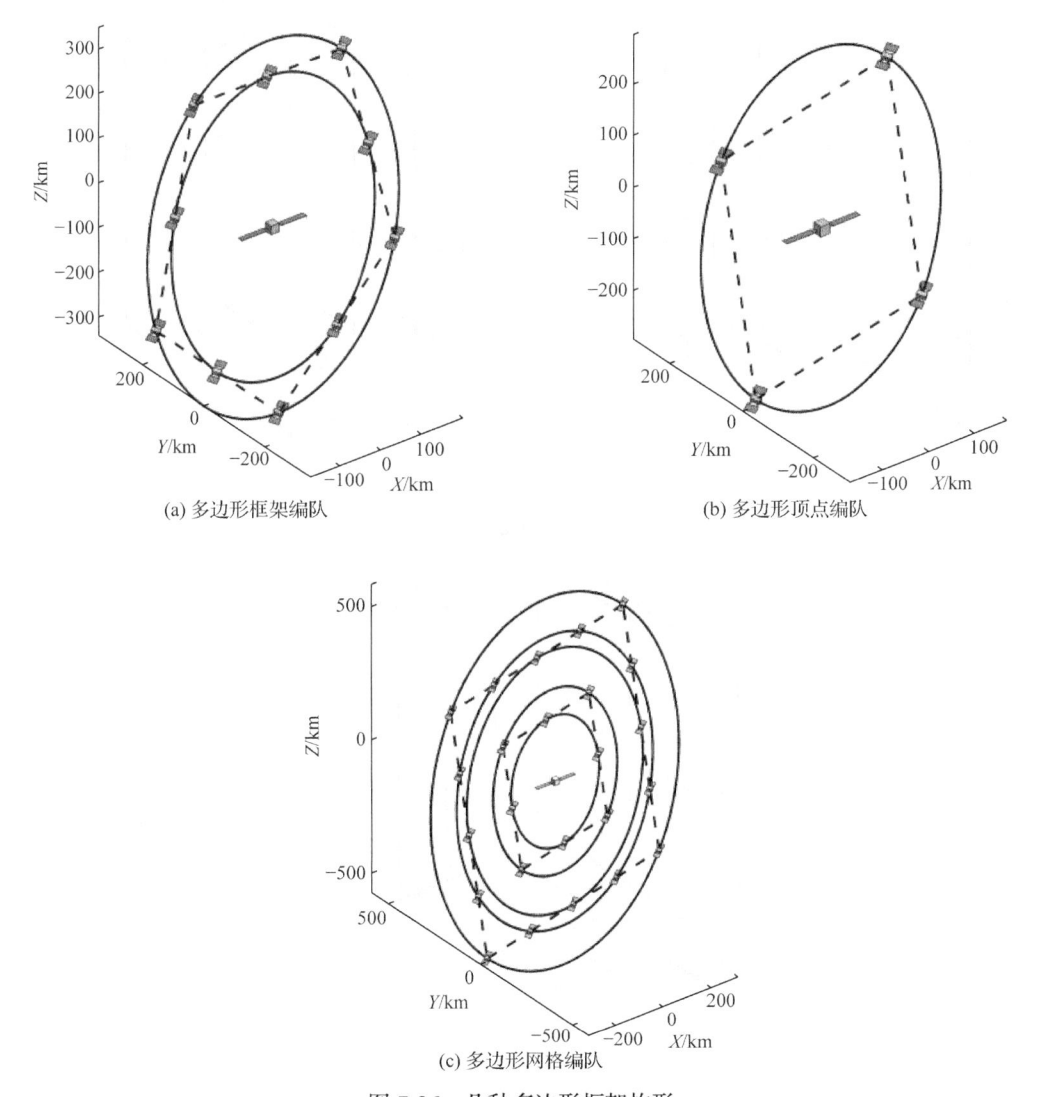

(a) 多边形框架编队

(b) 多边形顶点编队

(c) 多边形网格编队

图 7-26 几种多边形框架构形

5) 螺旋线构形

如图 7-27 所示，螺旋线构形同样基于空间圆形构形进行构造，其基本原理是在不同

图 7-27 螺旋线构形

半径的空间圆形编队上按照不同的相位依次放置航天器。

2. 编队初始化控制方法

从控制的角度来看,编队初始化可以看作一种特殊的编队重构,因此在方法上二者十分相似,本小节仅简要介绍一些典型的编队初始化方法以供读者参考。需要额外说明的是,编队初始化控制是一个较为广义的概念,在研究的不同阶段编队初始化也具有不同的含义,如它既可以是航天器由火箭发射时到最终形成编队的过程,也可以是航天器由火箭释放后到最终形成编队的过程。因此需要明确,本小节所介绍的初始化是指航天器由火箭上面级释放后至形成编队的过程。

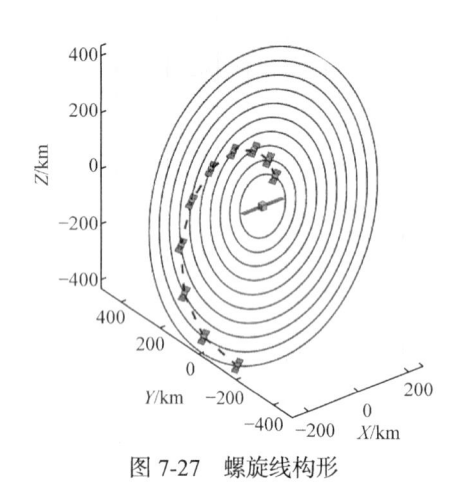

文献[11]~[15]从不同角度对传统的编队初始化问题展开了研究。文献[11]针对圆参考轨道下的编队初始化问题进行了深入探讨,文献[12]则专注于椭圆参考轨道下的编队初始化问题。文献[13]基于 TH 方程提出了一种基于二次冲量控制的单星环绕编队构形初始化方法,并以此为基础建立了多星环绕编队构形的初始化策略。此外,文献[14]、[15]对采用一个共同的母星平台释放一群小卫星构成集群的初始化问题进行了研究,提出了一种均匀间隔的释放策略。文献[15]运用交会对接的主矢量理论,进一步探讨了航天器编队初始化的最优控制方法。上述文献仅考虑了无摄动情形下的初始化问题,还有学者则研究了 J_2 摄动下的编队初始化问题,其研究思路均基于编队有界飞行条件,通过 Gauss 方程等求解轨道转移问题[16,17]。

综上,航天器编队初始化控制多采用脉冲控制的方式,且对于单个航天器初始化问题研究较多,对于多航天器同时释放的初始化控制问题的研究相对薄弱,并未深入考虑初始化过程中编队中不同航天器之间的协同作用。

7.3.1.2 航天器编队重构控制

航天器编队重构是指在编队运行过程中,根据特定的需求或者环境变化,对编队结构和任务分配进行调整和优化的过程。这一过程旨在使编队能够更好地适应新的任务要求、环境条件或者其他外部变化,以确保编队能够保持稳定运行并有效地完成任务。本小节将主要针对编队重构的类型,以及编队重构的控制方法进行简要介绍。

1. 编队重构的类型

在编队飞行过程中,已建立的编队构形由于任务需求、技术要求等的改变,一般需要进行重构,即从一种编队构形变换为另一种新的编队构形。编队构形重构充分体现了编队飞行的灵活性,根据任务类型的不同存在多种多样的编队重构类型,因此编队重构也是编队飞行控制过程中比较复杂而重要的一个环节。

1) 编队边界重构

航天器编队飞行具有两层含义,一是航天器相对运动有界,二是航天器相对运动满足一定的几何关系，因此对于航天器编队重构控制，编队重构也可分为航天器编队边界重构和航天器编队构形重构。如图 7-28 所示，当航天器编队由于任务变换或长期摄动干扰而导致实际相对运动边界不满足新的要求时，则需要通过控制将当前边界调整到期望边界，此即航天器编队的边界重构问题。

2) 编队构形切换

航天器编队构形切换是指在航天器编队任务执行过程中，根据任务需求、环境变化或资源利用优化等因素，调整编队的结构或布局的过程，如图 7-29 所示。通过重新配置编队结构或布局，可以更有效地利用编队中的航天器资源，提高资源利用效率。因此，通过及时进行编队构形切换，可以提高编队的适应性、灵活性和鲁棒性，确保编队能够在各种挑战和变化中稳定运行，并有效地完成任务。

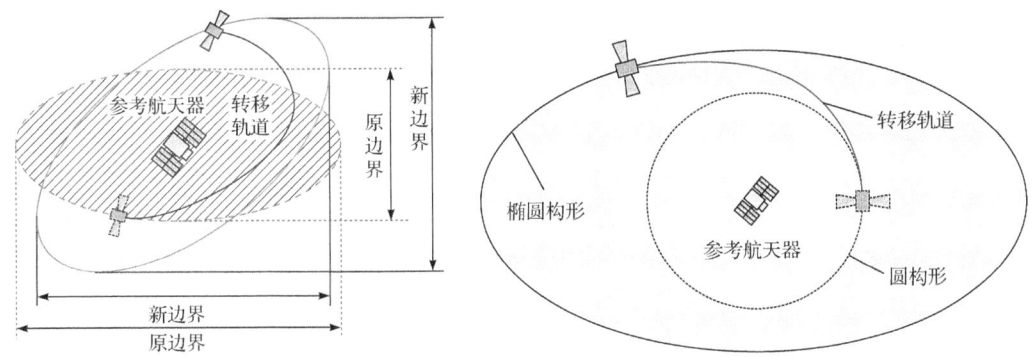

图 7-28 航天器编队边界重构示意图　　图 7-29 航天器编队构形切换示意图

3) 编队构形尺度调整

航天器编队构形尺度调整是指在航天器编队任务执行过程中，根据任务需求、环境变化或其他因素，在保持整体编队几何构形的基础上，调整编队中航天器之间的相对位置和间距的过程。这种调整可以涉及编队构形几何参数的变化，以适应不同的任务需求或环境条件。如图 7-30 所示，在空间引力波探测编队中通过调整正三角形编队的边长来实现对不同频段引力波的探测。

4) 编队参考轨道切换

航天器编队参考轨道切换是指在编队飞行过程中，由于任务需要，改变编队虚拟参考点或参考航天器轨道并重新形成构形的过程。如图 7-31 所示，正三角形编队的编队平面与参考轨道平面的夹角只能为 ±60°，导致其探测范围极为有限，因此若要实现特定方向的探测任务，则必须调整编队中心所在的参考轨道方位。

2. 编队重构的控制方法

编队重构控制自航天器编队概念提出就受到了关注，随着航天器编队的发展，编队重构控制也得到了较为充分的研究。根据控制方式的不同，编队重构可分为基于脉冲控制的编队重构和基于连续推力的编队重构。

基于脉冲控制的编队重构研究大体上可分为两类，一类是通过解析方法分析特定脉冲次数或脉冲形式下的最优性脉冲策略，另一类则是通过构建最优脉冲转移优化问题并基于优化方法求解最优脉冲序列。Wang 等[18]提出了一种基于相对轨道元(E/I 矢量)的解

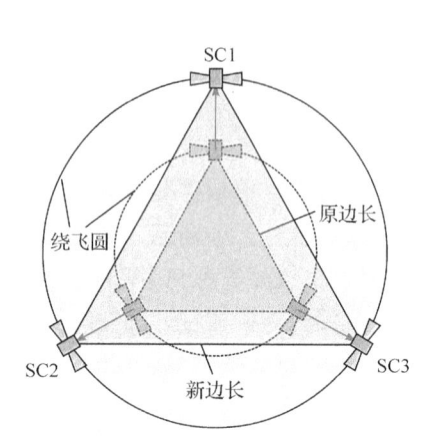

图 7-30　航天器编队构形尺度调整示意图 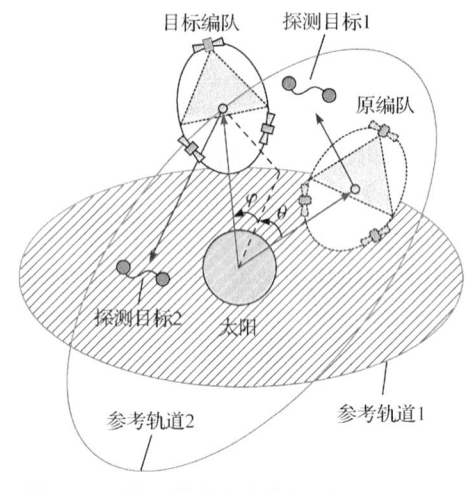　　图 7-31　航天器编队参考轨道切换示意图

析燃料最优脉冲编队重构策略,给出了单颗卫星机动的解析最优脉冲策略。Bae 等[19]提出了一种基于脉冲控制输入的编队重构方法,将 Lamber 问题改进为在初始时刻和最终时刻给定两个位置矢量的情况下,构造相对运动的转移轨道。Larbi 等[20]通过相对轨道要素描述相对运动并基于高斯变分方程提出了一种编队脉冲控制方法。

基于连续推力的编队重构方法具有两个研究方向,一是构建编队重构轨迹规划的最优控制问题及其求解方法,二是设计编队重构轨迹跟踪控制方法。Zhao 等[21]基于序列凸优化框架求解了编队重构的轨迹优化问题,并重点提出了一种用于序列凸优化问题求解的顺序饱和分解惩罚(SSDP)算法,提高了求解过程的鲁棒性和效率。Chen 等[22]提出了一种用于大规模航天器编队重构的分布式轨迹优化算法,该算法基于微推进系统安全引导航天器编队到达期望编队构形,并克服了考虑避撞约束的集中式算法计算量大的缺点。于金龙等[23]基于智能方法,利用自适应滑模控制与神经网络相结合的控制方法,解决了欠驱动航天器编队的重构问题,且该方法具备较强的稳定性。

7.3.1.3　航天器编队保持控制

航天器编队保持控制是确保一组航天器在太空中相对位置和速度稳定的关键技术。在编队飞行任务中,构形保持是基础问题,因为稳定的编队构形是任务顺利执行的保证。编队保持控制技术是日常性工作,不仅涉及编队建立和重构阶段,而且贯穿整个编队飞行周期。由于编队飞行受到各种扰动的影响,长期任务中扰动的考虑尤为重要。因此,编队保持控制需要考虑并抵消各种扰动,以确保编队的稳定性和任务目标的实现。本小节从控制系统结构角度对航天器编队保持控制方法进行了分类,具体可见表 7-2。

表 7-2　航天器编队保持控制方法

控制方法	主要思想	应用场景	优缺点
主-从式	主星对预定的轨道和姿态规律进行跟踪控制,从星对主星的位置和姿态进行跟踪	需要集中式制导和协调的航天器编队任务	优点:集中式制导 缺点:对主控制航天器依赖性高

续表

控制方法	主要思想	应用场景	优缺点
行为式	为编队中的每一个航天器规定多个期望行为,再对不同的行为设置不同的权重	需要自适应和分布式控制的航天器编队任务	优点:灵活性高、分布式控制 缺点:设计复杂
虚拟结构式	使多个航天器组成的集群表现出一种类似于单个虚拟结构的行为	需要灵活构建编队结构和实现协同行动的航天器编队任务	优点:灵活性高、可扩展性强 缺点:较高的计算和通信成本
多输入多输出式	将多个输入与多个输出之间的相关系纳入控制系统设计中,以实现对复杂系统的有效控制	复杂的动态系统下的航天器编队任务	优点:控制性能强、稳定性高 缺点:复杂的控制设计和参数调整
循环式	周期性地调整每个航天器的控制参数,使得整个集群保持一定的相对状态或行为	系统中存在反馈环路的航天器编队任务	优点:动态调节、稳定性高 缺点:受到传感器误差和延迟影响
一致性控制式	协调系统中各个部分的行为,使得整个系统达到一致的状态或行为	需要分布式协同、动态适应、高效管理的航天器编队任务	优点:整体性能强、效率高 缺点:通信成本高、系统复杂
参考轨迹规划式	在控制过程中使用预先规划好的参考轨迹或路径作为系统的目标轨迹,然后通过控制系统的输入,使得系统的实际轨迹尽可能地接近或跟随参考轨迹	需要精确控制的航天器编队任务	优点:精确控制,适应性强 缺点:需要考虑轨迹规划的精确度和系统动态响应的问题
无源分解式	在整个系统中引入一系列相互独立的控制器,这些控制器不需要外部能量输入,仅通过局部信息和相邻子系统的交互实现系统的稳定和控制	需要分布式控制、无外部能量输入的航天器编队任务	优点:分布式控制、无需外部能量输入、适应性强 缺点:控制器设计、交互规则设计复杂

7.3.2 航天器的博弈控制

航天器博弈控制作为航天器编队控制的重要分支,涉及空间安全领域多航天器之间的相互作用和竞争,在当前日益激烈的太空环境下具有重要的研究意义和价值。现有的航天器轨道博弈控制研究尚不完善,主要集中在航天器追逃博弈场景,少部分研究更为复杂的航天器护卫博弈场景。本小节主要对典型的追逃博弈控制场景展开介绍,并梳理当前的研究现状。

7.3.2.1 航天器追逃博弈问题描述

航天器轨道追逃博弈(orbital pursuit-evasion game,OPEG)问题起源于太空领域,最初关注卫星的轨道调整、碰撞回避和太空任务的协同性。作为空间轨道博弈中的典型场景[24],追击者尝试"捕获"逃跑者,而逃跑者避免被捕获,追逃双方的任务目标完全相反,是一种典型的零和博弈问题。

如图 7-32 所示典型的航天器轨道追逃博弈场景，追逃双方航天器运行在各自的初始轨道上，当博弈任务开始后，双方按照各自的机动策略完成追击、逃跑动作，开展轨道追逃博弈。按照博弈双方参与个体的数量，轨道追逃博弈包括一对一、多对一、多对多等多种场景，当前的研究多针对"一对一"轨道追逃场景。

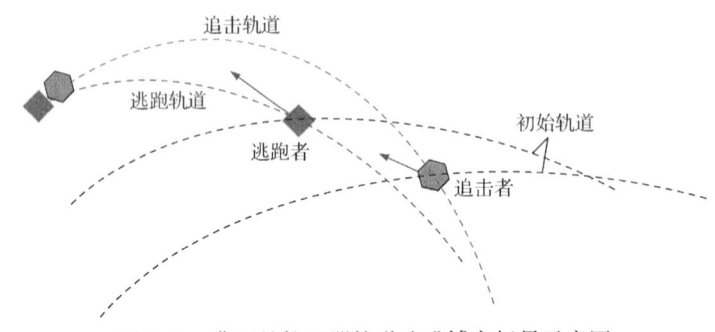

图 7-32 典型的航天器轨道追逃博弈场景示意图

7.3.2.2 航天器追逃博弈问题模型

航天器追逃博弈问题的数学模型通常涉及多体动力学、博弈理论及优化方法。追逃双方 $\{P,E\}$ 在太空环境中运动，通常用相对运动方程来描述它们之间的状态变化。航天器的机动方式根据研究场景不同分为连续机动控制和脉冲机动控制两种。根据各自的任务目标，结合博弈理论制定追逃双方的最优控制策略，问题模型的数学表示形式如下：

$$P: \text{Find} \quad u_P \in \{u_{P_1}, u_{P_2}, \cdots, u_{P_{N_p}}\}$$
$$E: \text{Find} \quad u_E \in \{u_{E_1}, u_{E_2}, \cdots, u_{E_{N_e}}\} \quad (7\text{-}22)$$
$$\min_{u_P} \max_{u_E} J = f(\boldsymbol{X}_P(t), \boldsymbol{X}_E(t), u_P, u_E, \mathbf{para})$$

式中，u_P、u_E 分别代表追逃双方的控制策略，按照实际研究内容可以分为脉冲控制策略和连续控制策略两种；$\boldsymbol{X}_P(t)$、$\boldsymbol{X}_E(t)$ 代表追逃双方随时间变化的状态向量；$\mathbf{para}$ 代表航天器在轨道追逃博弈任务中需要遵循的约束条件，根据任务场景包含机动能力、燃料储备、感知能力、约束条件等。

追逃双方在 OPEG 任务中的目标即通过一定的求解方法在所有可能的策略集合中找到各自最优的控制策略，使双方的代价函数值 J 最大(小)。

7.3.2.3 航天器追逃博弈问题求解

OPEG 问题的求解早期主要依赖微分对策理论，利用哈密顿-雅可比-贝尔曼方程将轨道追逃博弈问题转化为两点边值问题[25]。Basar 等[26]将追逃博弈表述为一个二人微分博弈，其中追击者和逃跑者寻求最小化各自的收益。不同于传统的博弈论内容，OPEG 问题需要考虑航天器轨道动力学的非线性复杂约束，这给微分博弈的求解带来了很大的挑战。对于该求解方法的研究，Anderson 等[27]将航天器运动方程线性化处理后采用多项式逼近的方法求解了平面内轨道追逃过程解析表达式的简化形式。Jagat 等[28]用状态相关的雅可比方程求解了航天器追逃博弈问题的非线性控制律。

随着人工智能理论的发展,深度神经网络和强化学习等智能方法在机器人控制和航天任务等领域的成功应用越来越多,学者们找到了一种解决这一挑战的替代方法,通过人工智能方法将 OPEG 问题转化为学习问题,利用深度强化学习等方法进行马尔可夫决策建模,然后通过重复训练、学习策略,得到最优奖励回报,进而完成最优博弈策略的求解。Zhang 等[29]利用深度强化学习算法帮助解决追逃博弈任务中障碍面跨越的问题。许旭升等[30]利用 MADDPG 算法分别训练追击者和逃跑者的追击、逃跑策略,完成多对一轨道追逃博弈最优策略求解;Zhao 等[31]设计了一种 PRD-MADDPG 算法,基于预测-奖励-检测(PRD)训练框架和相应的奖励函数,对脉冲控制 OPEG 问题进行了充分求解与讨论;Jiang 等[32]针对随机逃跑对象,提出了一种基于深度 Q 网络(DQN)算法训练的有效拦截策略;Ji 等[33]对多追击的协同问题进行了讨论,使用了改进版的 Q-learning 算法进行求解。深度强化学习理论由于其强大的拟合能力,被广泛应用于各类追逃博弈问题中。

7.3.2.4 航天器追逃博弈典型案例

为了更加直观地展示航天器的轨道追逃博弈过程,本小节以一个典型的追逃场景来展示 OPEG 任务的关键要素。在本场景中,设置追击者 P 的个数为 2,逃跑者 E 的个数为 1,双方在地球同步轨道附近展开追击-逃跑,忽略 z 方向运动。双方初始时刻分布在 $40\text{km} \times 40\text{km}$ 的范围内,初始速度均为 $[0,0]\text{m/s}$,双方以脉冲控制的方式执行机动策略,综合考虑航天器机动能力 $\Delta \bar{v}$、燃料储备 $\Delta \bar{V}$ 以及任务时长 $t_{\max}$ 约束,结合前文的叙述,可以给出本典型场景下航天器追逃博弈的问题模型:

$$P: \text{Find} \quad u_{P_m} \in \{u_{P_m}^1, u_{P_m}^2, \cdots, u_{P_m}^{N_p}\}$$

$$E: \text{Find} \quad u_E \in \{u_{E_1}, u_{E_2}, \cdots, u_{E_{N_e}}\}$$

$$\min_{u_{P_m}} \max_{u_E} J = f(\boldsymbol{X}_{P_m}(t), \boldsymbol{X}_E(t), u_{P_m}, u_E, \textbf{para})$$

$$\text{Success}: \left\| \boldsymbol{r}_{P_m} - \boldsymbol{r}_E \right\| \leq \Delta r_{\max}, \forall P_m \in P$$

$$\text{s.t.} \begin{cases} \boldsymbol{X}_{P_m}(t) = \phi(t, t_0) \cdot \boldsymbol{X}_{P_m}(t_0) + \sum_{i=1}^{N} \phi_v(t, t_i) \cdot \Delta \boldsymbol{v}_{P_m}^{t_i} \\ \boldsymbol{X}_E(t) = \phi(t, t_0) \cdot \boldsymbol{X}_E(t_0) + \sum_{i=1}^{N} \phi_v(t, t_i) \cdot \Delta \boldsymbol{v}_E^{t_i} \\ \left| \Delta v_{P_m, x}^{t_i} \right| + \left| \Delta v_{P_m, y}^{t_i} \right| \leq \Delta \bar{v}_{P_m}, \quad \forall i \in [1, 2, \cdots, N] \\ \left| \Delta v_{E, x}^{t_i} \right| + \left| \Delta v_{E, y}^{t_i} \right| \leq \Delta \bar{v}_E, \quad \forall i \in [1, 2, \cdots, N] \\ \sum_{i=1}^{N} \sum_{j=x, y} \left| \Delta v_{P_m, j}^{t_i} \right| \leq \Delta \bar{V}_{P_m} \\ \sum_{i=1}^{N} \sum_{j=x, y} \left| \Delta v_{E, j}^{t_i} \right| \leq \Delta \bar{V}_E \\ t_f \leq t_{\max} \\ \textbf{para} = [\Delta \bar{v}_{P_m}, \Delta \bar{v}_E, \Delta \bar{V}_{P_m}, \Delta \bar{V}_E, t_{\max}, \Delta r_{\max}] \end{cases} \quad (7\text{-}23)$$

当且仅当在任务时长 $t_{\max}$ 及燃料储备 $\Delta \overline{V}$ 约束条件限制内，双方的最小距离满足 $\|r_{P_m} - r_E\| \leqslant \Delta r_{\max} = 1 \text{km}$ 时，判定追击成功。仿真的最优追逃策略求解采用文献[31]给出的 PRD-MADDPG 智能训练框架，具体的参数设置参考文献内容。图 7-33 给出经过人工智能方法训练得到的最优策略下的追逃博弈场景。

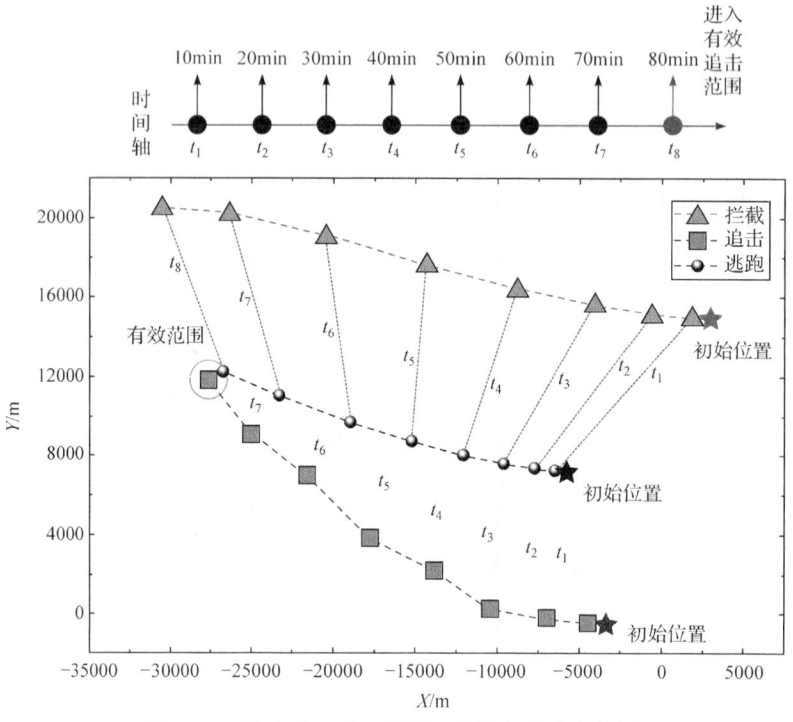

图 7-33　脉冲式二对一协同智能博弈轨迹变化图

从图 7-33 给出的追击过程可以发现，经过多智能体深度强化学习算法的训练，追击方的两个航天器涌现出"分工合作，一追一拦"的协同追击策略，两个追击航天器作为同一阵营的航天器集群，在智能训练后得到了较为理想的智能追击策略。

7.4　本章小结

本章介绍了飞行器智能集群的控制技术，包括导弹、无人机和航天器三类典型飞行器集群的控制方法。对于每一类典型飞行器，都从编队控制和博弈控制两方面进行了介绍，同时探讨了适用于不同典型任务场景的集群控制方法，为各种集群任务的实际应用做好铺垫。

习　题

[思考题]

(1) 导弹编队控制与无人机编队控制有哪些不同？

(2) 阐明编队控制与博弈控制之间的关系。

(3) 给定参考卫星轨道高度 800km，编队特征尺度为 1km，绕飞构形为正向空间圆构形，即相对绕飞面倾角为 30°，请给出方案 A 和方案 B 初始化构形的轨迹及脉冲速度。

(4) 尝试构建 MADDPG 环境下的轨道追逃博弈控制训练环境，分析 4 个追击者情况下的博弈制胜机理。

参 考 文 献

[1] 张亚南. 多弹编队飞行协同制导方法研究[D]. 哈尔滨: 哈尔滨工业大学, 2014.

[2] 姚禹正, 余文斌, 杨立军, 等. 多导弹协同制导技术综述[J]. 飞航导弹, 2021, (6): 112-121.

[3] 安凯, 郭振云, 黄伟, 等. 低/高速飞行器系统编队协同控制方法研究进展[J]. 航空兵器, 2022, 29(5): 53-65.

[4] 陈浩, 黄健, 刘权, 等. 自主空战机动决策技术研究进展与展望[J]. 控制理论与应用, 2023, 40(12): 2104-2129.

[5] 谷旭平, 唐大全, 唐管政. 无人机集群关键技术研究综述[J]. 自动化与仪器仪表, 2021, (4): 21-26, 30.

[6] 蒯伟. 无人机集群自主控制发展综述[J]. 信息化研究, 2023, 49(5): 1-5, 25.

[7] 成成. 多无人机协同编队飞行控制关键技术研究[D]. 长春: 中国科学院大学(中国科学院长春光学精密机械与物理研究所), 2018.

[8] 甄子洋, 江驹, 孙绍山, 等. 无人机集群作战协同控制与决策[M]. 北京: 国防工业出版社, 2023.

[9] 任智, 张栋, 唐硕, 等. 无人机集群反制与对抗技术探讨[J]. 指挥与控制学报, 2023, 9(6): 660-672.

[10] 轩书哲, 周昊, 柯良军. 无人机集群对抗博弈综述[J]. 指挥信息系统与技术, 2021, 12(2): 27-31.

[11] VADALI S R, VADDI S. Orbit establishment for formation flying of satellites [J]. Advances in the Astronautical Sciences, 2000, 105(1): 181-194.

[12] MAILHE L, SCHIFF C, HUGHES S. Formation flying in highly elliptical orbits initializing the formation [C]. Proceedings of the International Symposium on Space, Dynamics, Biarritz, 2000: 26-30.

[13] 王兆魁, 张育林. 分布式卫星群构型初始化控制策略[J]. 宇航学报, 2004, 25(3): 1-8.

[14] JIANG C, WANG Z K, ZHANG Y L. Study of on-orbit separation schemes for configuration initialization of fractionated spacecraft cluster flying [C]. Proceedings of 1st IAA Conference on Dynamics and Control of Space Systems, Porto, Portugal, 2012: 1436-1448.

[15] MAILHE L, SCHIFF C, HUGHES S. Initialization of formation flying using primer vector theory [C]. International Symposium of Formation Flying Missions and Technology, Toulouse, France, 2002: 1-5.

[16] SCHAUB H, ALFRIEND K T. Impulsive feedback control to establish specific mean orbit elements of spacecraft formations [J]. Journal of Guidance, Control, and Dynamics, 2001, 24(4): 739-745.

[17] BREGER L, HOW J P. Gauss's variational equation-based dynamics and control for formation flying spacecraft [J]. Journal of Guidance, Control, and Dynamics, 2007, 30(2): 437-448.

[18] WANG J, ZHANG J, CAO X, et al. Optimal satellite formation reconfiguration strategy based on relative orbital elements [J]. Acta Astronautica, 2012, 76: 99-114.

[19] BAE J, KIM Y. Spacecraft formation reconfiguration using impulsive control input [J]. International Journal Aeronautical and Space Sciences, 2013, 14(2): 183-192.

[20] LARBI M, STOLL E. Spacecraft formation control using analytical integration of gauss' variational equations [C]. 6th International Conference on Astrodynamics Tools and Techniques, Darmstadt, Germany, 2016: 1-10.

[21] ZHAO Z, SHANG H. Trajectory planning for spacecraft formation reconfiguration using saturation function and difference-of-convex decomposition [J]. IEEE Transactions on Aerospace and Electronic Systems, 2023, 60: 1-11.

[22] CHEN J, WU B, SUN Z, et al. Distributed safe trajectory optimization for large-scale spacecraft formation reconfiguration [J]. Acta Astronautica, 2024, 214: 125-136.

[23] 于金龙, 李智, 张雅声, 等. 欠驱动航天器编队重构的切换神经网络控制[J]. 宇航学报, 2022, 43(4): 486-495.

[24] 赵力冉, 党朝辉, 张育林. 空间轨道博弈: 概念, 原理与方法 [J]. 指挥与控制学报, 2021, 7(3): 10-20.

[25] BELLMAN R. Dynamic programming and a new formalism in the calculus of variations [J]. Proceedings of the National Academy of Sciences, 1954, 40(4): 231-235.

[26] BASAR T, OLSDER G J. Dynamic Non-Cooperative Game Theory [M]. Philadelphia: SIAM, 1999.

[27] ANDERSON G M, GRAZIER V W. Barrier in pursuit-evasion problems between two low-thrust orbital spacecraft [J]. AIAA, 1976, 14: 158-163.

[28] JAGAT A, SINCLAIR A J. Optimization of spacecraft pursuit-evasion game trajectories in the euler-hill reference frame[C]. AIAA/AAS Astrodynamics Specialist Conference, San Diego, USA, 2014: 1-10.

[29] ZHANG J R, ZHANG K P, ZHANG Y, et al. Near-optimal interception strategy for orbital pursuit-evasion using deep reinforcement learning [J]. Acta Astronautica, 2022, 198: 9-25.

[30] 许旭升, 党朝辉, 宋斌, 等. 基于多智能体强化学习的轨道追逃博弈方法 [J]. 上海航天(中英文), 2022, 39(2): 24-31.

[31] ZHAO L R, DANG Z H, ZHANG Y L. PRD-MADDPG: An efficient learning-based algorithm for orbital[J]. Advances in Space Research, 2023, 72: 211-230.

[32] JIANG R, YE D, XIAO Y, et al. Orbital interception pursuit strategy for random evasion using deep reinforcement learning[J]. Space: Science & Technology, 2023, 3: 86.

[33] JI M, XU G, DUAN Z, et al. Cooperative pursuit with multiple pursuers based on deep minimax Q-learning[J]. Aerospace Science and Technology, 2024, 146: 108919.